CPEC

国家级实验教学示范中心联席会
计算机学科组规划教材

U0662418

Python程序设计与人工智能实践

陈志贤　邵俊　吴海燕　主编

清华大学出版社

北京

内 容 简 介

本书主要介绍 Python 程序设计，以及人工智能应用典型案例的 Python 实现。全书共分为 8 章，第 1～4 章主要介绍 Python 基础知识，包括开发环境的搭建与使用、基础语法与编码规范、程序控制结构与异常处理，以及组合数据类型，旨在帮助读者快速入门并培养计算思维；第 5～7 章深入探讨函数与模块、文件操作、面向对象编程等高级编程技术，进一步提升读者的编程能力；第 8 章介绍常用的 Python 扩展库，并通过多个人工智能应用典型案例（如人脸检测与表情识别、文本情感分析、波士顿房价预测、股票价格预测等），让读者在实践中学习，既富有趣味又充满挑战，帮助读者从零基础逐步掌握初级人工智能应用开发技能。

本书内容丰富、注释详尽、通俗易懂，注重实践与应用。每个知识点都通过经典案例进行讲解，图文并茂、由浅入深，使读者能够轻松理解与掌握。每章都配备了丰富的案例和习题，帮助读者验证和巩固所学知识。

本书适合作为高等学校人文社科、理工农医等各类专业的学生，特别是零基础读者的教材，也可作为 Python 编程与人工智能入门的自学教材，以及计算机等级考试的辅导用书。

图书在版编目（CIP）数据

Python程序设计与人工智能实践 / 陈志贤, 邵俊, 吴海燕主编. -- 北京 ：清华大学出版社, 2025. 7. -- (国家级实验教学示范中心联席会计算机学科组规划教材).

ISBN 978-7-302-69637-7

Ⅰ. TP312.8；TP18

中国国家版本馆CIP数据核字第2025H3V878号

责任编辑：龙启铭
封面设计：刘　键
责任校对：徐俊伟
责任印制：宋　林

出版发行：清华大学出版社
　　　网　　　　　址：https://www.tup.com.cn，https://www.wqxuetang.com
　　　地　　　　　址：北京清华大学学研大厦 A 座　　　　邮　　编：100084
　　　社　总　　机：010-83470000　　　　邮　　购：010-62786544
　　　投稿与读者服务：010-62776969，c-service@tup.tsinghua.edu.cn
　　　质　量　反　馈：010-62772015，zhiliang@tup.tsinghua.edu.cn
　　　课　件　下　载：https://www.tup.com.cn,010-83470236
印　装　者：三河市少明印务有限公司
经　　　销：全国新华书店
开　　本：185mm×260mm　　印　张：16.75　　　　字　　数：408 千字
版　　次：2025 年 7 月第 1 版　　　　　　　　印　　次：2025 年 7 月第 1 次印刷
定　　价：49.00 元

产品编号：111172-01

前 言

近年来，人工智能技术取得了显著进展，尤其是在计算机软件和编程领域的突破，为社会经济发展和综合国力提升做出了巨大贡献。从基础算法到深度学习，再到自然语言处理、图像识别等技术，人工智能的快速发展已深入各行各业，深刻改变了人们的生产和生活方式。

计算机软件的发展和编程技术的普及，已成为国家创新驱动发展的核心动力。借助先进的编程技术，人工智能不仅提升了工业、医疗、教育和金融等领域的效率，还推动了科技创新和社会管理的智能化。这不仅体现了国家竞争力，更为我国的数字经济注入了源源不断的活力。

在这样的时代背景下，学习编程和掌握人工智能技术，已成为新时代青少年激发创造力、锻炼思维方式的重要途径。通过学习计算机编程技能，提升综合素质，为国家科技进步贡献智慧与力量，这不仅是青少年个人成长的动力源泉，更是国家强盛的基石。

随着人工智能的蓬勃发展，Python 语言凭借其简洁、易学和高效等特点，已成为人工智能领域的首选编程语言。凭借其卓越的性能和广泛的应用领域，Python 多次登顶 TIOBE 年度编程语言榜首，稳居程序设计语言龙头地位。本书系统、全面地讲解 Python 编程基础知识，内容循序渐进、层层深入，旨在帮助读者从基础到进阶，通过知识点的模块化实训，使读者从零基础逐步掌握 Python 编程核心技能及初级人工智能应用开发技能。

本书内容丰富、注释详尽、通俗易懂，注重实践与应用。每个知识点都通过经典案例进行讲解，图文并茂、由浅入深，使读者能够轻松理解与掌握。书中的所有代码与算法均基于 Python 3.12.8 编写，严格遵循编程规范，力求高效、简洁、易读，帮助读者养成良好的编码风格。每章都配备了丰富的案例和习题，帮助读者验证和巩固所学知识。

本书由具有多年一线教学经验的骨干教师编写，陈志贤组织并统稿。特别感谢罗文媗、葛羽嘉、柳虹、刘细涓、章志勇、金剑秋、吴碧艳、袁成祥、俞军、朱云芳、宋超、王家乐、张华、陈碧等同仁在本书编写过程中给予的宝贵建议。

在本书的编写过程中，参考了多部前辈学者的著作，书中的许多算法思路和编程灵感均来源于前人的研究成果，在此向他们致以崇高的敬意。同时，本书还广泛参考了大量图书资料和网络资源，向相关作者表示衷心的感谢。

由于作者水平有限，书中难免存在疏漏和不足，诚恳欢迎读者批评指正。

编　者
2025 年 3 月

目　录

第1章　Python 语言与程序设计 1

1.1　程序设计与编程语言 2

1.2　Python 语言概述 2

　　1.2.1　Python 语言的发展历程 3

　　1.2.2　Python 语言的特点 3

1.3　Python 版本选择 4

1.4　Python 开发环境的搭建与使用 4

　　1.4.1　安装 Python 4

　　1.4.2　运行 Python 程序 7

　　1.4.3　Python 程序的错误类型 11

　　1.4.4　PyCharm 的下载安装和使用 20

本章习题 26

第2章　Python 的基础语法 **27**

2.1　编码规范 28

　　2.1.1　缩进 28

　　2.1.2　注释 29

　　2.1.3　符号 30

2.2　标识符与关键字 34

2.3　常用内置对象 35

　　2.3.1　变量与常量 35

　　2.3.2　数字 38

　　2.3.3　字符串 40

　　2.3.4　布尔型 52

2.4　运算符与表达式 52

　　2.4.1　算术运算符 53

　　2.4.2　关系运算符 53

2.4.3 赋值运算符 55

2.4.4 位运算符 55

2.4.5 逻辑运算符 56

2.4.6 成员运算符 57

2.4.7 身份运算符 57

2.4.8 集合运算符 58

2.5 基本输入输出 58

2.5.1 input()函数 58

2.5.2 print()函数 59

2.5.3 str.format()方法 60

2.5.4 f-string 语法 63

2.6 常用内置函数 64

2.6.1 运算函数 64

2.6.2 类型转换函数 65

2.6.3 其他常用内置函数 66

2.7 经典案例解析 72

本章习题 74

第 3 章 程序控制结构 78

3.1 结构化程序设计 79

3.2 顺序结构 80

3.3 选择结构 81

3.3.1 单分支选择结构 81

3.3.2 二分支选择结构 83

3.3.3 多分支选择结构 85

3.3.4 选择结构的嵌套 86

3.4 循环结构 87

3.4.1 for 循环 87

3.4.2 while 循环 88

3.4.3 continue 和 break 语句 90

3.4.4 else 语句 92

3.5 异常处理 92

3.5.1 异常类型 93

3.5.2 异常处理 93

3.6 经典案例解析 94

本章习题 97

第 4 章 组合数据类型 101

4.1 概述 102

4.2 列表 104

　　　　4.2.1　列表的创建 104
　　　　4.2.2　列表的增删改查 105
　　　　4.2.3　列表的排序、反转和复制 108
　　　　4.2.4　列表的常用操作 110
　　　　4.2.5　列表推导式 111
　　4.3　元组 112
　　　　4.3.1　元组的创建 113
　　　　4.3.2　元组的常用操作 114
　　4.4　字典 114
　　　　4.4.1　字典的创建 115
　　　　4.4.2　字典的增删改查 116
　　　　4.4.3　字典的常用操作 119
　　　　4.4.4　字典推导式 119
　　4.5　集合 121
　　　　4.5.1　集合的创建 121
　　　　4.5.2　集合的增删改查 122
　　　　4.5.3　集合的常用操作 123
　　　　4.5.4　集合推导式 124
　　本章习题 125
第 5 章　函数与模块 132
　　5.1　函数的定义和使用 133
　　5.2　函数的参数传递 135
　　　　5.2.1　传对象引用 135
　　　　5.2.2　参数传递方式 136
　　5.3　变量的作用域 138
　　5.4　递归函数的定义和使用 140
　　5.5　lambda 表达式 142
　　5.6　模块和库的导入与使用 143
　　　　5.6.1　内置模块和标准库 143
　　　　5.6.2　扩展库及其安装 144
　　　　5.6.3　模块的导入与使用 147
　　　　5.6.4　模块的创建 149
　　　　5.6.5　常用的标准库与扩展库 151
　　本章习题 158
第 6 章　文件操作 164
　　6.1　文件的基本概念 165
　　6.2　文件的基本操作 166
　　　　6.2.1　文件的打开与关闭 166

6.2.2　文件的读写 168

6.2.3　文件的其他操作 170

6.3　CSV 文件的读写 171

6.3.1　一维数据的读写 172

6.3.2　二维数据的读写 174

6.4　经典案例解析 177

本章习题 179

第 7 章　面向对象编程 184

7.1　基本概念 185

7.2　类的定义与实例化 186

7.2.1　类的定义 186

7.2.2　类的实例化 187

7.3　类的成员 188

7.3.1　公有成员和私有成员 188

7.3.2　类的特殊内置方法 189

7.4　类的封装、继承和多态 193

7.4.1　类的封装 193

7.4.2　类的继承 194

7.4.3　类的多态 197

7.5　GUI 程序设计和 Tkinter 库入门 198

本章习题 202

第 8 章　Python 与人工智能 204

8.1　人工智能概述 205

8.1.1　人工智能的起源与发展 205

8.1.2　人工智能的三大流派 216

8.1.3　人工智能的研究方向 218

8.1.4　人工智能的研究内容 220

8.2　人工智能应用开发中常用的 Python 扩展库 224

8.2.1　机器学习库 224

8.2.2　深度学习库 225

8.2.3　自然语言处理库 226

8.2.4　计算机视觉库 227

8.2.5　强化学习库 228

8.2.6　数据处理与分析 229

8.2.7　自动化与机器人学 231

8.3　人工智能应用案例 232

8.3.1　人脸检测与表情识别 232

8.3.2　文本情感分析 239

　　　8.3.3　波士顿房价预测 241
　　　8.3.4　股票价格预测 243
　本章习题 247
附录 249
　附录 A　标准 ASCII 字符集 249
　附录 B　常用内置函数速查表 250
　附录 C　常用方法速查表 252
　附录 D　常用标准库模块速查表 254
参考文献 257

第 1 章

Python语言与程序设计

本章学习目标

- 理解 Python 语言的特点;
- 了解 Python 版本的演变;
- 学会搭建 Python 开发环境,并配置适合自己的开发工具;
- 熟练使用 IDLE 和 PyCharm 两种常见的开发环境进行编程;
- 了解常见的 Python 程序错误,并掌握调试与排查技巧。

🔑 1.1　程序设计与编程语言

计算机程序是一组计算机能够识别并执行的指令，运行在电子计算机系统中，旨在实现特定的功能以满足用户的需求。

程序设计（Programming），又称为编程，是为解决特定问题而编写计算机程序的过程。作为软件开发的核心环节，程序设计在整个开发过程中占据着至关重要的地位与作用。它通常依托特定的程序设计语言（即编程语言，Programming Language）作为工具，以实现该语言环境下的程序逻辑与功能。

程序设计的全过程一般包括需求分析、系统设计、编码实现、测试验证与调试修正等多个阶段，各阶段紧密衔接、相辅相成，共同确保程序的功能性、稳定性和可靠性。

程序设计语言通常分为低级语言和高级语言两大类。

低级语言包括机器语言和汇编语言，其基本构成单元是计算机可以直接识别和执行的指令。机器语言由二进制代码构成，可以被计算机直接执行，而汇编语言则使用符号化的指令，需通过汇编程序转换为机器语言才能执行。

高级语言则由更接近人类自然语言的语句构成，这些语句是对低级指令的抽象和组合，旨在简化程序开发过程，提升代码的可读性和开发效率。与低级语言相比，高级语言使程序员能够更加专注于问题的解决，而无须处理底层硬件的细节。

高级语言编写的程序通常有两种执行方式：编译执行和解释执行。

编译执行是指程序经过编译和链接，生成独立的可执行文件。可执行文件能够在不依赖源代码和编译器的情况下脱离开发环境运行，且具备较高的执行效率，如图 1-1 所示。常见的编译型语言包括 C、C++、Pascal 和 Swift，通常应用于对性能要求较高的领域，如系统编程、游戏开发和嵌入式系统等。

解释执行是指程序无须预先编译，而是在运行时动态地将源代码逐行转换为机器码并立即执行，如图 1-2 所示。虽然执行效率相对较低，但解释执行具有较好的跨平台特性。常见的解释型语言包括 Python、JavaScript、PHP 等，它们通常称为脚本语言，广泛应用于 Web 开发、自动化任务和数据处理等领域。

图 1-1　编译执行流程示意图　　　　　　　图 1-2　解释执行流程示意图

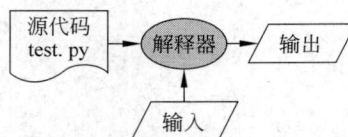

🔑 1.2　Python 语言概述

Python 是一种易学易用、开源免费的解释型高级编程语言，具有功能强大且灵活的特点。其语法简洁明了，不仅支持传统的面向过程编程，还凭借高效的数据结构以及对动态数据类型的扩展支持，能够轻松实现面向对象编程。作为解释型语言，Python 具备良好的跨平台特性，非常适合快速开发各种应用程序。

　　此外，Python 拥有丰富且高效的标准库和扩展库，涵盖了几乎所有开发领域，因此在数据分析、人工智能、Web 开发等各类应用中得到了广泛的应用。

1.2.1　Python 语言的发展历程

　　Python 最初由荷兰数学和计算机科学研究所的 Guido van Rossum 于 1990 年左右设计开发，作为当时的 ABC 编程语言的替代品。随着版本的不断更新和功能的不断增强，Python 逐渐从一门简洁的小型编程语言，演变为能够支持大型独立项目开发的强大工具。值得一提的是，Python 的名字来源于 Guido van Rossum 喜爱的英国喜剧 *Monty Python's Flying Circus*，这一命名也体现了他轻松幽默的编程理念。

　　2021 年 10 月，TIOBE 编程语言流行指数首次将 Python 评为全球最受欢迎的编程语言，标志着 Python 首次超越 C、C++、Java 和 JavaScript 等传统主流编程语言。TIOBE 指数（https://www.tiobe.com/tiobe-index/）由 TIOBE Software BV 创建并维护，该公司由 Paul Jansen 于 2000 年 10 月 1 日创立。TIOBE 这一名称源自 19 世纪爱尔兰剧作家奥斯卡·王尔德的讽刺喜剧《不可儿戏》（*The Importance of Being Earnest*），寓意"不可儿戏"或"真诚最要紧"。

1.2.2　Python 语言的特点

　　Python 语言的主要特点如下。

　　（1）**简单易学**：Python 的语法设计简洁直观，代码风格接近自然语言，降低了编程入门的门槛，特别适合初学者理解编程概念。

　　（2）**高级语言**：作为一种高级编程语言，Python 屏蔽了底层硬件操作的细节，开发者无须关心内存管理等复杂的底层实现，可以更加专注于高层次的程序逻辑设计。

　　（3）**解释型语言**：Python 无须经过编译，代码由解释器逐行执行，这使得调试和即时反馈变得更加便捷，尤其适用于原型开发和快速迭代。

　　（4）**可移植性强**：Python 具备出色的跨平台能力，支持在 Windows、macOS、Linux 等多种操作系统上运行，开发者无须为不同平台编写不同的代码。

　　（5）**面向对象**：Python 支持面向对象编程，允许使用类和对象来实现数据与功能的封装，从而提高代码的重用性和实现模块化设计。

　　（6）**功能强大**：Python 不仅适合编写小型脚本，还能开发大型复杂的应用程序，广泛应用于 Web 开发、数据分析、机器学习、自动化运维等多个领域。

　　（7）**免费开源**：Python 遵循开放源代码协议，任何人都可以自由下载、使用和修改其源代码。Python 社区活跃，其版本更新和迭代速度快，使其不断发展。

　　（8）**可扩展性**：Python 的功能可通过 C、C++等语言进行扩展，开发者可以编写高效的扩展模块或直接调用现有的 C/C++库，从而显著提升程序性能。

　　（9）**丰富的库**：Python 自带大量标准库，涵盖文件操作、网络编程、数据库、图形界面等多种功能。此外，Python 拥有丰富的第三方库，极大地拓展了其应用范围。

（10）代码规范：Python 强调代码的简洁性和可读性，特别是 PEP 8 风格指南，鼓励开发者编写更加优雅、易于维护的代码。PEP 8 也成为 Python 社区普遍推崇的编程习惯。

🔑 1.3　Python 版本选择

Python 的版本主要分为 2.x 和 3.x 两个系列。Python 3.x 系列计划每年发布一个新的子版本，每次更新都会引入新特性、扩展标准库、增强内置函数和标准库的功能，同时对内置对象的底层实现进行优化，以提升性能。尽管如此，Python 3.x 系列在用法上始终保持稳定，且同一系列的低版本程序可以在较高版本的解释器中正常运行。

从 Python 2.x 到 3.x 的过渡是一次重大版本更新，带来了许多不向下兼容的变更，这使得许多 Python 2.x 程序无法在 Python 3.x 解释器中运行。Python 2.x 的最后一个子版本为 2.7.18，之后不再发布新版本，仅发布维护性补丁。2020 年 4 月 20 日，Python 官方宣布停止对 Python 2.x 的维护。

选择更新的 Python 版本有助于提高代码的可维护性，因为较老版本的代码在维护上面临较大挑战。因此，在维护老版本代码时，需要特别注意各版本之间的差异。截至 2025 年 2 月，Python 官网发布的最新稳定版本为 3.13.2。

本书中的源代码均基于 Python 3.12.8 版本，以确保与各类 Python 扩展库的良好兼容性。为了避免兼容性问题，建议初学者使用此版本。

🔑 1.4　Python 开发环境的搭建与使用

1.4.1　安装 Python

首先，访问 Python 官网（https://www.python.org/，如图 1-3 所示）下载指定版本的 Python，

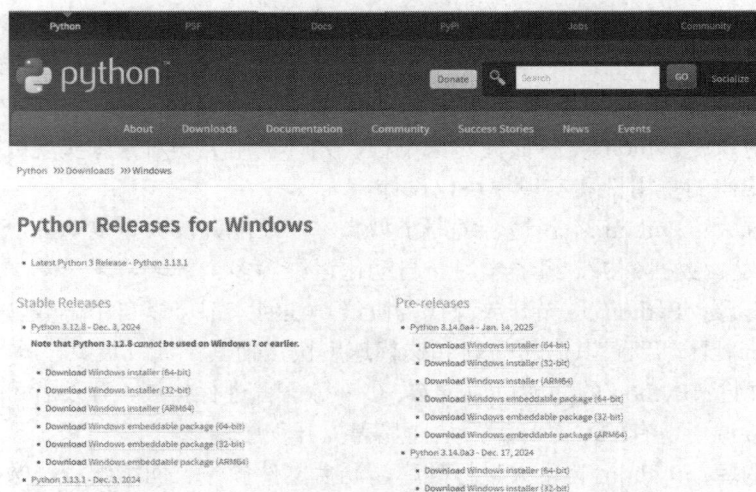

图 1-3　Python 官网下载页面

并确保选择适合用户操作系统的版本（如 Windows 或 macOS）。此外，Python 还支持 Linux、Solaris、iOS 和 iPadOS 等其他一些专用或者较老的平台。本书将以在 64 位 Windows 11 操作系统上安装 Python 3.12.8 为例进行详细讲解。

安装时，请勾选"Add python.exe to PATH"复选框，以便在命令提示符或终端中直接使用 Python 命令，如图 1-4 所示。

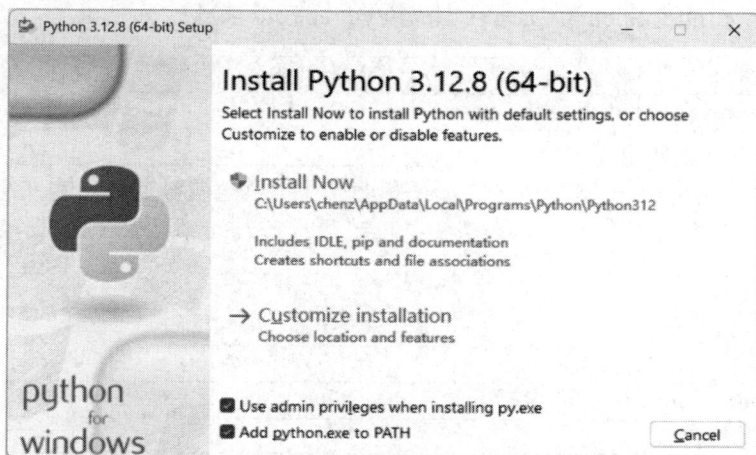

图 1-4　Python 安装界面

单击"Install Now"开始安装，直到安装完成并显示成功提示，如图 1-5 所示。

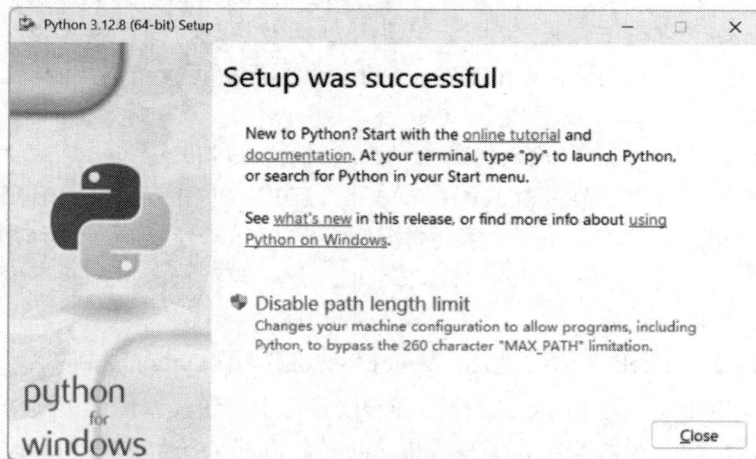

图 1-5　Python 安装完成界面

安装完成后，可以通过"开始"菜单找到并启动 Python，或者在命令提示符或 PowerShell 中输入 python 或 py 命令来启动 Python。此外，IDLE 也可以在"开始"菜单中找到。

为了更方便地使用 Python 开发环境，建议将 IDLE 固定到任务栏或创建桌面快捷方式（如图 1-6 所示），这样可以快速启动，提升工作效率。

IDLE (Python
3.12 64-bit)

图 1-6　快捷方式

　　工欲善其事，必先利其器。在使用 IDLE 之前，建议进行一些基础配置以优化开发体验。首先，依次单击菜单 Options → Configure IDLE → Fonts，在左侧的"Font Face"列表中选择 Consolas 字体，并根据需要调整合适的字体大小。接着，选择 Shell/Ed 标签页，勾选"Show line numbers in new windows"复选框，以便在编辑脚本文件时显示行号。通过这些简单的配置，可以显著提高代码的可读性和调试效率。

　　例 1-1：启动 IDLE Shell 3.12.8，并输出 Python 版本信息。

行号	提示符	输入/输出内容
1	>>>	import sys ↵　# ↵ 表示按下 Enter 键
2	>>>	print(sys.version)
3	Out	3.12.8 (tags/v3.12.8:2dc476b, Dec　3 2024, 19:30:04) [MSC v.1942 64 bit (AMD64)]
4	>>>	a = 5
5	>>>	a
6	Out	5
7	>>>	a ** 2
8	Out	25
9	>>>	print(a + 5)
10	Out	10
11	>>>	print('Hello, world!')
12	Out	Hello, world!

　　说明：表格的第 1 列表示行号，第 2 列表示提示符类型，其中主提示符>>>表示直接输入的 Python 代码，次提示符...表示在多行代码块（如 if 语句、循环或函数定义等）中继续输入。In 表示需要用户从键盘输入的内容，Out 表示程序的运行结果，Err 表示程序运行过程中出现的错误提示信息。↵表示按下 Enter 键。

　　注意：在例 1-1 中，第 5 行输入代码 a，第 6 行输出 a 的值 5；第 7 行输入代码 a ** 2，第 8 行输出 a 的平方值 25。在交互式编程模式下，IDLE Shell 会自动输出变量的值或者表达式的计算结果（除非该值是 None，表示"无值"或"空值"），无须显式调用 print()函数。然而，在脚本编程模式下运行 Python 脚本文件时，这种自动输出机制并不生效，必须显式使用 print()函数来输出结果。

　　例 1-2：在 IDLE Shell 中输出"The Zen of Python"（即 Python 之禅）。

　　"The Zen of Python"是 Python 编程语言的核心哲学，它强调优雅、简洁和清晰的代码风格。其核心原则旨在帮助开发者编写出更具可读性和可维护性的代码，提倡明确的错误处理，并避免不必要的复杂设计。遵循 Python 之禅，不仅能提升代码质量，还能提高开发效率。这一理念深刻影响着 Python 语言的设计与实践，成为众多开发者追求的编程准则。

　　启动 IDLE Shell，单击菜单 File → New File 进入 IDLE 编辑器模式。在编辑器窗口中输入以下代码后，单击菜单 File → Save，选择合适的存储目录，并将文件命名为"1-1"，保存类型选择"Python files"，然后单击"保存"按钮。最后，单击菜单 Run → Run Module 运行代码。

```
1  import this
```

Out	The Zen of Python, by Tim Peters
	Beautiful is better than ugly.
	Explicit is better than implicit.
	Simple is better than complex.
	Complex is better than complicated.
	Flat is better than nested.
	Sparse is better than dense.
	Readability counts.
	Special cases aren't special enough to break the rules.
	Although practicality beats purity.
	Errors should never pass silently.
	Unless explicitly silenced.
	In the face of ambiguity, refuse the temptation to guess.
	There should be one-- and preferably only one --obvious way to do it.
	Although that way may not be obvious at first unless you're Dutch.
	Now is better than never.
	Although never is often better than *right* now.
	If the implementation is hard to explain, it's a bad idea.
	If the implementation is easy to explain, it may be a good idea.
	Namespaces are one honking great idea -- let's do more of those!

说明：如果表格的第 1 列表示行号，则第 2 列显示在 IDLE 编辑器中输入的 Python 代码；如果第 1 列标记为 In，则第 2 列表示用户通过键盘输入的内容；如果第 1 列标记为 Out，则第 2 列显示程序的运行结果。具体操作请参见本书 1.4.2 节。

本书采用上述两种结构，以帮助读者清晰区分用户输入、程序输出和错误提示，从而更方便地调试和理解代码的执行过程。在输入和验证书中的代码时，注释部分可以省略，以节约时间。正如古人所说，"纸上得来终觉浅，绝知此事要躬行。"读者可以自由地审视、思考、比较、辩论、质疑，甚至否定书中的观点，并通过实验得出自己的结论。

1.4.2　运行 Python 程序

Python 有两种常见的编程模式：交互式编程（Interactive Mode）和脚本编程（Script Mode），如表 1-1 所示。交互式编程是在 Python 解释器或交互式环境（如 IDLE）中直接输入代码并

表 1-1　交互式编程和脚本编程比较

比较	交互式编程	脚本编程
优点	（1）即时反馈：代码执行后能立刻看到结果，有助于快速学习、调试和验证代码 （2）灵活性：非常适合进行小规模的实验、测试和验证某些特定的功能或用法 （3）直观性：对初学者而言，可以更直观地理解 Python 的语法和编程逻辑	（1）可重用性：脚本可以多次运行，无须重复输入代码，方便实现代码的复用 （2）结构化：代码组织更加规范和清晰，便于管理、维护和扩展 （3）持久性：代码存储在文件中，不易丢失，方便长期保存和修改 （4）版本控制：可以使用版本控制工具（如 Git）跟踪和管理代码变更，确保代码的稳定性和可追溯性

续表

比较	交互式编程	脚本编程
缺点	（1）不可重用性：每次关闭交互式环境后，之前输入的代码都会丢失，无法进行长期保存和重用 （2）组织性：随着代码量的增加，管理和组织代码可能变得困难 （3）持久性：无法保存代码，不能像脚本编程那样反复修改和使用	（1）启动时间：需要编写完整脚本并保存后才能执行，相比交互式编程稍显烦琐 （2）调试难度：相比交互式编程，实时查看和修改代码执行结果较为困难，调试可能需要更多的时间和精力
适用场景	学习 Python 语法、快速原型设计或探索性数据分析等	编写复杂程序、实现算法或处理长时间运行的任务等

即时执行的一种编程方式。脚本编程是将代码保存在一个或多个.py 文件中，并通过 Python 解释器执行这些文件的编程方式。

如果读者正在学习 Python 或进行快速测试，交互式编程可能更为适合；而对于需要反复执行、包含复杂逻辑或需要长期维护的项目，使用脚本编程则更为恰当。

在实际应用中，这两种模式并非互相排斥。例如，读者可以先在交互式环境中测试代码片段，验证后再将其整合到脚本文件中，以处理更复杂的任务或解决较复杂的问题。在本书中，演示知识点、语法或单个函数用法时使用交互模式，而完整例程或较长的代码段则通过脚本文件运行。

1. 交互式编程的启动与运行

按下键盘上的 Win + R 组合键，打开"运行"命令窗口。在窗口中输入"cmd"并按 Enter 键，即可启动命令行窗口，如图 1-7 所示。在命令行窗口中，输入"python"或"py"后按 Enter 键，即可进入 Python 交互式编程模式，如图 1-8 所示。在该模式下，系统会显示

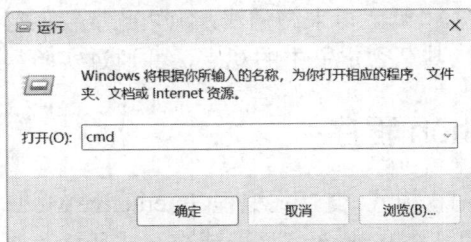

图 1-7　打开命令行窗口

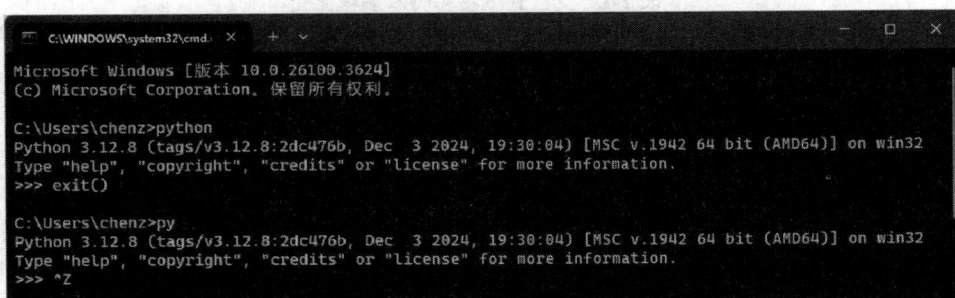

图 1-8　进入 Python 交互式命令模式

主提示符（>>>），等待用户输入命令。如果输入多行的代码块时，系统会显示次提示符，默认为三个句点（...）。

　　Win 键：位于键盘左下角，通常在 Ctrl 和 Alt 键之间，图标为微软 Windows 徽标。

　　命令行窗口：即命令提示符，通常不支持鼠标操作，用户通过键盘输入命令，计算机根据输入执行相应的操作，有时也称为命令行界面（Command Line Interface，CLI）或字符用户界面（Character User Interface，CUI）。

　　推荐使用 Python 自带的集成开发和学习环境（Integrated Development and Learning Environment，IDLE）。IDLE 是 Python 软件包自带的开发工具，用户只需双击 IDLE (Python 3.12 64-bit)快捷方式即可启动 IDLE 控制台。在 Shell 窗口的主提示符>>>下输入代码，并按下 Enter 键即可运行。

　　IDLE 主要包含两种窗口类型：Shell 窗口和编辑器窗口。启动 IDLE 后，默认会进入 Shell 窗口，如图 1-9 所示。

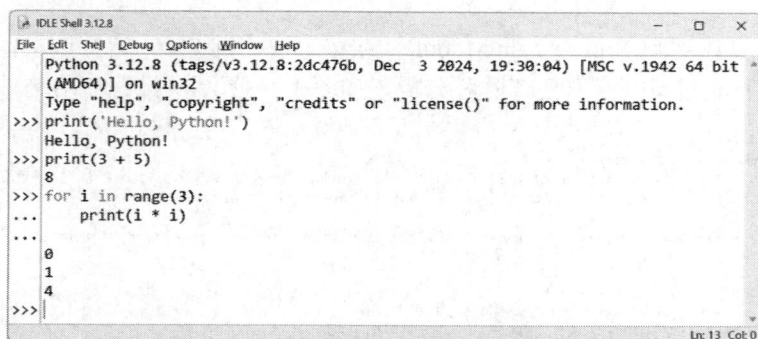

图 1-9　IDLE Shell 窗口

　　IDLE Shell 清屏技巧：IDLE Shell 本身不具备清屏功能，但可以通过以下方法实现类似效果：

　　① 进入 IDLE Shell，单击菜单 Options → Configure IDLE，然后选择 Windows 标签页。在 At Startup 选项中，选择 Open Edit Window。这样，启动 IDLE 时将自动进入编辑器窗口。

　　② 在编辑器窗口中，单击菜单 Run → Python Shell 来打开 Shell 窗口。通过反复打开和关闭 Shell 窗口，间接实现清屏效果。

　　这样操作后，每次启动 IDLE 时都会进入编辑器窗口，并通过 Shell 窗口的开关实现清屏。

　　区分输入与输出：当输入本书中的示例代码时，需输入以主提示符>>>或次提示符...开头的行中提示符后的所有内容；未以提示符开头的行则表示用户输入（标记为 In）、程序运行结果（标记为 Out）或错误提示信息（标记为 Err）。需要注意的是，当示例中的某行使用次提示符...作为多行代码块的延续时，用户需额外键入一个空白行来结束输入（该空白行在表格中标注为↵）。

2. 脚本编程的启动与运行

　　在脚本编程模式下，Python 源代码通常保存在文件中。常见的 Python 源代码文件扩展名包括.py、.pyw、.pyc、.pyo 和.pyd 等。其中，.py 是标准的源代码扩展名，而其他扩展名则与文件的编译、优化或特定平台有关。通过控制台、命令行窗口或终端窗口，可以执行这些文件。这种模式适合编写较长且复杂的程序或脚本，通常是推荐的编程模式。

（1）通过 IDLE 运行。

① 打开 IDLE，单击菜单 File → New File（或按下组合键 Ctrl + N），在新窗口中输入 Python 程序代码，如图 1-10 所示。

图 1-10　IDLE 编辑器窗口

② 输入完成后，单击菜单 File → Save（或按下组合键 Ctrl + S）保存文件，默认扩展名为.py。

③ 然后，单击菜单 Run → Run Module（或按下快捷键 F5），运行该文件。运行结果会显示在 IDLE Shell 窗口中，方便查看和分析，如图 1-11 所示（推荐使用这种方式）。

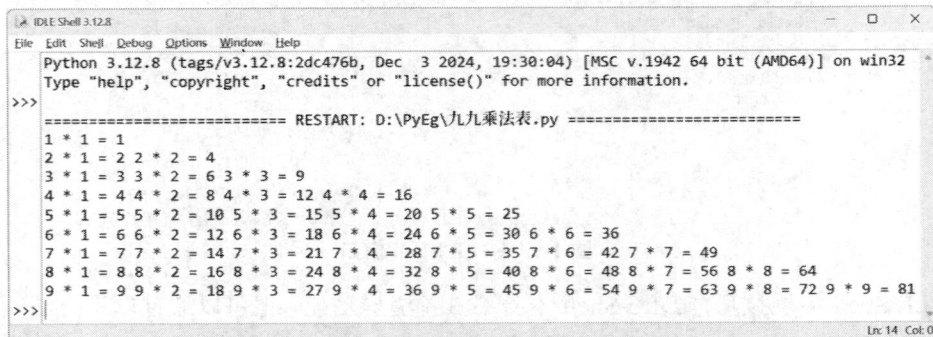

图 1-11　在 IDLE 中运行 Python 脚本

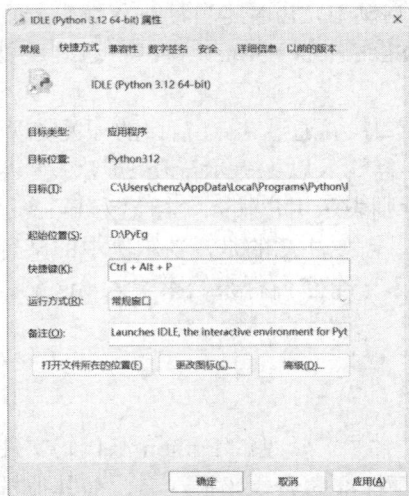

图 1-12　更改 IDLE 默认的文件保存位置和快捷键

小技巧：更改 IDLE 默认的文件保存位置和快捷键。

首先，在开始菜单或桌面找到 IDLE 的快捷方式（例如 IDLE (Python 3.12 64-bit)），右击快捷方式图标，在弹出的快捷菜单中选择"属性"选项。在弹出的对话框中，可以修改"起始位置"和"快捷键"设置，如图 1-12 所示。

（2）通过命令行窗口运行。

① 在任意文本编辑器（如记事本）中编写源代码，并将文件保存为.py 格式。

② 打开 Windows 命令行窗口。

③ 输入命令 python D:\PyEg\xxx.py 或 py D:\PyEg\xxx.py 来运行该文件，其中 xxx 为

Python 文件的文件名，D:\PyEg\为文件所在的目录。运行结果将显示在命令行窗口中，如图 1-13 所示。

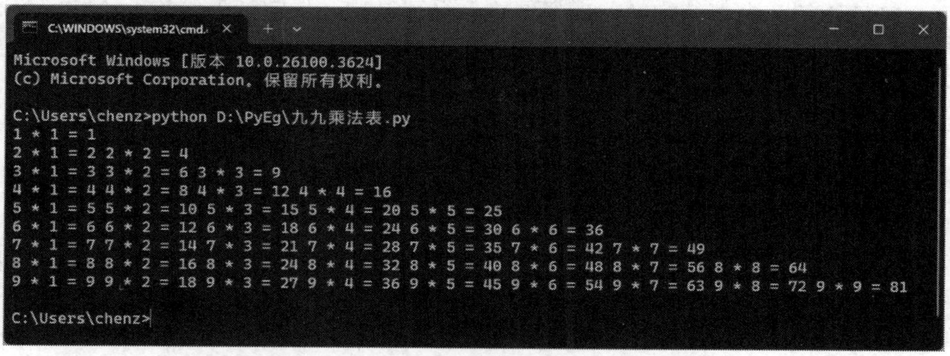

图 1-13　在命令行窗口中运行 Python 脚本

1.4.3　Python 程序的错误类型

Python 错误主要分为三类：语法错误、运行时错误和逻辑错误。

1.4.3.1　语法错误

语法错误（Syntax Error），又称解析错误，是 Python 编程过程中常见的错误类型之一。它是指在编写代码时，因违反了 Python 的语法规则，导致程序无法被解释器正确解析。语法错误通常在程序执行之前就会被检测出来，也就是说，会在解释阶段暴露问题，进而导致程序无法运行。此时，Python 解释器会抛出语法错误异常，并指出错误发生的大概位置以及错误的类型。

常见的语法错误如下。

1. 缩进错误

缩进错误是 Python 中一种常见的语法错误。Python 依靠缩进来组织代码块，标识代码块的层次结构，因此同一代码块内的所有语句必须严格保持相同的缩进量。如果缩进不一致，Python 解释器将无法准确判断代码的逻辑结构，从而抛出异常。

例 1-3： 因缩进不正确引发的语法错误。

1	>>>	if True:
2	...	print('Hello, world')　# 错误：缺少缩进
3	Err	SyntaxError: expected an indented block after 'if' statement on line 1

在 IDLE Shell 窗口中，Python 解释器会以红色底纹标记出检测到错误的词元首字母，提示错误可能是由于该词元前缺少必要的缩进所导致的。这种视觉提示有助于快速定位代码中的问题。

在例 1-3 中，错误出现在 print() 函数上，原因是在该语句前缺少缩进。要修复此错误，只需在第 2 行的 print 语句前添加 4 个空格的缩进，从而明确表示该语句是从属于 if 语句的代码块。

小知识：在 IDLE Shell 窗口中，可以通过按下组合键 Alt + P 向上查找历史命令，按下组合键 Alt + N 向下查找历史命令。此外，还可以将光标移动到已执行过的语句上，按下 Enter 键，将该语句或完整结构（如选择结构、循环结构、异常处理结构、函数定义、类定义、with 块等）复制到当前输入位置，进行修改或完善后再执行。

2. 符号错误

逗号、括号（圆括号、方括号、花括号等）、冒号、引号（单引号、双引号、三引号等）以及各种运算符等符号使用不当或者拼写错误（例如将英文符号错误拼写成中文符号）时引发的错误。这类错误通常较为容易识别，因为 Python 解释器会在错误信息中明确指出使用不当或者拼写错误的符号，并提示具体位置。

例 1-4：因符号使用不当引发的语法错误。

1	>>>	print('Hello, world # 错误：缺少右单引号
2	...	
3	Err	SyntaxError: unterminated string literal (detected at line 1)
4	>>>	print（'Hello, world'） # 错误：使用了中文圆括号
5	...	
6	Err	SyntaxError: invalid character '（' (U+FF08)

要修复此错误，需要在第 1 行的 print 语句末尾添加右单引号和右圆括号，同时将第 4 行中的中文圆括号修正为英文圆括号。

特别提醒：编写代码时应避免使用中文标点符号（如逗号、括号、冒号、引号及各种运算符），否则解释器将无法识别并报错。不过，中文字符和中文标点符号可以在字符串中正常使用。

3. 缺少必要的语法元素

例如，在条件语句后缺少冒号。在 Python 中，某些结构（如条件语句、循环语句、函数定义、类定义等）要求在语句或声明的末尾使用冒号（:）作为特定的语法标记，表示代码块的开始。如果这些必要的语法元素缺失，Python 解释器在解析代码时就无法正确识别代码结构，从而抛出 SyntaxError 异常。

例 1-5：因缺少必要的语法元素引发的语法错误。

1	>>>	if x == 1 # 错误：缺少冒号
2	Err	SyntaxError: expected ':'

要修正此错误，需要在第 1 行的条件表达式 x == 1 后面添加冒号。

4. 非法的语句结构

例如，在函数定义中缺少缩进的代码块。这种情况会导致 Python 解释器抛出 SyntaxError 异常或 IndentationError 异常，因为函数头（def 语句）后面需要跟随一个冒号（:），并且紧接着要有一个缩进的代码块（即函数体）来定义函数的具体功能。

例 1-6：非法的语句结构引发的语法错误。

1	>>>	def fun():　# 错误：函数定义时缺少函数体
2	...	fun()
3	Err	SyntaxError: expected an indented block after function definition on line 1

要修复此错误，需要在第 1 行的函数定义后面添加包含函数体的代码块，并确保正确缩进。

1.4.3.2　运行时错误

运行时错误（Runtime Error），也称为异常，是指程序在运行过程中产生的错误，导致程序不能继续正常运行。与语法错误不同，运行时错误通常发生在代码语法正确的情况下，由于执行了不合理或无法完成的操作，例如访问不存在的文件、除数为零等。这类错误通常会导致程序崩溃或异常终止。处理运行时错误通常需要捕获异常，并对相关操作进行检查和处理，让程序更加健壮，确保代码逻辑符合预期。

常见的运行时错误如下。

1. 名称错误

名称错误（NameError）是指当代码试图访问一个未定义的名称（可以是变量、函数、类或模块等）时引发的错误。通常是由于拼写错误、遗漏定义或引用了未导入的模块或对象。Python 解释器会在检测到无法识别的名称时抛出 NameError 异常，并提示该名称未定义。

例 1-7：因标识符未定义引发的名称错误。

1	>>>	print(x)　# 错误：x 未定义
2	Err	Traceback (most recent call last):
		File "\<pyshell#0>", line 1, in \<module>
		print(x)
		NameError: name 'x' is not defined

在例 1-7 中，程序尝试使用变量 x，但由于 x 在使用前未定义，因此引发了 NameError 异常。与 C 等其他编程语言不同，Python 不需要显式声明变量类型，只需为变量赋值即可自动创建该变量。

要修复此错误，只需在使用变量 x 之前，为其赋一个初始值。例如，可以通过 x = 10 来定义一个初始值为 10 的整型变量 x。

2. 类型错误

类型错误（TypeError）是在程序运行时，当代码试图对不兼容的对象执行操作时引发的错误。例如，在数值运算、字符串连接或类型比较时，如果操作数的数据类型不兼容，Python 会抛出 TypeError 异常并给出相应的错误提示。常见情况包括将字符串与数字相加、传入错误类型的函数参数，或者尝试访问不支持的属性或方法等。

例 1-8：将字符串与整数拼接引发的类型错误。

| 1 | >>> | s = 'The num is ' |

2	>>>	num = 10
3	>>>	result = s + num # 类型错误
4	Err	Traceback (most recent call last):
		File "\<pyshell#2\>", line 1, in \<module\>
		result = s + num
		TypeError: can only concatenate str (not "int") to str

在例 1-8 中，代码试图将字符串 s 与数字 num 相加，导致类型错误。原因是 Python 不允许直接将字符串类型与数字类型相加。虽然+运算符可以用于数字相加或字符串连接，但不能同时操作这两种类型。

要修复此类错误，可以通过将数字转换为字符串，修改第 3 行代码为"result = s + str(num)"，或者使用格式化字符串的方式，将第 3 行代码修改为 "result = '{}{}'.format(s, num)"。

3. 值错误

值错误（ValueError）是一种常见的运行时错误，当传递给函数或操作的参数类型是正确的，但参数的值不符合该函数或操作的预期范围、格式或约束条件时引发的错误。换句话说，值错误并不是类型错误，而是由于参数的值不符合要求所引发的。

例 1-9：将浮点数字符串转换为整数引发的值错误。

1	>>>	s = '1.5'
2	>>>	x = int(s) # 数据类型转换错误：无法将浮点数字符串转换为整数
3	Err	Traceback (most recent call last):
		File "\<pyshell#1\>", line 1, in \<module\>
		x = int(s)
		ValueError: invalid literal for int() with base 10: '1.5'

在例 1-9 中，代码试图将字符串 s 转换为整数 x，但第 2 行的代码没有考虑到传入 int() 函数的 s 可能不是合法的整数表示形式（例如浮点数字符串'1.5'）。因此，调用 int() 函数时会引发 ValueError 异常。要解决此问题，可以在转换之前进行检查，确保传递给 int() 函数的字符串是有效的整数字符串，或者使用 try-except 语句来捕获潜在的异常：

1	>>>	s = '1.5'
2	>>>	try:
3	...	x = int(s)
4	...	except ValueError:
5	...	print("无法将字符串'{}'转换为整数".format(s))
6	...	↵
7	Out	无法将字符串'1.5' 转换为整数

通过这种方式，可以有效避免程序因无效输入而崩溃，并为用户提供友好的错误提示。

例 1-10：移除列表中不存在的元素引发的值错误。

1	>>>	ls = [10, 20, 30]
2	>>>	ls.remove(40) # 尝试从列表 ls 中移除不存在的元素 40，导致 ValueError 异常

3	Err	Traceback (most recent call last):
		File "\<pyshell#1\>", line 1, in \<module\>
		ls.remove(40)
		ValueError: list.remove(x): x not in list

要修正此错误，可以在调用 remove()方法之前，先检查列表中是否存在要移除的元素：

1	>>>	ls = [10, 20, 30]
2	>>>	if 40 in ls:
3	...	ls.remove(40)
4	...	↵

例 1-11：求负数的平方根引发的值错误。

1	>>>	import math
2	>>>	print(math.sqrt(-1))
3	Err	Traceback (most recent call last):
		File "\<pyshell#1\>", line 1, in \<module\>
		print(math.sqrt(-1))
		ValueError: math domain error

要修复此错误，必须确保传递给 math.sqrt()函数的参数是一个有效的非负数。可以通过判断参数的值是否大于或等于零来避免该错误：

1	>>>	import math
2	>>>	num = -1
3	>>>	if num >= 0:
4	...	print(math.sqrt(num))
5	>>>	else:
6	...	print('无法计算负数的平方根')
7	...	↵
8	Out	无法计算负数的平方根

4. 索引错误

索引错误（IndexError）是在程序运行时，当代码试图访问超出序列（如列表、元组、字符串等）有效范围的索引时引发的错误。由于 Python 中的序列索引是从 0 开始计数的，如果访问的索引超出了序列的有效索引范围，程序将抛出 IndexError 异常。

例 1-12：列表索引超出有效范围引发的索引错误。

1	>>>	ls = [1, 2, 3] # 列表 ls 包含 3 个元素，其索引为 0、1、2
2	>>>	print(ls[3]) # 访问 ls[3]超出有效范围，导致索引错误
3	Err	Traceback (most recent call last):
		File "\<pyshell#1\>", line 1, in \<module\>
		print(ls[3])
		IndexError: list index out of range

为避免这种错误，可以在访问索引前检查索引是否在序列的有效范围内：

1	>>>	ls = [1, 2, 3] # 列表 ls 包含 3 个元素，其索引为 0、1、2
2	>>>	if len(ls) > 3: # 访问索引前使用 len()函数检查序列长度
3	...	print(ls[3])
4	...	else:
5	...	print('索引超出范围')
6	...	↵
7	Out	索引超出范围

这种边界检查可以有效避免索引错误，从而提升代码的健壮性。

5. 属性错误

属性错误（AttributeError）是在程序运行时，当代码试图访问一个对象中不存在的属性，或调用一个对象没有的方法时引发的错误。当 Python 解释器检测到该对象不具备所请求的属性或方法时，它会抛出 AttributeError 异常，并在错误提示中说明对象不支持访问该属性或方法。

例 1-13：访问对象中不存在的属性引发的属性错误。

1	>>>	class Person:
2	...	def __init__(self, name):
3	...	self.name = name
4	...	↵
5	>>>	alice = Person('Alice')
6	>>>	print(alice.age) # Person 类中没有定义 age 属性，导致属性错误

7	Err	Traceback (most recent call last):
		  File "\<pyshell#2\>", line 1, in \<module\>
		    print(alice.age)
		AttributeError: 'Person' object has no attribute 'age'

要修正此错误，必须确保所访问的对象属性或方法确实存在。可以使用 hasattr()函数来提前检查对象是否具备指定的属性或方法：

1	>>>	class Person:
2	...	def __init__(self, name):
3	...	self.name = name
4	...	↵
5	>>>	alice = Person('Alice')
6	>>>	if hasattr(alice, 'age'):
7	...	print(alice.age)
8	...	else:
9	...	print('该对象没有 age 属性')
10	...	↵
11	Out	该对象没有 age 属性

通过这种方式，可以避免属性错误的发生，并且还能在检查后根据结果为用户提供更友好、更清晰的错误处理信息。

6. 除零错误

除零错误（ZeroDivisionError）是在程序运行时，当代码试图执行一个数除以零的运算时引发的错误。由于数学上除以零是没有定义的操作，因此 Python 解释器会抛出 ZeroDivisionError 异常，并提示不能进行除零运算。

例 1-14：一个数除以零引发的除零错误。

1	>>>	x = 10
2	>>>	y = 0
3	>>>	result = x / y　# 错误：除以零，导致 ZeroDivisionError 异常
4	Err	Traceback (most recent call last): 　　File "<pyshell#2>", line 1, in <module> 　　　result = x / y ZeroDivisionError: division by zero

在例 1-14 中，变量 y 为 0，当代码试图执行 x / y 运算时会抛出 ZeroDivisionError 异常。为了避免这种错误，可以在执行除法运算前，检查除数是否为零，并采取适当的处理措施：

1	>>>	x = 10
2	>>>	y = 0
3	>>>	if y != 0:
4	...	result = x / y
5	...	else:
6	...	print('错误：除数不能为零')
7	...	↵
8	Out	错误：除数不能为零

1.4.3.3　逻辑错误

逻辑错误（Logic Error），也称为语义错误，是指代码语法上正确，但由于算法或逻辑设计上的缺陷，导致程序运行结果与预期不一致。在程序开发中，逻辑错误通常比语法错误更难被发现，因为它们不会使程序崩溃或触发异常，程序仍然可以继续执行，只是无法得到正确的输出。这类错误往往需要开发者借助调试工具和对代码逻辑的仔细分析来定位并修复问题。

常见的逻辑错误如下。

1. 条件表达式错误

例 1-15：以下代码用于检查一个数字是否在 1 到 100 之间，但由于条件表达式不正确，导致逻辑错误。

1	>>>	x = int(input('Please input an integer: '))　　# 获取用户输入的整数

| 2 | >>> | if x <= 1 and x >= 100:   # 逻辑错误: x 不可能同时满足小于或等于 1 且大于或等于 100 |
| 3 | >>> | print('x between 1 and 100')   # 由于条件永远为假, 此行代码永远不会被执行 |

在例 1-15 中, 条件 x <= 1 and x >= 100 在逻辑上是矛盾的, 因为没有任何数值能够同时满足小于 1 或等于 1 且大于或等于 100 的条件。因此, 这个条件永远不会成立。为了修复这个问题, 需要根据实际需求调整条件表达式。正确的写法应该是 "if 1 <= x <= 100:", 这样能够确保判断逻辑符合预期。

2. 边界条件错误

边界条件错误是指代码未能正确处理输入数据(如函数接收参数的取值范围)或者执行范围(如循环的起止范围、序列的索引范围等)的边界情况时引发的错误。如果程序没有充分考虑到边界情况并处理好边界值, 可能会导致程序产生意外的输出, 甚至在某些情况下导致程序崩溃。常见的边界条件错误之一是循环的上下限错误。

例 1-16: 以下代码用于计算 1 + 2 + 3 + ⋯ + 100, 但由于边界条件错误, 导致计算结果不正确。

1	>>>	s = 0 # 初始化变量 s, 用于存储累加和, 初始值设为 0
2	>>>	for i in range(1, 100): # 循环从 1 开始, 到 99 结束, 边界条件错误: 应该包括 100
3	...	s = s + i # 将当前数字 i 加到总和 s 上
4	...	↵
5	>>>	print(s) # 输出累加的结果
6	Out	4950 # 正确结果为 5050, 但输出结果为 4950, 因为循环缺少对 100 的累加

在例 1-16 中, 第 2 行的代码存在一个边界条件错误, 导致循环中的 i 从 1 循环到 99, 而不是 100。这是因为 range(1, 100) 中的结束值是非包含的, 即循环会从 1 开始, 一直到 99 结束, 不包括 100。为了修正这个错误, 可以将第 2 行的代码修改为 "for i in range(1, 101):", 这样 i 就会从 1 循环到 100, 正确处理了边界条件。

3. 算法设计不当

在代码中使用的算法可能存在缺陷, 这些缺陷会导致程序无法产生正确的输出, 或者在某些情况下导致程序无法正常终止。为了避免这种情况, 在算法设计时需要根据问题的特点和要求构建合理的算法逻辑, 并进行全面的测试和验证, 确保算法能够正确处理所有可能的输入(包括边界值、特殊值等), 并在合理的时间内完成计算。

例 1-17: 以下代码用于输出 0 到 9 的数字, 但由于算法设计不当, 导致无限循环。

1	>>>	i = 0
2	>>>	while i < 10: # 未更新 i 的值, 因此 i 始终小于 10, 循环条件始终为真, 导致无限循环
3	...	print(i)
4	...	↵

由于循环变量 i 的值没有在循环体内更新, 导致 while 循环的条件始终为真, 从而引发无限循环, 屏幕不断打印出 "0"。要停止这个循环, 通常需要手动干预(例如按下组合键 Ctrl + C 或使用任务管理器强制退出程序)。

　　为了解决这个问题，需要确保在每次循环迭代中更新循环变量 i 的值。可以在第 3 行代码后添加一行 i = i + 1，这样每次循环都会进行 i 的更新，避免循环条件始终成立，从而防止无限循环的发生。

4. 数据处理错误

　　在数据处理过程中，由于操作不当（例如数据类型转换错误、数据计算逻辑错误等），或者对数据处理需求理解有误（例如错误地解读了要实现的业务目标，从而采用了不恰当的数据处理方法），最终使得数据处理的结果和原本期望的结果不一致。

　　例 1-18：以下代码用于删除字符串 s 中的第一个字符'a'，但由于操作不当，错误地使用了 s.replace('a', '')，导致删除了字符串中所有的'a'，而不仅仅是第一个出现的'a'。

```
1  >>>  s = 'banana'
2  >>>  result = s.replace('a', '')   # 错误：此代码会删除字符串中所有的'a'
3  >>>  print(result)
4  Out  bnn
```

　　要修正此错误，可以将第 2 行代码修改为"result = s.replace('a', '', 1)"，其中 1 表示仅替换第一个出现的'a'，而不是替换所有的'a'。

5. 变量作用域问题

　　在编程时，由于对变量作用域的理解不清，可能导致意外的结果。特别是在全局变量和局部变量之间，在函数内部若没有正确使用关键字（如 Python 中的 global 等），可能错误地将对局部变量的操作当成对全局变量的操作，或者想要修改全局变量却错误地创建了一个新的局部变量；同时，在函数内部直接使用全局变量时，如果不注意，也可能会因为函数内外变量同名等情况，导致得到不符合预期的结果。

　　例 1-19：以下代码试图在函数内部修改全局变量 x，但由于作用域的问题，导致修改未能成功。

```
1  >>>  x = 10   # 创建全局变量 x
2  >>>  def modify():
3  ...       x = 5   # 尝试修改全局变量，但实际上创建了一个新的局部变量 x
4  ...       print('函数内部，x =', x)   # 输出函数内部 x 的值，即局部变量 x 的值
5  ...   ↵
6  ...   modify()   # 调用函数 modify()，输出函数内部 x 的值
7  Out  函数内部，x = 5
8  >>>  print('函数外部，x =', x)   # 输出函数外部 x 的值，即全局变量 x 的值
9  Out  函数外部，x = 10
```

　　在 modify() 函数内部，x = 5 实际上创建了一个新的局部变量 x。尽管它与全局变量 x 同名，但它们是两个独立的变量，互不影响。因此，当函数执行后，全局变量 x 依然保持原值 10，这与预期（希望修改全局变量 x）不符。

　　要修复此错误，需要在函数内部修改变量 x 前，显式地使用 global 关键字声明该变量。

这样做会告诉 Python 解释器，在函数内部访问的 x 是全局变量，而不是创建一个新的局部变量。可以在第 3 行代码前增加一行代码"global x"。

总之，调试和解决逻辑错误是程序开发中的关键技能。以下是一些常用的策略和技巧，能够帮助开发者更高效地定位和修复逻辑错误。

- 使用打印语句（print）：在关键位置插入打印语句，输出中间结果，以便跟踪程序的执行过程，帮助开发者判断程序状态并定位错误出现的具体位置。
- 使用断言（assert）：利用 assert 语句验证程序中的假设条件。如果条件不成立，程序将抛出 AssertionError 异常，从而帮助开发者识别潜在的逻辑错误。
- 分解问题：将复杂的任务拆分成更小的子模块，逐一测试每个模块的功能。这种方法不仅提高了代码的可读性和可维护性，也能更容易地找到并修复问题。
- 仔细检查算法和数据结构：确保所选算法和数据结构适合解决特定问题，并能够正确处理各种可能的输入情况，避免因选择不当导致的逻辑错误。
- 编写单元测试：通过编写单元测试，可以自动检查和预防逻辑错误。测试程序在不同输入情况下的表现是否符合预期，从而帮助开发者提前发现潜在问题。

通过这些方法，开发人员能够更高效地发现并修复逻辑错误，确保程序的正确性、稳定性和可靠性。调试不仅是解决错误的过程，也是提升代码质量、积累经验的宝贵机会。

1.4.4　PyCharm 的下载安装和使用

在实际项目开发中，Python 常用的 IDE 包括 PyCharm、VSCode、Jupyter Notebook、Spyder 和 Anaconda3 等。PyCharm 是专为 Python 开发者设计的跨平台 IDE，提供了丰富的功能和工具，旨在提升开发效率和生产力。它在 Windows、macOS 和 Linux 操作系统上提供了一致的使用体验。VSCode 则是一款轻量级的通用代码编辑器，通过插件扩展支持包括 Python 在内的多种编程语言。

PyCharm 提供两个版本：专业版（Professional）和社区版（Community Edition）。专业版是付费版，包含了更多功能和工具，尤其适用于数据科学和 Web 开发；社区版是免费的开源版本，功能较为简化，适合纯 Python 开发者使用。本书第 8 章中的所有人工智能应用案例均基于社区版开发环境。

本书将以 PyCharm Community Edition 2024.3 版本为例，简要介绍其下载安装和使用方法。可以通过以下链接免费下载该版本：https://www.jetbrains.com/zh-cn/pycharm/download/?section=windows，如图 1-14 所示。

图 1-14　PyCharm Community Edition 官网下载页面

（1）双击安装包启动安装程序，单击"下一步"按钮，依次选择安装位置、配置安装选项、选择"开始"菜单文件夹，最后单击"安装"按钮开始安装，分别如图 1-15～图 1-18 所示。

图 1-15 PyCharm Community Edition 安装向导

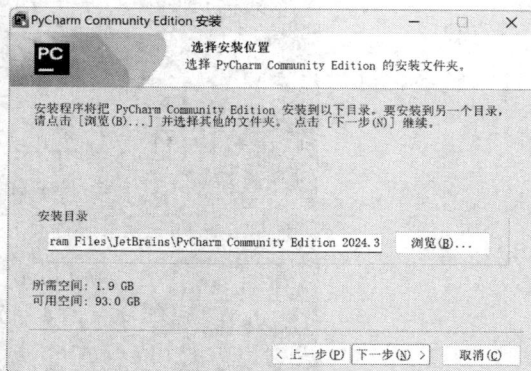

图 1-16 选择安装位置

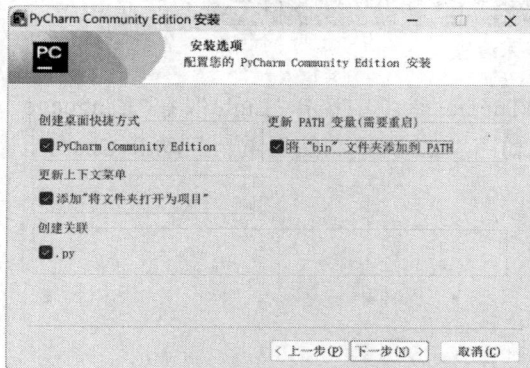

图 1-17 配置安装选项

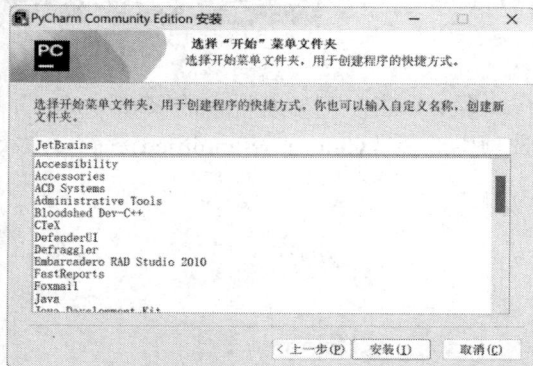

图 1-18 选择"开始"菜单文件夹

（2）等待安装过程完成，分别如图 1-19 和图 1-20 所示。

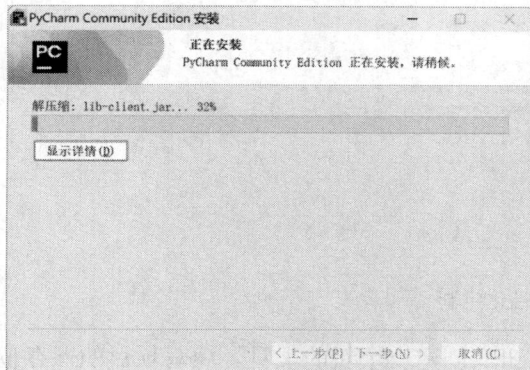

图 1-19 正在安装

图 1-20 PyCharm Community Edition 安装完成

（3）启动 PyCharm 时，首次运行会弹出"Import Settings"导入设置对话框，单击"Skip Import"跳过设置导入过程，如图 1-21 所示。

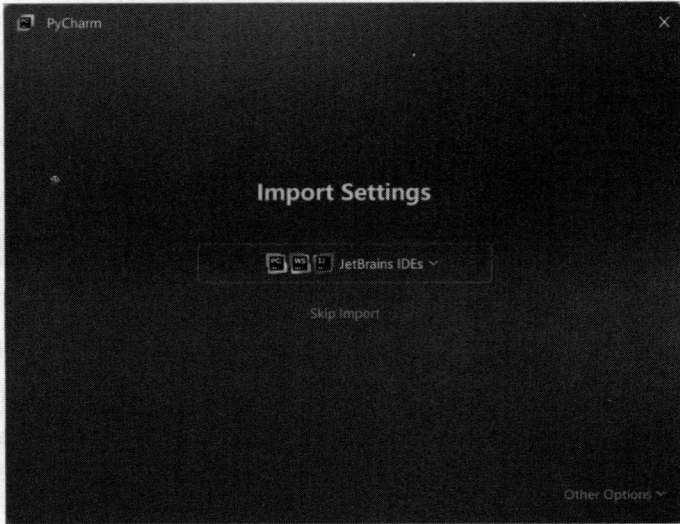

图 1-21   导入设置

（4）单击左侧导航栏中的"Customize"，在"Theme"选项中选择"Light"，在"Language"选项中选择"Chinese (Simplified) 简体中文"，如图 1-22 所示，然后重新启动 PyCharm。

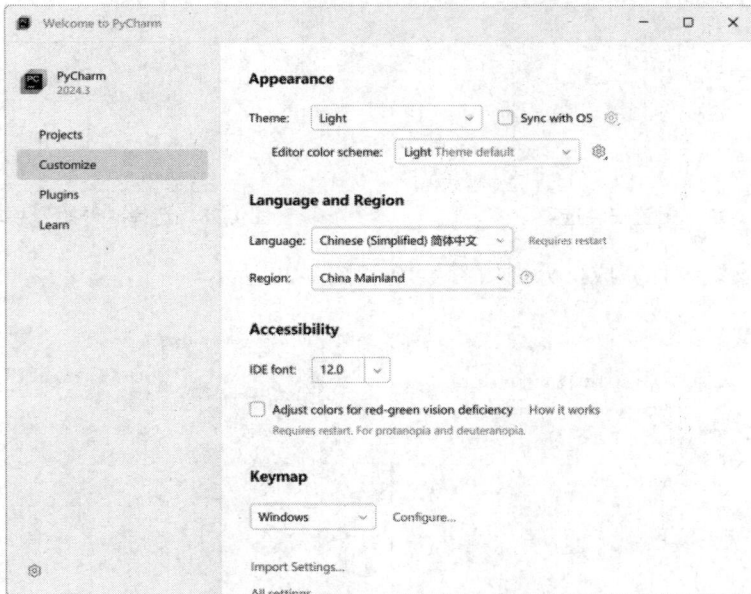

图 1-22   个性化定制

（5）如图 1-23 所示，单击"新建项目"按钮，创建一个新的项目。填写项目的保存位置（例如 D:\PyEg）和项目名称（例如 PyAI），选择合适的 Python 解释器类型及版本，最后单击"创建"按钮以完成项目创建，如图 1-24 所示。

图 1-23　新建项目

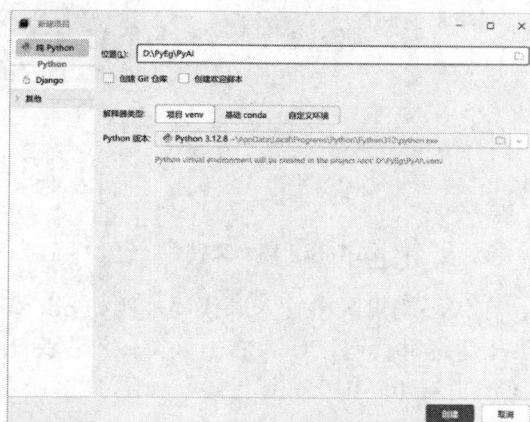

图 1-24　填写项目的保存位置

（6）在项目名称"PyAI"上右击，在弹出的快捷菜单中选择"新建"选项，然后在二级菜单中选择"Python 文件"，如图 1-25 所示。在弹出的"新建 Python 文件"对话框中，

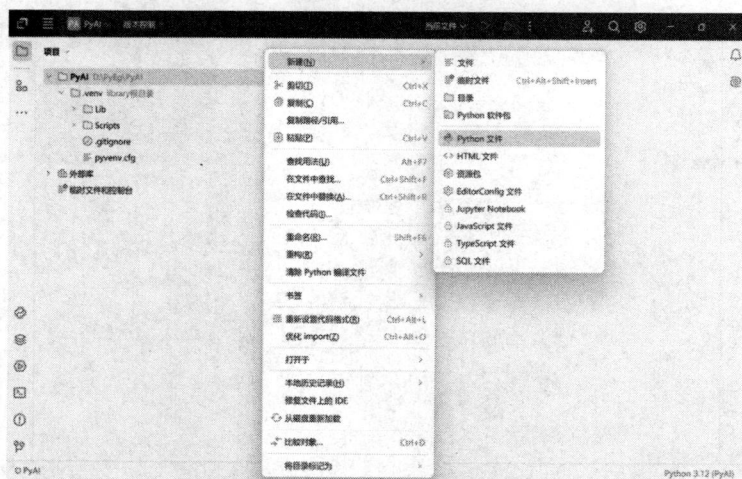

图 1-25　新建 Python 文件

输入文件名"8-1-Trainer",并按 Enter 键确认,完成文件创建,如图 1-26 所示。

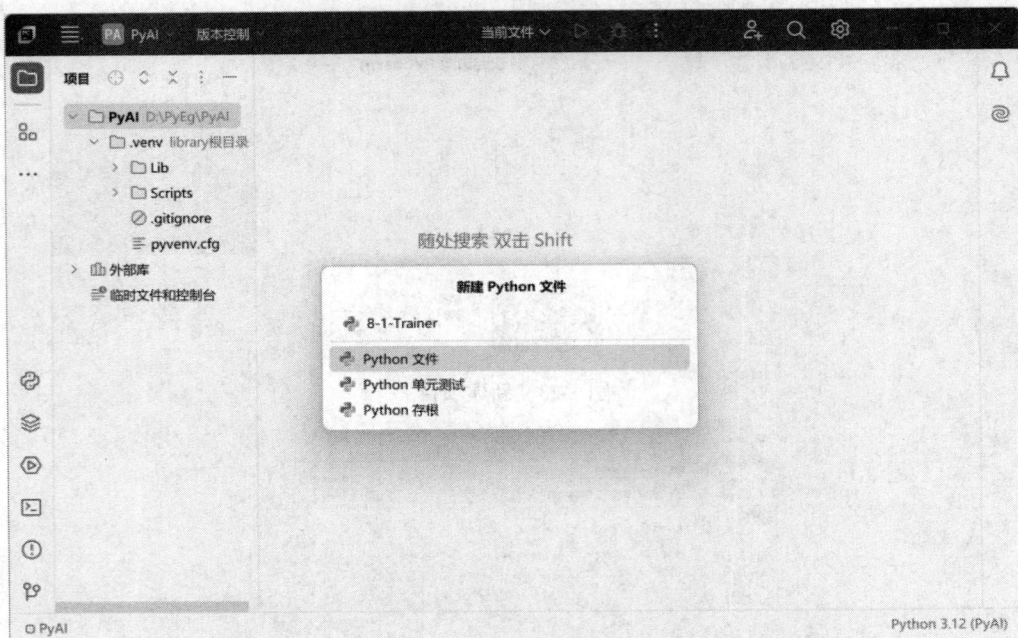

图 1-26   输入文件名

(7)如图 1-27 所示,在代码编辑区中输入源代码,例如 print('Hello, Python!')。然后单击导航栏上的绿色右箭头按钮运行代码,或者右击该文件,在弹出的快捷菜单中选择"运行",还可以使用快捷键 Ctrl + Shift + F10 执行代码,如图 1-28 所示。

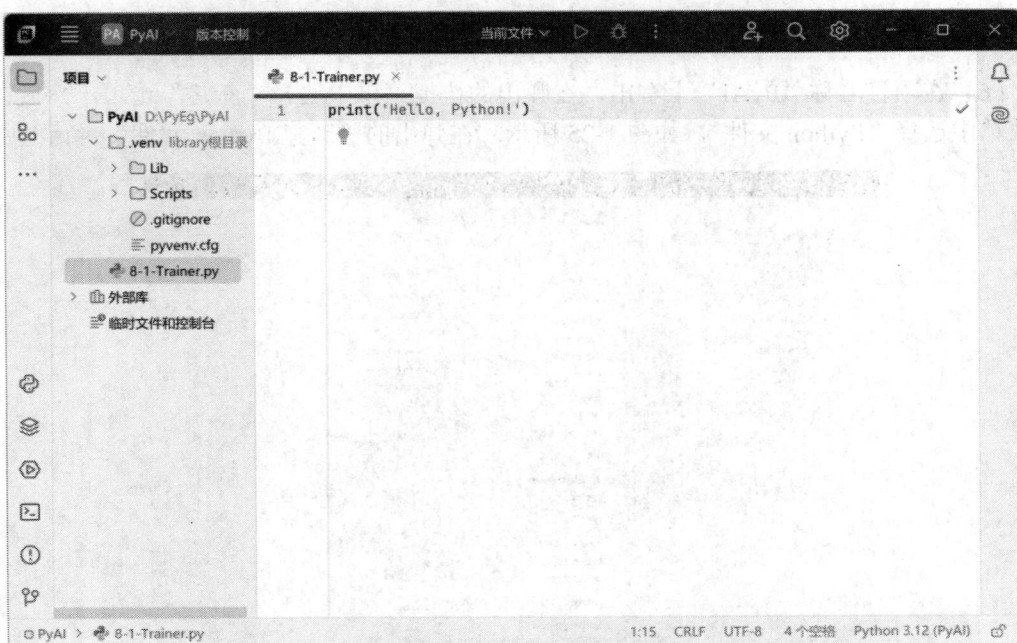

图 1-27   编写代码

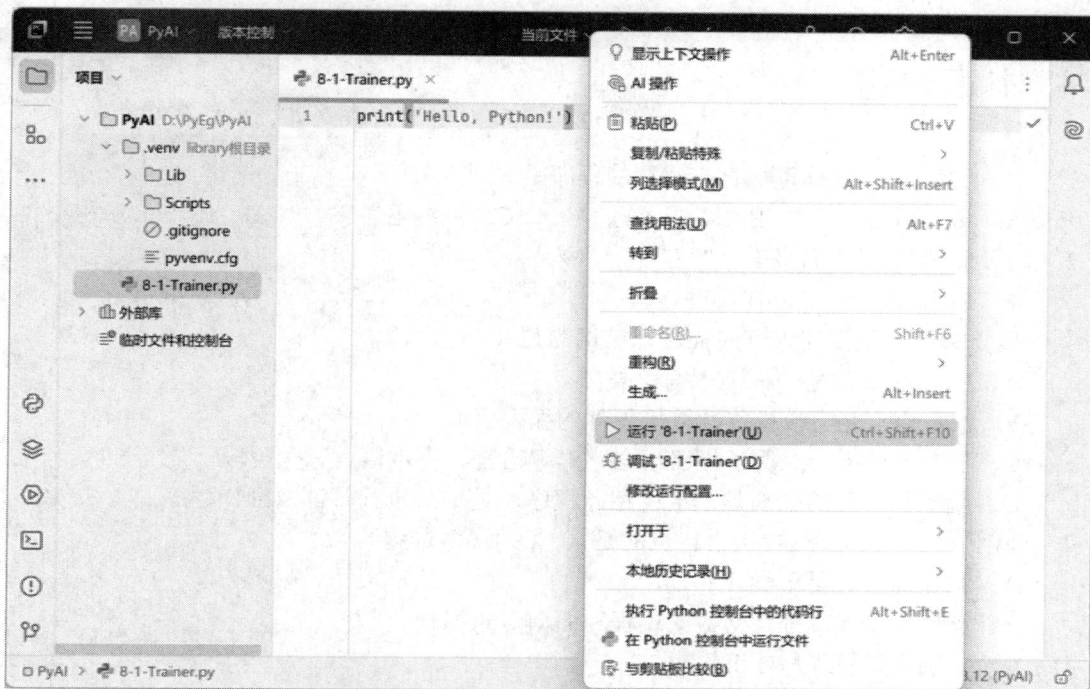

图 1-28　运行脚本

（8）运行结果将显示在底部的运行信息区和控制台窗口中，如图 1-29 所示。

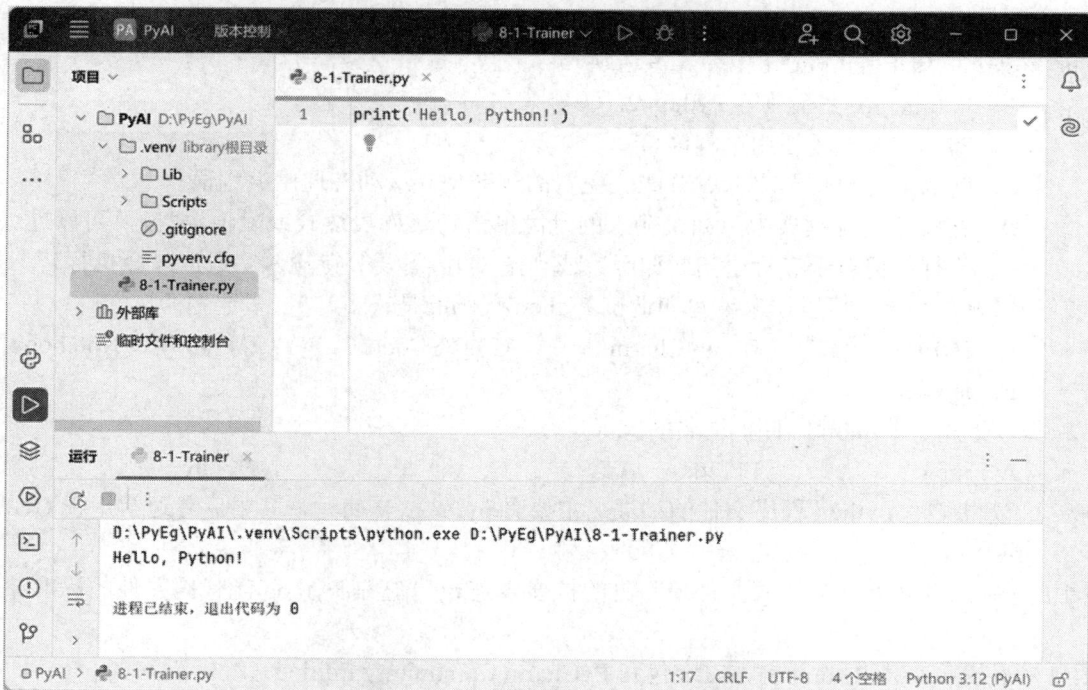

图 1-29　显示运行结果

🔑 本章习题

1.1　下列选项可以被计算机直接执行的程序是（　　　）。

　　A．机器语言　　　　　B．高级语言　　　　　C．汇编语言　　　　　D．Python 源程序

1.2　下列选项不属于高级语言的有（　　　）。

　　A．Python　　　　　　B．C++　　　　　　　C．Java　　　　　　　D．汇编语言

1.3　以下关于程序设计语言的描述，错误的是（　　　）。

　　A．Python 语言是一种脚本编程语言

　　B．汇编语言是直接操作计算机硬件的编程语言

　　C．程序设计语言经历了机器语言、汇编语言、脚本语言三个阶段

　　D．编译和解释的区别是一次性翻译程序还是每次执行时都要翻译程序

1.4　以下属于 Python 编程语言特点的是（　　　）（多选题）。

　　A．语法简洁，易于学习和使用

　　B．支持命令式编程、函数式编程和面向对象编程

　　C．代码需要编译后才能运行

　　D．拥有丰富的第三方库和框架

　　E．不支持动态类型系统，变量类型必须在定义时明确指定

1.5　以下不属于 Python 语言特点的是（　　　）。

　　A．支持中文　　　　　B．平台无关　　　　　C．语法简洁　　　　　D．执行高效

1.6　以下说法正确的是（　　　）（多选题）。

　　A．Python 3.x 完全兼容 Python 2.x

　　B．Python 是一种通用编程语言

　　C．Python 是一门跨平台、开源、免费的解释型高级动态通用编程语言

　　D．在命令交互模式中，如果输入的是简单语句（如表达式或赋值语句），可以连续
　　　　执行；但对于多行语句（如函数或类定义），需要等待输入完成后才会执行

1.7　以下开发环境可以用来编写和调试 Python 代码的是（　　　）（多选题）。

　　A．IDLE　　　　　　　B．PyCharm　　　　　C．VSCode　　　　　D．Jupyter Notebook

　　E．Spyder

1.8　以下属于 Python 文件扩展名的有（　　　）。

　　A．mp3　　　　　　　B．xls　　　　　　　　C．txt　　　　　　　　D．py

1.9　（判断题）Python 程序文件的扩展名主要有.py 和.pyw 两种，其中后者通常用于 GUI
　　　应用程序。（　　　）

1.10　（判断题）Python 程序文件最常见的扩展名是.py，它是 Python 源代码文件的标准扩
　　　展名。（　　　）

1.11　下载并安装 Python 官方安装包和 PyCharm Community Edition（社区版）。

1.12　使用 IDLE 或 PyCharm 运行并体验本章中的示例代码。

第2章

Python的基础语法

本章学习目标

- 理解 Python 编码规范，熟练掌握缩进、注释等基本要求；
- 熟悉标识符的命名规则，了解常用的 Python 关键字；
- 掌握数字、字符串、布尔型等常用内置数据类型的基本操作；
- 熟练掌握各类运算符的使用方法；
- 深入理解整除运算符（//）和求余运算符（%）的运算规则；
- 理解逻辑运算符的"短路求值"特性；
- 熟练掌握 input()输入函数、print()输出函数以及 str.format()格式化字符串的方法；
- 了解 f-string 格式化字符串的使用方法；
- 熟练掌握常用内置函数的使用方法；
- 熟练掌握 Python 标准库和第三方扩展库的导入与使用。

Python 的语法包括程序的格式框架、缩进、注释、变量、数据类型、运算符与表达式、输入输出、模块和库等基础语法元素，同时还涵盖了控制结构、异常处理、函数、文件操作和面向对象编程等核心概念。这些基础知识构成了 Python 语言的核心，掌握这些知识不仅能帮助读者轻松编写基础程序，还为深入学习 Python 的高级特性奠定坚实的基础。

🔑 2.1　编码规范

Python 代码编写遵循一套官方的编码规范——PEP 8（Python Enhancement Proposal 8）。PEP 8 是由 Python 创始人 Guido van Rossum 和其他核心开发者共同制定的，旨在为 Python 代码提供一致的风格指南。它基于 Guido 和 Barry 的代码风格规范，并明确了 Python 推荐的编程实践。PEP 8 涵盖了多个方面，包括缩进、空行、空格使用、文档和注释、命名规则以及代码结构等。

遵循 PEP 8 不仅有助于保持代码的一致性和可读性，尤其是在团队开发中，还能提升代码的可维护性和整体质量，确保代码更加易于理解和修改。

2.1.1　缩进

Python 对代码缩进有严格要求，必须使用递进式缩进来表示代码的逻辑层级关系。缩进不仅是 Python 组织语句的关键方式，影响代码的可读性，还直接决定程序的逻辑结构和执行流程。推荐使用 4 个空格作为一个缩进单位，确保每一级的缩进保持一致，并按逻辑层级逐级递进。

若代码块的缩进不正确，可能会导致两种问题：一是语法错误，程序无法正常解释执行；二是逻辑错误，尽管程序可以运行，但执行结果可能与预期不符。

例 2-1： 因缩进不正确引发的语法错误。

1	>>>	a = 10
2	>>>	if a >= 10:
3	...	print('a 大于或等于 10')
4	Err	SyntaxError: expected an indented block after 'if' statement on line 1

在 IDLE Shell 窗口中，错误信息"SyntaxError: expected an indented block after 'if' statement on line 1"以醒目的红色字体显示，明确指出这是一个语法错误。该错误提示中的"expected an indented block..."通常是由于在冒号后缺少代码或缩进不规范所导致的。为避免此类错误，必须确保在冒号后紧跟着一个有效的代码块，并且代码块的缩进格式正确。掌握并严格遵循 Python 的缩进规则，对于编写高效、无误的代码至关重要。

在例 2-1 中，第 3 行的 print 语句本应作为第 2 行 if 语句的从属代码块。然而，由于缩进不正确，导致 if 语句缺少应有的代码块，从而引发语法错误。正确的做法是在第 3 行 print 语句前添加 4 个空格的缩进，明确表示它是 if 语句的从属部分。类似地，其他需要包含从属代码块的语句，如 while、for、try-except、with 块等，也必须遵循相同的缩进规则。

例 2-2： 因缩进不正确引发的逻辑错误。

1	>>>	a = 5　# 变量定义：将整数 5 赋值给变量 a
2	>>>	if a >= 0:　# 判断 a 是否大于或等于 0
3	...	if a >= 10:　# 如果 a 大于或等于 10
4	...	print('a 大于或等于 10')
5	...	else:
6	...	print('a 大于或等于 0，且 a 小于 10')
7		↵
8	Out	

在例 2-2 中，虽然程序没有语法错误，但运行后无任何输出，这显然与预期不符。问题的根源在于第 5 行的 else 语句缩进不正确，导致它与第 2 行的 if 语句配对，而实际上它应该与第 3 行的 if 语句对应。为了解决这个问题，正确的做法是在第 5 行 else 语句前添加 4 个空格，使其与第 3 行的 if 语句保持同一级缩进，从而确保 else 语句与预期逻辑相符，从而输出正确的结果 "a 大于或等于 0，且 a 小于 10"。

2.1.2　注释

注释是对语句、程序段、函数等的解释或说明，旨在帮助阅读代码的人更轻松地理解程序的功能，从而提高代码的可读性。注释作为辅助性文字，不会被 Python 解释器执行，因此它们不会影响程序的运行。

例 2-3：判断一个给定数字是否为素数。

1	>>>	def isprime(n):　# 定义函数，判断 n 是否为素数。若是则返回 True，否则返回 False
2	...	if n <= 1:　# 素数必须大于 1。若 n 小于或等于 1，直接返回 False
3	...	return False
4	...	# 遍历从 2 到 $\sqrt{n}$ 的所有整数（因为一个大于 $\sqrt{n}$ 的因子必定会与一个小于 $\sqrt{n}$ 的因子配对）
5	...	for i in range(2, int(n**0.5) + 1):
6	...	if n % i == 0:　# 若 n 能被 i 整除，说明 n 不是素数，返回 False
7	...	return False
8	...	return True　# 如果遍历完所有可能的因子都没有返回，说明 n 是素数，返回 True
9	...	↵
10	>>>	num = int(input())　# 获取用户输入的数字，将其转换为整数后赋值给变量 num
11	In	97
12	>>>	if isprime(num):　# 调用 isprime() 函数判断 num 是否为素数
13	...	print(num, '是素数')
14	...	else:　# 如果 isprime() 函数返回 False，说明 num 不是素数
15	...	print(num, '不是素数')
16	...	↵
17	Out	97 是素数

在 Python 中，常用的注释形式有两种：单行注释和多行注释。

（1）单行注释：以#开头，注释内容从#开始到该行结束，Python 解释器会忽略这些内容。单行注释通常用于对某一行代码的简短说明或解释。

（2）多行注释：多行注释本质上是字符串，通常使用三引号（'''或"""）括起来，用于注释多行文本。多行注释常用于函数、类、模块的头部，描述功能、参数、返回值等信息，也可以用于详细的代码块说明。这种形式的注释通常称为文档字符串（docstring）。

例 2-4：单行注释与多行注释的使用方法。

1	>>>	# 这是一个单行注释，用于解释代码或描述某个逻辑
2	>>>	a = 10　# 变量定义：将整数 10 赋值给变量 a
3	>>>	'''
4	...	这是一个多行注释
5	...	用于对一段较长的代码或复杂的逻辑进行详细说明
6	...	可以跨越多行文本进行注释，便于代码的可读性和维护
7	...	'''
8	Out	'\n 这是一个多行注释\n 用于对一段较长的代码或复杂的逻辑进行详细说明\n 可以跨越多行文本进行注释，便于代码的可读性和维护\n'

注意：在例 2-4 中，IDLE Shell 窗口会默认输出之前输入的注释字符串，如第 8 行所示。但在 Python 脚本文件中运行代码时，注释并不会产生输出。

在实际的工程开发中，关键代码和核心业务逻辑应当进行充分的注释。一般而言，一个具有良好可读性的程序，注释内容应占总代码量的 30%以上，以确保其他开发者能够快速理解代码的功能和逻辑。

2.1.3　符号

1. 逗号

逗号前不加空格，逗号后需要加空格。唯一的例外是当逗号后紧跟圆括号时，此时不需要加空格。

例 2-5：Python 中逗号的使用规范。

1	>>>	a = (1,)　# a 是一个元组，包含单个元素 1。注意：单元素元组需要在元素后加逗号
2	>>>	print(a, type(a))　# 输出 a 及其数据类型，type()函数用于查看对象的数据类型
3	Out	(1,) <class 'tuple'>
4	>>>	b = (1)　# 将整数 1 赋值给变量 b。此时圆括号是多余的，b 仍然是一个整数
5	>>>	print(b, type(b))　# 输出 b 及其数据类型
6	Out	1 <class 'int'>
7	>>>	c = [1, 2, 3]　# c 是一个列表，包含三个元素 1、2 和 3
8	>>>	print(c, type(c))　# 输出 c 及其数据类型
9	Out	[1, 2, 3] <class 'list'>

2. 二元运算符

算术运算符（+、-、*、/、%、//）、比较运算符（==、!=、>、<、>=、<=）、赋值运算符（=、+=、-=、*=、/=、%=、//=、**=）、位运算符（&、|、^、<<、>>）、逻辑运算符（and、

or）、成员运算符（in、not in）、身份运算符（is、is not）等二元运算符两侧应加上一个空格。

例 2-6：Python 中二元运算符的使用规范。

1	>>>	a = 5 * 3　# 计算 5 和 3 的乘积，并将结果赋值给变量 a
2	>>>	print(a)
3	Out	15
4	>>>	a += 5　# 将 5 加到当前的 a 上，相当于 a = a + 5
5	>>>	print(a)
6	Out	20
7	>>>	print(0 > 1)　# 输出比较 0 是否大于 1 的结果
8	Out	False
9	>>>	print(24 == 2 * 10 + 4)　# 判断 24 是否等于 2 * 10 + 4
10	Out	True
11	>>>	print(3 ^ 4)　# 按位异或，将 3 和 4 看作二进制数（3=0011，4=0100），结果为 0111（即 7）
12	Out	7
13	>>>	print(True and False)　# 逻辑与操作
14	Out	False
15	>>>	print(1 in [1, 2, 3])　# 使用 in 运算符判断 1 是否存在于列表[1, 2, 3]中
16	Out	True
17	>>>	a = 1
18	>>>	b = 1
19	>>>	# 使用 id()函数显示 a 和 b 的内存地址，is 运算符用于判断 a 和 b 是否引用同一内存地址
20	>>>	print(id(a), id(b), a is b)
21	Out	140714322289576 140714322289576 True

例外情况：乘方运算符**两侧不加空格。

例 2-7：Python 中乘方运算符的使用规范。

1	>>>	a = 1 + 5**3　# 乘方运算符**两侧不加空格
2	>>>	print(a)
3	Out	126

但在定义函数的默认值参数和使用关键字参数调用函数时，通常不需要在参数赋值的等号两侧加空格。

例 2-8：函数定义和调用中赋值符号两侧不加空格的示例。

1	>>>	def add(x, y=10):　# 定义函数 add()，返回 x 和 y 的和，y 是一个默认值参数，默认为 10
2	...	return x + y
3	...	↵
4	>>>	print(add(5, 15))　# 调用 add()函数，实参 5 赋值给 x，15 赋值给 y
5	Out	20

6	>>>	print(add(5))　# 调用 add()函数，实参 5 赋值给 x，y 取默认值 10
7	Out	15
8	>>>	print(add(y=25, x=10))　# 调用 add()函数，使用关键字参数将 25 赋值给 y，10 赋值给 x
9	Out	35
10	>>>	print('lazy', 'dog', sep='\n')　# 调用 print()函数，使用关键字参数 sep 指定分隔符为换行符
11	Out	lazy dog

3. 冒号

在 Python 中，冒号用于标识代码块的开始，明确表示接下来的代码段是一个块结构，如条件体、循环体或函数体等。冒号后通常紧跟换行符和缩进，用以表示代码块的内容。在这种情况下，冒号前后都不应加空格。

例 2-9：Python 中冒号的使用规范。

1	>>>	for i in range(3):　# 使用 range(3)生成从 0 到 2 的整数序列，依次将这些整数赋给变量 i
2	>>>	print(i)
3	...	↵
4	Out	0 1 2
5	>>>	a = 1　# 定义变量 a，并将整数 1 赋值给它
6	>>>	if a > 0:　# 判断 a 是否大于 0
7	...	print('a is positive')　# 如果 a 大于 0，输出'a is positive'
8	...	↵
9	Out	a is positive

当冒号用于分隔字典中的键值对时，冒号前不加空格，冒号后加空格。

例 2-10：字典键值对中冒号的使用规范。

1	>>>	a = {'name': 'Bob', 'age': 20}　# 创建一个字典 a，包含键值对'name': 'Bob'和'age': 20
2	>>>	print(a, type(a))　# 打印字典 a 的内容及其数据类型
3	Out	{'name': 'Bob', 'age': 20} <class 'dict'>

在切片操作中，冒号被视为优先级最低的二元运算符。如果其两侧是简单的单个变量或字面值，则不加空格；在其他情况下，冒号两侧需要加空格。如果某侧的参数被省略，则该侧不加空格。

例 2-11：切片操作中冒号的使用规范。

1	>>>	ls = [1, 2, 3, 4, 5, 6, 7, 8, 9, 10]　# 创建一个包含数字 1 到 10 的列表
2	>>>	print(ls[1:9], ls[1:9:3], ls[:9:3], ls[1::3], ls[1:9:])　# 两侧都是字面值，不加空格
3	Out	[2, 3, 4, 5, 6, 7, 8, 9] [2, 5, 8] [1, 4, 7] [2, 5, 8] [2, 3, 4, 5, 6, 7, 8, 9]
4	>>>	low, high, step, offset = 0, 4, 3, 1

5	>>>	print(ls[low:high], ls[low:high:], ls[low::step]) # 两侧都是单个变量，不加空格
6	Out	[1, 2, 3, 4] [1, 2, 3, 4] [1, 4, 7, 10]
7	>>>	# 只要有一侧为表达式，则两侧都需要加空格。如果某侧的参数被省略，则该侧不加空格
8	>>>	print(ls[low : high + offset], ls[low + offset : high]) # 其中一侧为表达式
9	Out	[1, 2, 3, 4, 5] [2, 3, 4]
10	>>>	print(ls[: high + offset], ls[low + offset :]) # 若某侧的参数被省略，则该侧不加空格
11	Out	[1, 2, 3, 4, 5] [2, 3, 4, 5, 6, 7, 8, 9, 10]
12	>>>	print(ls[1 * 2 :], ls[: 1 + 2], ls[1 * 2 : 1 + 2])
13	Out	[3, 4, 5, 6, 7, 8, 9, 10] [1, 2, 3] [3]

4. 引号

在 Python 中，双引号和单引号通常没有区别，都可以用来定义字符串，并且可以互相嵌套使用。例如，当字符串中包含单引号时，通常使用双引号来界定整个字符串，反之亦然。

例 2-12：Python 中引号的使用规范。

1	>>>	print('Bob said, "I like Python."')
2	Out	Bob said, "I like Python."
3	>>>	print("I'm a student.")
4	Out	I'm a student.

5. 井号

井号后通常需要加一个空格。

例 2-13：Python 中井号的使用规范。

| 1 | >>> | # 我是注释 |

6. 其他

负号运算符（-）、非运算符（not）、取反运算符（~）、用于访问对象属性和方法的圆点运算符、表示索引或下标的方括号，以及用于函数和类定义的圆括号，两侧均不用添加空格。

例 2-14：运算符两侧不加空格的其他情况示例。

1	>>>	a = -3
2	>>>	b = [1, 2, 3] # 创建一个列表 b，其中包含整数 1、2、3
3	>>>	print(a, b[0], b[-1]) # 打印变量 a、列表 b 的第一个元素 b[0] 和最后一个元素 b[-1]
4	Out	-3 1 3
5	>>>	print(not True)
6	Out	False
7	>>>	# 位运算：对数字 3 进行按位取反操作，按位取反是对数字的每个二进制位取反
8	>>>	c = ~3 # 3 的二进制表示是 00000011，取反后变为 11111100，等值于-4
9	>>>	print(c)
10	Out	-4

11	>>>	class Person():　# 定义 Person 类
12	...	def __init__(self, name):　# 初始化方法__init__，用于初始化类的实例
13	...	self.name = name　# 将传入的参数 name 赋给实例的 name 属性
14	...	def talk(self):　# 定义成员方法 talk
15	...	print('My name is {}.'.format(self.name))
16	...	↵
17	>>>	bob = Person('Bob')　# 创建 Person 类的实例 bob，传入'Bob'作为函数实参
18	>>>	bob.talk()　# 调用实例 bob 的 talk 方法，输出相应的名字
19	Out	My name is Bob.

在每个函数、类定义或完整代码块之后，应增加一个空行。同时，在运算符两侧适当添加空格，可以使代码显得更加松散，避免过于密集，从而提高代码的可读性。

在实际编写代码时，这些规范需要因地制宜、灵活运用。在某些地方，适当增加空行和空格确实能够提高代码的可读性，使代码更加清晰易懂。然而，若机械地在所有运算符两侧都加上空格，反而可能降低代码的紧凑性和直观性。

目前，常用的 Python 代码自动格式化工具包括 Black、autopep8 和 YAPF，读者可以查阅相关资料以了解更多信息。

🔑 2.2　标识符与关键字

在 Python 中，标识符是用于识别程序中的变量、函数、类、模块等对象的名称。为了确保代码的清晰性和可读性，标识符的命名需要遵循一定的规则和最佳实践。

标识符的命名规则如下。

（1）标识符可以包含字母、数字和下画线（_），但不能以数字开头。此外，字母并不仅限于 26 个英文大小写字母，还可以包括中文、日文、韩文等字符。

（2）标识符不能包含空格和标点符号。

（3）标识符是区分大小写的，例如 abc 和 ABC 是两个不同的标识符。

（4）标识符不能使用 Python 的关键字，如 if、else、for、False、True、None、class 等，如表 2-1 所示。关键字，也称为保留字，是 Python 语言中具有特定功能的预定义标识符，因此不能作为普通标识符使用。

表 2-1　关键字（**Python 3.12.8**）

False	None	True	and	as	assert	async	await	break	class
continue	def	del	elif	else	except	finally	for	from	global
if	import	in	is	lambda	nonlocal	not	or	pass	raise
return	try	while	with	yield					

（5）标识符的命名应尽量做到见名知义，避免使用无意义的名称，以提高代码的可读性和可维护性。通过清晰、直观的命名，能帮助开发者更容易理解代码的功能和作用。

例 2-15：Python 中标识符命名的示例。

1	>>>	核心价值观 ='富强、民主、文明、和谐、自由、平等、公正、法治、爱国、敬业、诚信、友善'
2	>>>	print(核心价值观)
3	Out	富强、民主、文明、和谐、自由、平等、公正、法治、爱国、敬业、诚信、友善
4	>>>	糸 ='こんにちは'
5	>>>	print(糸)
6	Out	こんにちは
7	>>>	class = 2　# class 是关键字，不能作为普通标识符使用
8	Err	SyntaxError: invalid syntax

（6）不建议使用 Python 系统内置模块、类型或函数的名称，以及已导入模块及其成员的名称。这样做可能会覆盖或改变它们的原有功能，导致程序错误或其他代码无法正常执行。为了避免命名冲突，建议选择与内置名称无关的标识符。

例 2-16：使用 Python 内置名称作为标识符导致的命名冲突。

1	>>>	print(abs(-30))　# 调用内置的 abs()函数，输出−30 的绝对值
2	Out	30
3	>>>	# 将 abs 作为变量且赋值为 30，覆盖了原有的 abs()函数功能，导致之后无法正常使用 abs()函数
4	>>>	abs = 30
5	>>>	print(abs, type(abs))　# 输出当前 abs 的值和类型，表明 abs 已被重新定义为整型
6	Out	30 <class 'int'>
7	>>>	# 尝试再次调用 abs()函数，此时会报错，因为 abs 被重新赋值为一个整数，已不再是函数
8	>>>	print(abs(-30))
9	Out	Traceback (most recent call last): 　　File "\<pyshell#5>", line 1, in \<module> 　　　print(abs(-30)) TypeError: 'int' object is not callable

🔑 2.3　常用内置对象

Python 是一种面向对象的编程语言，几乎所有事物都是对象，可以概括为"万物皆对象"。这不仅包括基本数据类型，如整数、浮点数、复数、字符串、字节串和布尔值，还包括组合数据类型，如列表、元组、字典和集合。此外，Python 还支持多种迭代器对象，如 range、map、zip、filter 和 enumerate 等。在 Python 中，函数、类、异常以及文件等也都被视作对象。

Python 提供了丰富的内置对象，这些对象可以直接使用，无须导入任何模块。常用的内置对象及简要说明如表 2-2 所示。

2.3.1　变量与常量

在 Python 中，变量充当数据的存储容器，可以存储多种数据类型，包括数字、字符串、字节串、布尔值、列表、元组、字典、集合，此外还可以存储如 range、map、zip、filter 和

表 2-2　常用的内置对象及简要说明

对象类型	类型名称	示例	简要说明
数字	int：整数类型 float：浮点数类型 complex：复数类型	123, 0, −517 3.14, −0.0001, 2.0e10 3+4j	数字大小没有限制
字符串	str：字符串类型	'Good', "OK", '''Love''' r'ab\nc', R'x\tyz'	使用单引号、双引号、三引号作为定界符； 以字母 r 或 R 引导的原始字符串，防止其中的转义字符被转义
字节串	bytes：字节串类型	b'I love China.'	以字母 b 开头，用于处理二进制数据
布尔	bool：布尔类型	True, False	只有两个布尔值：True 和 False，且首字母大写
空类型	NoneType：空值类型	None	表示空值或无值
序列	list：列表 tuple：元组	[1, 2, 3], [] (1, 2, 3), (4,)	列表元素用逗号分隔，放在方括号内； 元组元素用逗号分隔，放在圆括号内
映射	dict：字典	{'name': 'Alice', 'age': 18}	用于存储键值对的容器对象
集合	set：可变集合 frozenset：冻结集合	{1, 2, 3} frozenset({1, 2, 3})	集合中的元素不允许重复； frozenset 是不可变的集合类型
文件		f = open('file.txt', 'r')	用于处理文件操作的对象
异常	Exception SyntaxError RuntimeError …		Python 内置了大量异常类，分别对应不同类型的错误
迭代器对象	range map zip filter enumerate …	range(10) map(int, [1.1, 2.2, 3.3]) zip('abc', [1, 2, 3]) filter(str.isdigit, 'a1b2c3') enumerate('XYZ')	迭代器对象是实现了迭代协议的对象，它能够逐个访问可迭代对象中的元素，并且可以记住遍历的位置，常用于处理序列数据。 注意事项： （1）迭代器只能向前遍历，不能后退； （2）迭代器对象一旦遍历结束，若要再次遍历，需重新创建迭代器对象
其他	函数（def 定义） 类（class 定义） 模块（module 类型）	import math	函数和类都属于可调用对象 模块用来集中存放变量、函数、类或其他对象

enumerate 等迭代器对象。

　　Python 中的变量遵循"先赋值，后使用"的原则。与许多其他编程语言不同，Python 不要求事先显式声明变量的类型。在赋值时，Python 会根据赋值表达式右侧的值自动推断变量的类型。赋值完成后，变量便可以在后续代码中引用和操作，从而实现数据的处理和计算。

　　例 2-17：整型变量的定义和使用。

```
1 >>> a = 5   # 定义一个整型变量 a
2 >>> print(a, type(a))   # 输出变量的值以及类型。内置函数 type()用来查看对象的类型
```

3	Out	5 <class 'int'>
4	>>>	print(isinstance(a, int))　# 使用 isinstance()函数检查变量是否为指定类型
5	Out	True

　　Python 是一种动态类型语言，允许在程序运行时动态改变变量的值和类型，这使得它具有很高的灵活性。

　　例 2-18：浮点型变量的定义和使用。

1	>>>	a = 3.14　# 定义一个浮点型变量 a
2	>>>	print(a, type(a))　# 输出变量的值以及类型。内置函数 type()用来查看对象的类型
3	Out	3.14 <class 'float'>
4	>>>	a = 'Hello, world!'　# 重新给 a 赋值，使其变为字符串类型，a 的值和类型都发生变化
5	>>>	print(a, type(a))　# 打印变量的值和类型
6	Out	Hello, world! <class 'str'>

　　Python 支持同步赋值，也称为并行赋值，允许在一行代码中同时为多个变量赋值。这种方式可以简化代码，提高代码的简洁性和可读性。

　　例 2-19：Python 中同步赋值的使用方法。

1	>>>	a, b, c = 2, 3.14, 3+4j　# 解包：同步赋值的一种特殊形式，将右侧元组中的元素按顺序分配给变量
2	>>>	print(a, type(a), b, type(b), c, type(c))　# 打印变量的值和类型
3	Out	2 <class 'int'> 3.14 <class 'float'> (3+4j) <class 'complex'>
4	>>>	a, b, c = 'Good', True, [1, 2, 3]　# 重新赋值，a 是字符串，b 是布尔值，c 是列表
5	>>>	print(a, type(a), b, type(b), c, type(c))
6	Out	Good <class 'str'> True <class 'bool'> [1, 2, 3] <class 'list'>
7	>>>	a, b, c = 0b1011, 0o310, 0xAB　# 不同进制的整数赋值，a 是二进制，b 是八进制，c 是十六进制
8	>>>	print(a, type(a), b, type(b), c, type(c))
9	Out	11 <class 'int'> 200 <class 'int'> 171 <class 'int'>
10	>>>	a = b = c = 0　# 同步赋值：同时将 0 赋给多个变量，它们的值和类型均相同
11	>>>	print(a, type(a), b, type(b), c, type(c))
12	Out	0 <class 'int'> 0 <class 'int'> 0 <class 'int'>

　　Python 采用基于引用的内存管理方式。在执行赋值语句时，首先计算等号右侧表达式的值，并将其存储在内存中的某个地址。然后，创建变量并使其指向该内存地址。换句话说，Python 中的变量并不直接存储值，而是存储值在内存中的引用或地址。因此，变量的类型可以随时改变，指向不同类型的对象。

　　常量通常指在程序运行过程中不会改变的固定值（也称为字面值或字面量）。这些值包括整数（如 5）、浮点数（如 3.14）、复数（如 3+4j）、布尔值（如 True）、字符串（如'Good'）、元组（如(1, 2, 3)）等。这些值通常在程序中直接写入，并且不能被重新赋值或修改。

　　例 2-20：演示常量不可修改的特性。

1	>>>	3 = 5　# 错误：不能将值赋给赋值运算符左侧的常量 3

2	Err	SyntaxError: cannot assign to literal here. Maybe you meant '==' instead of '='?

2.3.2　数字

在 Python 中，用于表示数字或数值的类型统称为数字类型（Number）。数字类型主要分为三种：整数、浮点数和复数。

1. 整数

在 Python 中，整数（int）可以使用不同的进制表示，包括二进制、八进制、十进制和十六进制等。整数支持带符号表示，符号为正时可以省略。不同进制的表示方法如下。

（1）二进制（**Binary**）：以 0b 或 0B 开头，后面是由 0 和 1 组成的数字序列，例如 0b1011、-0b0100、0b1100。

（2）八进制（**Octal**）：以 0o 或 0O 开头，后面是由 0 到 7 组成的数字序列，例如 0o16、0o016、-0O77。

（3）十进制（**Decimal**）：默认情况下，整数直接使用十进制表示，无须任何前缀，数字由 0 到 9 组成，例如 5、89、+123、-863。

注意：十进制整数不能以 0 开头，否则会引发语法错误，例如 059 会导致错误。

（4）十六进制（**Hexadecimal**）：以 0x 或 0X 开头，后面是由 0 到 9 以及 A 到 F（不区分大小写）组成的序列，例如 0x2A、-0X4d、0x30。

Python 从版本 3.6 开始，支持在数字中使用下画线（_）进行分隔，以提升数字的可读性。例如，1_234_567 表示数字 1234567，其中的下画线仅作为分隔符，不影响数字的实际值。需要注意的是，下画线只能出现在数字之间，不能位于数字的开头或结尾。比如，_1234 或 1234_ 是错误的数字写法。

例 **2-21**：整数的不同进制表示方法。

1	>>>	a, b, c, d = -0b0100, 0o77, +123, 0x2A　# 赋给 a,b,c,d 不同进制的整数值
2	>>>	print(a, type(a), b, type(b), c, type(c), d, type(d))　# 打印变量的值和类型
3	Out	-4 <class 'int'> 63 <class 'int'> 123 <class 'int'> 42 <class 'int'>
4	>>>	a = 0123　# 错误：十进制整数不能有前导零，0123 是无效的十进制数
5	Err	SyntaxError: leading zeros in decimal integer literals are not permitted; use an 0o prefix for octal integers

在 Python 3 中，整数类型（int）支持任意精度，这意味着它可以表示任意大小的整数，唯一的限制是系统可用的内存。因此，理论上，只要内存充足，就可以创建非常大的整数，且不会发生整数溢出的情况。

2. 浮点数

浮点数（float）用于表示小数，如圆周率 3.14 就是一个典型的浮点数。在 Python 中，浮点数遵循 IEEE 754 标准，使用 64 位双精度表示。由于浮点数在计算机中是以二进制形式存储的，其精度有限，通常有效位数为 15～17 位十进制数字（具体取决于操作系统和硬件），因此在数学计算中可能会出现微小的误差，导致结果非常接近但又不完全相等。

Python 区分整数和浮点数的唯一标准是数字是否包含小数点：若带有小数点则为浮点数，反之为整数。

浮点数有如下两种常见的表示方式。

（1）十进制表示法：例如 3.14 或-0.5。

（2）科学记数法：也称为科学记号或科学记法，是一种记录或标志数的科学表示法，可用来表示由于过大或过小而不方便用十进制表示的非零数。

在科学记数法中，一个数表示为尾数 a 与 10 的 n 次幂的积：$a \times 10^n$，其中 a 是尾数，它的绝对值大于或等于 1 且小于 10；n 是指数，必须为整数。

在 Python 中，科学记数法使用 e 或 E 表示。例如，1.23e4 等于 12300（即 1.23×10^4）、-5.67E-3 等于-0.00567（即 -5.67×10^{-3}）。需要注意的是，尾数和指数必须同时存在，缺一不可。

使用口诀：e 前 e 后必有数，指数必须是整数。

例 2-22：浮点数的表示和使用。

1	>>>	a, b = 1.23e4, -5.67E-3　# 使用科学记数法
2	>>>	print(a, type(a), b, type(b))　# 打印变量的值和类型
3	Out	12300.0 <class 'float'> -0.00567 <class 'float'>
4	>>>	a = 1e　# 错误的科学记数法
5	Err	SyntaxError: invalid decimal literal
6	>>>	a = e123　# 错误：解释器会将 e123 视为未定义的变量，导致 NameError 异常
7	Err	Traceback (most recent call last): 　　File "<pyshell#3>", line 1, in <module> 　　　a = e123 　NameError: name 'e123' is not defined
8	>>>	import math
9	>>>	print(math.sqrt(2) * math.sqrt(2) == 2)　# $\sqrt{2}$ 是无理数，其值不能用二进制形式准确表示
10	Out	False　# 比较浮点数时，应尽量避免使用==，因为浮点数计算可能存在精度误差
11	>>>	print(0.1 + 0.2)　# 期望结果为 0.3，但由于浮点数精度问题，结果是：0.30000000000000004
12	Out	0.30000000000000004

在科学记数法中，当尾数为浮点数且其整数部分或小数部分为 0 时，可以省略这些 0。

例 2-23：浮点数科学记数法中的省略零。

1	>>>	a, b, c = 1e1, 1.e1, .1e1　# 1.e1 等同于 1.0e1，.1e1 等同于 0.1e1
2	>>>	print(a, type(a), b, type(b), c, type(c))　# 输出各个变量的值和类型
3	Out	10.0 <class 'float'> 10.0 <class 'float'> 1.0 <class 'float'>

其中，".1e1"并非科学记数法的严格标准写法，正确的表示方式应为"1e0"。

例 2-24：输出浮点数的正负无穷大。

1	>>>	import sys　# 导入 sys 模块，它提供与 Python 解释器交互的系统功能
2	>>>	print(sys.float_info.max, sys.float_info.min)　# 输出最大浮点数和最小正浮点数

3	Out	1.7976931348623157e+308 2.2250738585072014e-308
4	>>>	a, b = float('inf'), float('-inf')　# 浮点数的正无穷大和负无穷大
5	>>>	print(a, type(a))
6	Out	inf <class 'float'>
7	>>>	print(a > sys.float_info.max)　# 判断正无穷大是否大于系统最大浮点数
8	Out	True

在 Python 中，可以通过 sys 模块的 sys.float_info 获取与浮点数相关的各种信息。具体而言，sys.float_info.max 表示浮点数所能表示的最大值，任何超过该值的浮点数都会被视为无穷大（inf），从而可能导致运算时发生溢出。同时，sys.float_info.min 表示最小正浮点数，即大于零的最小浮点值。

3. 复数

在 Python 中，复数（complex）是一种数据类型，用于表示由实部和虚部构成的数字，其中实部和虚部均为浮点数。复数的表示形式为 $a+bj$，其中 a 是实部，b 是虚部，j 是虚数单位（在数学中通常用 i 表示，但在 Python 中使用 j 或 J 表示）。

复数的基本特性如下。

（1）表示：复数可以直接通过复数表达式进行赋值，也可以使用 complex() 函数创建复数。如果未提供实部或虚部，默认值为 0。

（2）基本操作：复数支持基本的数学运算，如加法、减法、乘法和除法。

（3）属性：复数的实部和虚部分别可以通过复数的 real 和 imag 属性访问。

（4）模：复数的模（即绝对值）可以使用 abs() 函数进行计算。

（5）共轭：复数的共轭可以通过复数的 conjugate() 方法获得。

例 2-25：复数的基本用法。

1	>>>	x = 3+4j　# 定义复数 x
2	>>>	y = complex(1, 2)　# 调用 complex() 函数创建复数 y=1+2j
3	>>>	print(x + y, x - y, x * y, x / y)　# 进行复数的加、减、乘、除运算
4	Out	(4+6j) (2+2j) (-5+10j) (2.2-0.4j)
5	>>>	print(x.real, x.imag)　# 输出复数 x 的实部和虚部，均为浮点数形式
6	Out	3.0 4.0
7	>>>	print(abs(x), x.conjugate())　# 输出复数 x 的模和共轭
8	Out	5.0 (3-4j)
9	>>>	z = 3+0j　# 定义虚部为 0 的复数 z，0j 需显式表示，不能省略
10	>>>	print(z, type(z))　# 输出复数 z 及其类型
11	Out	(3+0j) <class 'complex'>

2.3.3　字符串

字符串是 Python 中最常用的数据类型，它由一系列字符组成，并以有序序列的形式呈现。在 Python 中，字符串可以通过四种定界符来定义：单引号（'）、双引号（"）、三重单引号（''）或三重双引号（"""），并且定界符必须成对使用。

　　值得注意的是，字符串是不可变的对象。这意味着一旦字符串被创建，其内容不能被修改。换句话说，任何对字符串的操作都不会改变原始字符串，而是返回一个新的字符串。

2.3.3.1　创建字符串

例 2-26：字符串创建示例。

1	>>>	a = '一寸光阴一寸金' # 定义一个字符串 a
2	>>>	b = "寸金难买寸光阴" # 定义一个字符串 b
3	>>>	print(a, b)
4	Out	一寸光阴一寸金 寸金难买寸光阴
5	>>>	c = '''这是
6	...	使用三重单引号定义的多行字符串
7	...	常用作注释'''
8	>>>	print(c)
9	Out	这是 使用三重单引号定义的多行字符串 常用作注释
10	>>>	d = "I'd like to watch a movie." # 使用双引号定义包含单引号的字符串
11	>>>	print(d)
12	Out	I'd like to watch a movie.
13	>>>	e = 'He said, "I love China!"' # 选择单引号作为定界符，以避免冲突
14	>>>	print(e)
15	Out	He said, "I love China!"

2.3.3.2　访问字符

　　可以通过索引（或称下标）访问字符串中的字符。Python 支持两种索引方式：正向索引和反向索引。正向索引从左到右递增，起始索引为 0，依次递增；反向索引从右到左递减，最后一个元素的索引为-1，依次递减。

例 2-27：访问字符串中的单个字符。

1	>>>	a = '一寸光阴一寸金'
2	>>>	ch1 = a[0] # 正向索引，获取首字符
3	>>>	ch2 = a[6] # 正向索引，获取第 7 个字符
4	>>>	ch3 = a[-1] # 反向索引，获取尾字符
5	>>>	ch4 = a[-7] # 反向索引，获取倒数第 7 个字符
6	>>>	print(ch1, ch2, ch3, ch4)
7	Out	一 金 金 一

2.3.3.3　字符串切片

　　字符串切片用于提取字符串中的子串。

例 2-28：字符串切片的示例。

1	>>>	a = '一寸光阴一寸金'　# 定义一个字符串 a
2	>>>	b = a[2:4]　# 提取子串：切片范围[2, 4)，即包含索引为 2 的字符，但不包含索引为 4 的字符
3	>>>	print(b)　# 输出子串 b
4	Out	光阴

2.3.3.4　字符串拼接

可以使用加号（+）将多个字符串连接在一起。

例 2-29：字符串拼接的示例。

1	>>>	a = '一寸光阴'　# 定义一个字符串 a
2	>>>	b = '一寸金'　# 定义一个字符串 b
3	>>>	c = a + b　# 将两个字符串连接
4	>>>	print(c)　# 输出合并后的字符串 c
5	Out	一寸光阴一寸金

2.3.3.5　字符串重复

可以使用乘号（*）来重复字符串。

例 2-30：字符串重复的示例。

1	>>>	a = '哈'　# 定义一个字符串 a
2	>>>	b = a * 3　# 将字符串重复 3 次
3	>>>	print(b)　# 输出重复后的字符串
4	Out	哈哈哈

2.3.3.6　字符串包含判断

可以使用 in 和 not in 运算符来判断一个字符串是否为另一个字符串的子串。

例 2-31：字符串包含判断的示例。

1	>>>	a = '一寸光阴一寸金'
2	>>>	b, c = '光阴', '三寸'
3	>>>	print(b in a)　# 检查 b 是否为 a 的子串
4	Out	True　# 输出 True，表示'光阴'是'一寸光阴一寸金'的子串
5	>>>	print(c in a)　# 检查 c 是否为 a 的子串
6	Out	False　# 输出 False，表示'三寸'不是'一寸光阴一寸金'的子串

2.3.3.7　字符串格式化

可以使用 str.format()方法或 f-string 语法等方式进行字符串格式化。具体内容请参见 2.5.3 节和 2.5.4 节。

例 2-32：字符串格式化的示例。

1	>>>	a = '圆周率'　# 定义一个字符串 a
2	>>>	b = 3.14　# 定义一个浮点数 b
3	>>>	print('{}={}'.format(a, b))　# 使用字符串的 format()方法进行格式化输出

4	Out	圆周率=3.14
5	>>>	print(f'{a}={b}')　# 使用 f-string 语法进行格式化输出
6	Out	圆周率=3.14

2.3.3.8　字符串的常用方法

1. 分割字符串的方法

方法原型：

```
str.split(sep=None, maxsplit=-1)
```

参数说明：

- str：要分割的原始字符串。
- sep：分隔符，默认值为 None。可以指定一个字符或多个字符作为分隔符。如果未指定或设为 None，则会将所有空白符（如空格、换行符（\n）、回车符（\r）、水平制表符（\t）、垂直制表符（\v）、换页符（\f））作为分隔符进行处理。

  注意：当 sep 设置为 None 或未指定时，split()方法会将多个连续的空白符视为一个分隔符。
- maxsplit：分割次数，默认值为–1，表示没有限制。如果指定了该值，返回的列表最多会有 maxsplit + 1 个子串。

  注意：如果未指定 sep，则 maxsplit 参数会被忽略。

返回值：返回一个列表，其中包含分割后的子串。原字符串保持不变。如果字符串中有多个连续的分隔符，或者字符串的开头或结尾包含分隔符，则返回的列表中会包含空字符串。

特别注意：Python 中的字符串是不可变的，这意味着对字符串的任何操作都不会修改原字符串。因此，split()方法不会改变原始字符串。建议将返回的结果赋值给新的变量，以便后续处理。

例 2-33：字符串分割的示例。

1	>>>	a = '一寸\n\r\t 光阴　　一寸金'　# 字符串 a 中包含多种空白符，且有多个连续空格
2	>>>	b = a.split()　# 默认分隔符为空白符，且连续的空白符视为一个分隔符；分割次数没有限制
3	>>>	print(b)
4	Out	['一寸', '光阴', '一寸金']　# 返回分割后的子串组成的列表
5	>>>	print(repr(a))　# 调用 repr()函数输出字符串 a 的原始内容，包括转义字符
6	Out	'一寸\n\r\t 光阴　　一寸金'　# 结果说明：原始字符串 a 保持不变
7	>>>	c = a.split(None, 1)　# 默认分隔符为空白符，且连续的空白符视为一个分隔符；分割 1 次
8	>>>	print(c)
9	Out	['一寸', '光阴　　一寸金']　# 分割 1 次，返回的列表包含两个字符串元素
10	>>>	d = a.split('一寸')　# 使用指定分隔符'一寸'，分割次数没有限制
11	>>>	print(d)
12	Out	['', '\n\r\t 光阴　　', '金']　# 开头有分隔符，分割结果包含空字符串
13	>>>	e = a.split(' ')　# 指定分隔符为单个空格' '，连续空格会导致多个空字符串

14	>>>	print(e)
15	Out	['一寸\n\r\t 光阴', '', '', '', '一寸金']　# 连续空格导致分割出多个空字符串
16	>>>	txt = '5　　20　　3.14　　-9527　　100'　# 处理数字字符串，空格（一个或多个）作为分隔符
17	>>>	ls = txt.split()　# 空白符为默认分隔符
18	>>>	print(ls)
19	Out	['5', '20', '3.14', '-9527', '100']　# 返回数字字符串构成的列表
20	>>>	txt = '5,20,3.14,-9527,100'　# 处理数字字符串，逗号作为分隔符
21	>>>	ls = txt.split(',')　# 需要指定分隔符为逗号
22	>>>	print(ls)
23	Out	['5', '20', '3.14', '-9527', '100']　# 返回数字字符串构成的列表

2. 移除字符串首尾指定字符的方法

方法原型：

```
str.strip(chars=None)
```

参数说明：

- str：需要处理的原始字符串。
- chars：可选参数，指定要移除的字符序列。该参数可以是一个包含多个字符的字符串。如果未指定（默认值为 None），则默认移除字符串首尾的所有空白符。

返回值：返回一个新字符串，该字符串是在移除原始字符串首尾所有属于指定字符序列的字符后生成的。

相关方法：

- str.lstrip()：移除字符串开头（左侧）指定的字符，默认移除空白符。
- str.rstrip()：移除字符串结尾（右侧）指定的字符，默认移除空白符。

例 2-34：移除字符串首尾指定字符。

1	>>>	a = '　一寸 光阴 一寸金 '　# 字符串 a 中包含 4 个空格
2	>>>	b = a.strip()　# 默认移除字符串首尾的所有空白符，保留中间的空白符
3	>>>	print(b)
4	Out	一寸 光阴 一寸金
5	>>>	a = '一寸光阴一寸金'
6	>>>	b = a.strip('寸金一')　# 移除字符串首尾所有属于字符序列'寸金一'的字符
7	>>>	print(b)
8	Out	光阴
9	>>>	a = '知之为知之，不知为不知'
10	>>>	b = a.lstrip('知')　# lstrip()方法移除字符串开头所有属于字符序列'知'的字符
11	>>>	print(b)
12	Out	之为知之，不知为不知
13	>>>	a = '知之为知之，不知为不知'
14	>>>	b = a.rstrip('知不')　# rstrip()方法移除字符串结尾所有属于字符序列'知不'的字符
15	>>>	print(b)
16	Out	知之为知之，不知为

3. 使用指定字符串连接可迭代对象中元素的方法

方法原型：

```
str.join(seq)
```

参数说明：

- str：作为连接符的字符串。
- seq：可迭代对象，包含字符串类型的元素。该参数为必填项，可迭代对象可以是列表、元组、字典、集合或字符串等。

返回值：返回一个新字符串，该字符串是通过指定的连接符将可迭代对象中的元素连接起来后生成的。

例 2-35：使用指定字符串连接可迭代对象中的元素。

1	>>>	a = '/'.join(['2024', '10', '24'])　# 连接列表中的元素，以斜线'/'为分隔符
2	>>>	print(a)
3	Out	2024/10/24　# 生成日期格式字符串
4	>>>	b = '.'.join(('www', 'istep', 'cc'))　# 连接元组中的元素，以句点'.'为分隔符
5	>>>	print(b)
6	Out	www.istep.cc　# 生成网址格式字符串
7	>>>	c = ''.join({'p', 'o', 't'})　# 使用空字符串连接集合中的元素，集合无序，结果可能不同
8	>>>	print(c)
9	Out	top　# 结果无序性说明：集合是无序的
10	>>>	d = '-'.join({'Asia': 'China', 'Europe': 'France'})　# 连接字典中的键，以短横线'-'为分隔符
11	>>>	print(d)
12	Out	Asia-Europe　# 若可迭代对象是字典，则默认连接字典中的键
13	>>>	e = ','.join('python')　# 连接字符串中的字符，生成以逗号分隔的新字符串
14	>>>	print(e)
15	Out	p,y,t,h,o,n

4. 在字符串中查找子串的方法

方法原型：

```
str.index(sub[, start[, end]])
```

参数说明：

- str：主字符串，简称主串。
- sub：要查找的子字符串，简称子串。
- start：可选参数，指定查找的开始索引，默认值为 0。
- end：可选参数，指定查找的结束索引（不包含该索引），默认值为字符串的长度。

返回值：如果查找成功，返回子串在主串 str[start:end]范围内第一次出现的索引位置；如果查找失败，则抛出 ValueError 异常。

str.**find**(sub[, start[, end]])和 str.**index**()的功能与用法几乎相同，均用于查找子串。然而，

当查找失败时，str.find()返回-1，而不会抛出异常。

例 **2-36**：在字符串中查找子串。

1	>>>	txt = 'Let life be beautiful like summer flowers and death like autumn leaves.'
2	>>>	a = txt.index('life') # 返回子串'life'在主串中第一次出现的索引位置
3	>>>	print(a)
4	Out	4
5	>>>	b = txt.index('like') # 返回子串'like'在主串中第一次出现的索引位置
6	>>>	print(b)
7	Out	22
8	>>>	c = txt.index('like', 30) # 从索引位置 30 开始查找子串'like'
9	>>>	print(c)
10	Out	52 # 返回子串'like'在主串中第二次出现的索引位置，即第 2 个'like'首字符的索引位置
11	>>>	d = txt.index('like', 60) # 从索引位置 60 开始查找子串'like'，查找失败则抛出异常

12	Out	Traceback (most recent call last):
		    File "\<pyshell#7>", line 1, in \<module>
		        d = txt.index('like', 60)
		ValueError: substring not found

13	>>>	e = txt.find('like', 60) # 从索引位置 60 开始查找子串'like'，查找失败则返回-1
14	>>>	print(e)
15	Out	-1

5. 统计字符串中子串出现次数的方法

方法原型：

```
str.count(sub[, start[, end]])
```

参数说明：

- str：主串。
- sub：要查找的子串，此参数为必填项。
- start：可选参数，指定查找的开始索引，默认值为 0。
- end：可选参数，指定查找的结束索引（不包含该索引），默认值为字符串的长度。
返回值：返回子串在主串 str[start:end]范围内出现的次数。

例 **2-37**：统计字符串中子串出现的次数。

1	>>>	txt = '年年岁岁花相似，岁岁年年人不同'
2	>>>	a = txt.count('年年') # 统计子串'年年'在字符串中的出现次数
3	>>>	print(a)
4	Out	2
5	>>>	b = txt.count('岁', 9) # 统计子串'岁'在 txt[9:15]范围内的出现次数
6	>>>	print(b)
7	Out	1
8	>>>	c = txt.count('岁', 0, 7) # 统计子串'岁'在 txt[0:7]范围内的出现次数
9	>>>	print(c)

10	Out	2
11	>>>	d = txt.count('花相同')　# 统计子串'花相同'在字符串中的出现次数
12	>>>	print(d)
13	Out	0

6. 字符串替换的方法

方法原型：

```
str.replace(old, new, count=-1)
```

参数说明：

- str：要操作的字符串。
- old：要被替换的子串，此参数为必填项。
- new：用于替换 old 的新子串，此参数为必填项。
- count：可选参数，指定最多替换的次数，默认值为-1，表示替换所有匹配项。

返回值：返回替换后的新字符串。如果 old 子串在主串 str 中不存在，则返回原字符串。

例 2-38：字符串替换的示例。

1	>>>	txt = '年年岁岁花相似，岁岁年年人不同'
2	>>>	a = txt.replace('岁', '年')　# 替换所有的'岁'为'年'（默认替换所有匹配项）
3	>>>	print(a)
4	Out	年年年年花相似，年年年年人不同
5	>>>	b = txt.replace('岁', '年', 2)　# 替换前两个出现的'岁'为'年'（指定最多替换 2 次）
6	>>>	print(b)
7	Out	年年年年花相似，岁岁年年人不同
8	>>>	c = txt.replace('岁月', '时光')　#'岁月'在 txt 中不存在，因此返回原字符串
9	>>>	print(c)
10	Out	年年岁岁花相似，岁岁年年人不同

7. 字符串中的小写字母转换为大写字母的方法

方法原型：

```
str.upper()
```

返回值：返回一个新字符串，其中所有的小写字母已被转换为大写字母。

例 2-39：将字符串中的小写字母转换为大写字母。

1	>>>	txt = 'Hello, Python!'
2	>>>	a = txt.upper()　# 将字符串 txt 中的所有小写字母转换为大写字母
3	>>>	print(a)　# 输出转换后的字符串
4	Out	HELLO, PYTHON!

8. 字符串中的大写字母转换为小写字母的方法

方法原型：

str.**lower**()

返回值：返回一个新字符串，其中所有的大写字母已被转换为小写字母。

例 2-40：将字符串中的大写字母转换为小写字母。

1	>>>	txt = 'Hello, Python!'
2	>>>	a = txt.lower()　# 将字符串 txt 中的所有大写字母转换为小写字母
3	>>>	print(a)　# 输出转换后的字符串
4	Out	hello, python!

9. 字符串中的大小写字母互换的方法

方法原型：

str.**swapcase**()

返回值：返回一个新字符串，其中所有的大写字母被转换为小写字母，所有的小写字母被转换为大写字母。

例 2-41：将字符串中的大小写字母互换。

1	>>>	txt = 'pyTHon, python, PYTHON, 123aBC'
2	>>>	a = txt.swapcase()　# 将字符串 txt 中的大写字母转换为小写字母，小写字母转换为大写字母
3	>>>	print(a)　# 输出转换后的字符串
4	Out	PYthON, PYTHON, python, 123Abc

10. 字符串中单词标题化的方法

方法原型：

str.**title**()

返回值：返回一个标题化后的新字符串，将原字符串中每个单词的首字母转换为大写字母，其余字母转换为小写字母。

例 2-42：字符串中单词的标题化。

1	>>>	txt = 'pyTHon, python, PYTHON, 123aBC'
2	>>>	a = txt.title()　# 将字符串 txt 中的每个单词的首字母转换为大写，其他字母转换为小写
3	>>>	print(a)　# 输出转换后的字符串
4	Out	Python, Python, Python, 123Abc

11. 字符串类型的判断方法

常用的字符串类型的判断方法及其功能描述如表 2-3 所示。

表 2-3　常用的字符串类型的判断方法及其功能描述

判断方法	功能描述	代码示例	结果	说明
str.isdigit()	判断字符串是否非空且仅由 0 到 9 的数字组成，若是则返回 True，否则返回 False	'123456'.isdigit() '–1'.isdigit() ''.isdigit() 'Hello123'.isdigit()	True False False False	 不能包含负号 不能为空字符串 不能包含字母
str.isnumeric()	判断字符串是否非空且仅由数字组成（包括罗马数字、汉字数字、Unicode 数字及全角数字），若是则返回 True，否则返回 False	'123'.isnumeric() '一二三'.isnumeric() '\u00BD'.isnumeric() '\u00B2'.isnumeric() '１２３'.isnumeric()	True True True True True	罗马数字 汉字数字 Unicode 分数（½） Unicode 指数（²） 全角数字
str.isalpha()	判断字符串是否非空且仅由字母（包括英文、汉字、日文等）组成，若是则返回 True，否则返回 False 注意：标点符号、空格、数字、特殊符号等不被认为是字母	'ABC'.isalpha() 'ABC123'.isalpha() '汉语ABC'.isalpha() 'おはよう'.isalpha() ' '.isalpha() '.'.isalpha()	True False True True False False	 不能包含数字 可以包含汉字 可以包含日文 不能包含空格 不能包含标点符号
str.isalnum()	判断字符串是否非空且仅由字母和数字组成，若是则返回 True，否则返回 False	'一0汉语'.isalnum() '0%1'.isalnum() 'O K'.isalnum()	True False False	 不能包含特殊符号 不能包含空格
str.isupper()	判断字符串是否至少包含一个区分大小写的字符且此类字符均为大写，若是则返回 True，否则返回 False	'APPLE123'.isupper() 'aPPle'.isupper() '123456'.isupper() ''.isupper()	True False False False	 不能包含小写字母 字符串中不包含区分大小写的字符
str.islower()	判断字符串是否至少包含一个区分大小写的字符且此类字符均为小写，若是则返回 True，否则返回 False	'apple123'.islower() 'aPPle'.islower() '123456'.islower() ''.islower()	True False False False	 不能包含大写字母 字符串中不包含区分大小写的字符
str.isspace()	判断字符串是否非空且仅由空白符（如空格、换行符\n、回车符\r、水平制表符\t、垂直制表符\v、换页符\f）组成，若是则返回 True，否则返回 False	'\n \r\t\v\f'.isspace() 'aPPle'.isspace() ''.isspace()	True False False	 不能包含非空白符 不能为空字符串

2.3.3.9　字符串中的转义字符

转义字符是在字符串中无法直接表示的特殊字符。在 Python 中，转义字符以反斜杠\开头，后面紧跟一个特定的字符，以此改变某些字符原本的功能或含义。常用的转义字符及其功能描述如表 2-4 所示。

表 2-4　常用的转义字符及其功能描述

转义字符	功能描述
\\	表示反斜杠本身
\'	单引号，可用在单引号作为定界符的字符串中

续表

转义字符	功能描述
\"	双引号，可用在双引号作为定界符的字符串中
\n	换行符
\r	回车符，通常用于将光标移回行首
\t	水平制表符，在终端或文件中相当于按下 Tab 键
\v	垂直制表符
\f	换页符
\b	退格符，删除当前光标位置的前一个字符
\0	空字符

例 2-43：字符串中转义字符的用法。

1	>>>	a = 'Children's Day'　# 单引号作为定界符的字符串中不能直接包含单引号
2	Err	SyntaxError: unterminated string literal (detected at line 1)
3	>>>	a = 'Children\'s Day'　# 使用转义字符处理单引号，或者改用双引号作为定界符
4	>>>	print(a)
5	Out	Children's Day
6	>>>	a = 'He said, "Hello!"'　# 使用单引号作为定界符，避免转义双引号
7	>>>	print(a)
8	Out	He said, "Hello!"
9	>>>	a = 'Good morning.\nGood night.'　# 在字符串中使用换行符\n 会让字符串在输出时换行显示
10	>>>	print(a)
11	Out	Good morning. Good night.

例 2-44：命令行窗口中转义字符\r 和\b 的效果演示。

转义字符\r 会将光标移动到当前行的起始位置，从而使后续的输出（例如'123'）覆盖之前的内容（例如'ABC'）。而转义字符\b 会删除光标前一个字符（例如 F），使其不再显示。要直观地查看转义字符的实际效果，可以在命令行窗口中运行例 2-44，如图 2-1 所示。

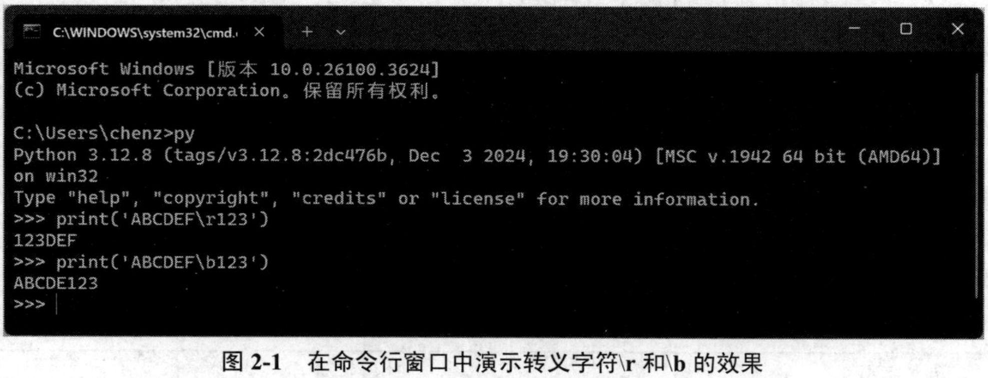

```
C:\WINDOWS\system32\cmd.

Microsoft Windows [版本 10.0.26100.3624]
(c) Microsoft Corporation。保留所有权利。

C:\Users\chenz>py
Python 3.12.8 (tags/v3.12.8:2dc476b, Dec  3 2024, 19:30:04) [MSC v.1942 64 bit (AMD64)]
on win32
Type "help", "copyright", "credits" or "license" for more information.
>>> print('ABCDEF\r123')
123DEF
>>> print('ABCDEF\b123')
ABCDE123
>>>
```

图 2-1　在命令行窗口中演示转义字符\r 和\b 的效果

原始字符串（raw string）是指在 Python 中按字面意义处理字符串，其中所有字符，包括反斜杠，都不会被视为转义字符。要创建原始字符串，只需在字符串的第一个引号前加上字母 r 或 R。原始字符串的语法与普通字符串几乎相同，但它可以避免转义的影响，方便处理需要使用反斜杠的情况，例如正则表达式或文件路径。

例 2-45：原始字符串与转义字符串长度的差异。

1	>>>	a = 'ABC\n123'　# 普通字符串，转义字符\n 被视为一个字符，表示换行符
2	>>>	print(a)　# 输出时会在 ABC 和 123 之间换行
3	Out	ABC 123
4	>>>	print(len(a))　# 输出普通字符串的长度
5	Out	7
6	>>>	b = r'ABC\n123'　# 原始字符串，\n 被视为两个独立的字符：反斜杠\和字母 n
7	>>>	print(b)
8	Out	ABC\n123　# 输出将会是 ABC\n123，反斜杠和字母 n 不会被解释为换行符
9	>>>	print(len(b))　# 输出原始字符串的长度，注意观察与字符串 a 长度的不同
10	Out	8

2.3.3.10　字符串和字节串的编码转换

在 Python 中，字符串 str 类型用于表示 Unicode 字符，字节串 bytes 类型用于表示二进制数据。str 和 bytes 之间的转换可以通过 str.encode()方法和 bytes.decode()方法实现。

1. str.encode()方法

str.encode()是字符串类型的方法，用于将字符串转换为字节串类型，即"编码"。其语法如下：

```
str.encode([encoding='utf-8'][, errors='strict'])
```

- str：需要转换的字符串。
- encoding='utf-8'：指定编码方式，默认值为 utf-8 编码。
- errors='strict'：指定如何处理编码错误，默认值为 strict，即遇到无法编码的字符时抛出异常。

2. bytes.decode()方法

bytes.decode()是字节串类型的方法，用于将字节串类型的二进制数据转换回字符串类型，即"解码"。其语法如下：

```
bytes.decode([encoding='utf-8'][, errors='strict'])
```

- bytes：需要转换的二进制数据。
- encoding='utf-8'：指定解码时使用的字符编码，默认值为 utf-8 编码。
- errors='strict'：指定如何处理解码错误，默认值为 strict，即遇到无法解码的字节时抛出异常。

注意：在解码时，必须确保使用与编码时相同的字符编码格式，否则可能会出现解码错误。

2.3.4 布尔型

布尔型（逻辑型）用于表示逻辑判断的结果，它只有两个取值，即 True 和 False，分别代表逻辑上的"真"和"假"。布尔值可以参与算术运算或作为集合的元素。在这种情况下，True 被视为整数 1，而 False 被视为整数 0。

注意：True 和 False 的首字母必须大写，其余字母小写。

在条件判断中，以下值被视为 False。

- 数字：0、0.0、0j。
- 空值：None。
- 布尔值：False。
- 空容器：空字符串""、空列表[]、空元组()、空字典{}、空集合 set()、空 range 对象等。
- 其他使 bool()函数返回 False 的对象。

其他所有值均被视为 True。

例 2-46：布尔值的基本用法。

1	>>>	a, b = True + 2, False * 100 # True 等同于 1，1+2=3；False 等同于 0，0*100=0
2	>>>	print(a, b)
3	Out	3 0
4	>>>	if []: # 判断空列表的布尔值，空列表被视为 False
5	...	print('[] is True.')
6	...	else:
7	...	print('[] is False') # 由于[]被视为 False，这一行将会被输出
8	...	↵
9	Out	[] is False
10	>>>	if 1: # 判断整数 1 的布尔值，1 被视为 True
11	...	print('1 is True') # 该字符串将被输出，因为 1 被视为 True
12	...	else:
13	...	print('1 is False')
14	...	↵
15	Out	1 is True

布尔类型在控制流、条件判断和逻辑运算中至关重要，它可以帮助程序员做出有效的决策，并控制程序的执行流程。

🔑 2.4 运算符与表达式

Python 中内置的运算符可以分为八大类：算术运算符、关系运算符、赋值运算符、位运算符、逻辑运算符（或称布尔运算符）、成员运算符、身份运算符和集合运算符。

2.4.1　算术运算符

常用的算术运算符及其功能描述如表 2-5 所示。

表 2-5　常用的算术运算符及其功能描述

运算符	功能描述	代码示例	结果	说明
+	算术加法 列表或元组的合并 字符串连接 正号	3 + 5 [1, 2] + [3] 'news' + 'paper' +123	8 [1, 2, 3] 'newspaper' 123	+符号可以省略
-	算术减法 求集合差集 求相反数 负号	3 − 5 {1, 2, 3} − {True} − (3 − 5) −3	−2 {2, 3} 2 −3	集合运算中，True 视为 1
*	算术乘法 重复序列中的元素 重复字符串	3 * 5 [1, 2] * 2 'Ha' * 3	15 [1, 2, 1, 2] 'HaHaHa'	字符串是字符序列
/	算法除法	4 / 2 5 / 3	2.0 1.6666666666666667	返回浮点数
//	求整商（地板除或向下取整除），返回不大于商的最大整数	5 // 3 5.0 // 3 7 // −2 2.3 // −1.1	1 1.0 −4 −3.0	若两个操作数为整数，结果为整数；否则为浮点数
%	求余数（取模），返回除法的余数。余数=被除数−除数×整商	5 % 3 5.0 % 3 7 % −2 2.3 % −1.1	2 2.0 −1 −1.0	5−3*1=2 5.0−3*1.0=2.0 7−(−2)*(−4)= −1 2.3− (−1.1)*(−3.0)= −1.0
**	幂运算（乘方运算）	5 ** 3 5.0 ** 3	125 125.0	基本功能与 pow()函数等价

2.4.2　关系运算符

关系运算符也称为比较运算符，其用途是对两个值进行比较，判断它们之间的大小、相等性或包含关系，最终返回一个布尔类型的值（True 或 False）。

常用的关系运算符及其功能描述如表 2-6 所示。

这些运算符在程序中被广泛用于条件判断和控制流语句（如 if 语句）。

Python 支持链式比较，可以通过关系运算符将多个条件连接起来，并按从左到右的顺序逐一计算。链式比较不仅让代码更加简洁易读，还具有短路求值的特性。短路求值是一种逻辑运算优化策略，它的核心是：在计算逻辑表达式时，一旦可以确定整个表达式的结果，就会立即停止计算剩余部分，从而提高运算效率。

表 2-6   常用的关系运算符及其功能描述

运算符	功能描述	代码示例	结果	说明
==	（1）对于整数和浮点数，可以直接进行数值大小比较。但需要注意，复数类型不支持直接比较大小 （2）对于集合类型，比较的是元素的包含关系，而非元素的数量 （3）字符串比较按字典序进行，即从左到右逐个比较字符的 ASCII 码值	3 == 5 3.0 == 3 {1, 2} == {2, True}	False True True	
!=		3 != 5 {0, 1} != {True, False}	True False	
>		3 > 5 {1, 2} > {1} 'altitude' > 'attitude'	False True False	
<		3 < 5 {1, 2} < {1, 2, True} 'wander' < 'wonder'	True False True	集合中重复元素会被自动去除，只保留唯一元素
>=		3 >= 5 'ok' >= 'ok'	False True	
<=		{1, 2, 3} <= {1, 2}	False	

例 2-47：链式比较及其短路求值特性示例。

1	>>>	a, b, c = 5, 10, 15
2	>>>	if a < b < c: # 等价于 a < b and b < c
3	...	print('a 小于 b 并且 b 小于 c')
4	...	↵
5	Out	a 小于 b 并且 b 小于 c
6	>>>	if a < c > b: # 等价于 a < c and c > b
7	...	print('c 大于 a 并且 c 大于 b')
8	...	↵
9	Out	c 大于 a 并且 c 大于 b
10	>>>	print(1 > 2 > y) # 等价于 1 > 2 and 2 > y，短路求值只需计算到 1 > 2，就知结果为 False
11	Out	False
12	>>>	print(2 > 1 > y) # 等价于 2 > 1 and 1 > y，计算到 1 > y 才知结果，由于 y 未定义，抛出异常

13	Out	Traceback (most recent call last):
		    File "\<pyshell#5>", line 1, in \<module>
		        print(2 > 1 > y)
		NameError: name 'y' is not defined

注意：链式比较中的每个比较操作都是独立计算的，并且具有短路求值的特性。这意味着在表达式 a < b < c 中，首先会计算 a < b。如果 a < b 的结果为 False，那么剩余部分的计算会被跳过，直接得出整个表达式的结果为 False；如果 a < b 为 True，则会继续计算 b < c，然后根据该结果判断整个表达式的真假。

链式比较的写法可以避免使用多个 and 逻辑运算符，使代码更清晰。它常用于检查一个值是否在某个范围内，以及验证多个变量之间的关系。

2.4.3　赋值运算符

常用的赋值运算符及其功能描述如表 2-7 所示，假设 x = 10、y = 4。

表 2-7　常用的赋值运算符及其功能描述

运算符	功能描述	代码示例	结果	说明
=	简单赋值	z = x + y	z = 14	将 x + y 的计算结果赋值给变量 z
+=	加法赋值	x += y	x = 14	等效于 x = x + y，将 y 加到 x 上
−=	减法赋值	x −= y	x = 6	等效于 x = x − y，从 x 中减去 y
*=	乘法赋值	x *= y	x = 40	等效于 x = x * y，将 x 乘以 y
/=	除法赋值	x /= y	x = 2.5	等效于 x = x / y，将 x 除以 y
%=	取余赋值	x %= y	x = 2	等效于 x = x % y，将 x 除以 y 的余数赋给 x
//=	取整商赋值	x //= y	x = 2	等效于 x = x // y，将 x 除以 y 的整数商赋给 x
**=	幂赋值	x **= y	x = 10000	等效于 x = x ** y，将 x 的 y 次方赋给 x
:=	海象运算符	x = (y := 20)	x = 20 且 y = 20	Python 3.8 引入的新运算符，允许在表达式中赋值

海象运算符（:=）是 Python 3.8 版本中引入的一种赋值表达式运算符，允许在表达式内部完成赋值操作并直接返回所赋的值。这使得开发者能够在条件判断或其他表达式中马上使用这个赋值后的值，从而简化逻辑、减少额外的变量声明和重复计算，使代码更加简洁、高效。

例 2-48：海象运算符的使用示例。

```
1 >>> data = [10, 20, 30, 40, 50]
2 >>> while (n := len(data)) > 0:
3 ...     print('列表长度: {}'.format(n))
4 ...     print('列表删除最后一个元素: {}'.format(data.pop()))
5 ... ↵
6 Out 列表长度: 5
       列表删除最后一个元素: 50
       列表长度: 4
       列表删除最后一个元素: 40
       列表长度: 3
       列表删除最后一个元素: 30
       列表长度: 2
       列表删除最后一个元素: 20
       列表长度: 1
       列表删除最后一个元素: 10
```

2.4.4　位运算符

位运算符用于对整数的二进制位进行操作。为了便于说明，以下表格中的整数以 8 位二进制数表示。实际上，整数的表示通常为 32 位或 64 位，具体取决于所使用的操作系统和硬件架构。

常用的位运算符及其功能描述如表 2-8 所示，假设变量 x = 5（其二进制表示为

00000101）、y = 3（其二进制表示为 00000011）。

表 2-8　常用的位运算符及其功能描述

运算符	功能描述	代码示例	结果	说明
&	按位与：对两个整数的每个对应二进制位执行与操作，只有当两个对应位都为 1 时，结果位才为 1	z = x & y	1	十进制数 1，即二进制数 00000001
|	按位或：对两个整数的每个对应二进制位执行或操作，只要有一个对应位为 1，结果位就为 1	z = x | y	7	十进制数 7，即二进制数 00000111
^	按位异或：对两个整数的每个对应二进制位执行异或操作，只有当两个对应位不同（一个为 1，另一个为 0）时，结果位才为 1	z = x ^ y	6	十进制数 6，即二进制数 00000110
~	按位取反：对整数的每个二进制位执行取反操作，0 变为 1，1 变为 0	z = ~5 z = ~(−5)	−6 4	该操作涉及整数的补码表示，最高位为符号位，0 表示非负数，1 表示负数
<<	左移：将整数的二进制位向左移动指定的位数，右侧空位填充 0	z = 5 << 1 z = (−4) << 1	10 −8	十进制数 10，即二进制数 00001010 符号位保持不变
>>	右移：将整数的二进制位向右移动指定的位数，右移时左侧空位根据符号位填充（正数填充 0，负数填充 1）	z = 5 >> 1 z = (−4) >> 1	2 −2	十进制数 2，即二进制数 00000010 符号位保持不变

位运算符通常用于硬件底层编程（如驱动程序和嵌入式系统）、性能优化、数据压缩、加密等多个领域。

2.4.5　逻辑运算符

常用的逻辑运算符及其功能描述如表 2-9 所示。

表 2-9　常用的逻辑运算符及其功能描述

运算符	表达式	功能描述	代码示例	结果
and	x and y	逻辑与：也称为布尔与运算。如果 x 的值等价于 False（参见 2.3.4 节），则返回 x 的值；否则返回 y 的值。and 运算符具有短路求值特性：如果第一个表达式 x 的值等价于 False，则第二个表达式 y 不会被计算，因为整个表达式的结果已经确定等价于 False	5 and 10 True and 10 None and 10 False and 10 '' and 10 set() and 10 {} and 10	10 10 None False '' set() {}
or	x or y	逻辑或：也称为布尔或运算。如果 x 的值等价于 True（参见 2.3.4 节），则返回 x 的值；否则返回 y 的值。or 运算符具有短路求值特性：如果第一个表达式 x 的值等价于 True，则第二个表达式 y 不会被计算，因为整个表达式的结果已经确定等价于 True	5 or 10 (3.14 + 2) or 20 True or 10 0 or 10 None or 10 '' or 10 () or 10	5 5.14 True 10 10 10 10

运算符	表达式	功能描述	代码示例	结果
not	not x	逻辑非：如果 x 的值等价于 True，则返回 False；如果 x 的值等价于 False，则返回 True	not (5 and 20) not False not 0 not None not [1, 2]	False True True True False

2.4.6　成员运算符

成员运算符用于判断一个值是否存在于某个序列（如字符串、列表、元组等）或集合中。

常用的成员运算符及其功能描述如表 2-10 所示。

表 2-10　常用的成员运算符及其功能描述

运算符	功能描述	代码示例	结果	说明
in	检查一个值是否存在于给定的序列或集合中。如果存在，则返回 True；否则返回 False	'and' in 'hand' '' in 'ok' True in [1, 2, 3] 2 in {1, 2, 3}	True True True True	任意字符串都包含空字符串 表达式中 True 被视为 1
not in	检查一个值是否不存在于给定的序列或集合中。如果不在，则返回 True；否则返回 False	'and' not in 'abandon' 3 not in (1, 2) 0 not in {False, 1} {1, 2} not in {1, 2, 3}	False True False True	表达式中 False 被视为 0 集合的包含关系须使用比较运算符

2.4.7　身份运算符

身份运算符用于比较两个对象的内存地址，以此判断它们是否为同一个对象。如果两个对象的内存地址相同，则表明它们实际上是同一个对象。可以借助 id() 函数查看对象的内存地址情况。

常用的身份运算符及其功能描述如表 2-11 所示。

表 2-11　常用的身份运算符及其功能描述

运算符	功能描述	代码示例	结果	说明
is	用于判断两个对象是否引用了同一个内存地址（即检查这两个对象是不是同一个对象）	a = [1, 2, 3] b = a c = [1, 2, 3] a is b		b 是 a 的引用，b 和 a 指向同一个列表对象 c 是一个新列表，内容与 a 相同，但内存地址不同
is not	用于判断两个对象是否引用了不同的内存地址（即检查这两个对象是不是不同的对象）	c is b c is not b	True False True	输出 id(a) 和 id(b)，可以发现它们相同 输出 id(c) 和 id(b)，可以发现它们不同

2.4.8　集合运算符

集合运算符用于执行各种集合操作。

常用的集合运算符及其功能描述如表 2-12 所示。

表 2-12　常用的集合运算符及其功能描述

运算符	表达式	功能描述	表达式	结果
|	x | y	并集：返回包含两个集合中所有元素的新集合，且重复元素只会出现一次	{1, 2} | {2, 3}	{1, 2, 3}
&	x & y	交集：返回两个集合中都存在的元素组成的新集合	{1, 2} & {2, 3}	{2}
-	x - y	差集：返回只存在于第一个集合但不在第二个集合中的元素组成的新集合	{1, 2} - {2, 3}	{1}
^	x ^ y	对称差集：返回包含在其中一个集合中，但不同时包含在两个集合中的元素组成的新集合	{1, 2} ^ {2, 3}	{1, 3}

🔑 2.5　基本输入输出

2.5.1　input()函数

input()函数用于接收用户的输入。调用该函数时，程序会暂停执行，等待用户输入文本，直到用户按下 Enter 键为止。输入的内容（不包括换行符）会以字符串的形式返回。

函数原型：

```
input(prompt='')
```

参数说明：

● prompt：在等待用户输入时显示的提示信息，默认值为空字符串。

返回值：返回用户输入的内容，以字符串形式呈现。

注意事项：无论用户输入的是数字、字母还是其他字符，input()函数返回的始终是字符串类型。如果需要将输入的字符串转换为其他数据类型（例如整数或浮点数），可以使用类型转换函数，如 int()函数或 float()函数。

例 2-49：input()函数的使用。

1	>>>	a = input()　# 执行该语句后，在 IDLE Shell 窗口的光标位置处输入文本
2	In	123
3	>>>	print(a, type(a))
4	Out	123 <class 'str'>　# a 为字符串'123'，不能直接参与算术运算
5	>>>	b = input()　# 执行该语句后，在 IDLE Shell 窗口的光标位置处输入文本
6	In	3.14
7	>>>	print(b, type(b))
8	Out	3.14 <class 'str'>　# b 为字符串'3.14'，不能直接参与算术运算
9	>>>	c = input()　# 执行该语句后，在 IDLE Shell 窗口的光标位置处输入文本
10	In	Hello, world!

11	>>>	print(c, type(c))
12	Out	Hello, world! <class 'str'>　# c 为字符串'Hello, world!'
13	>>>	d = input('输入：')　# 执行该语句后，IDLE Shell 窗口将显示提示信息"输入："，同时光标闪烁
14	In	输入：3,5
15	>>>	print(d, type(d))
16	Out	3,5 <class 'str'>　# d 为字符串'3,5'，此内容仅由用户输入决定，与提示信息无关

2.5.2　print()函数

print()函数用于将信息输出到控制台，是 Python 中最常用的内置函数之一。它支持接收多个参数，并提供格式化输出和自定义分隔符等功能。

函数原型：

```
print(*args, sep=' ', end='\n', file=sys.stdout, flush=False)
```

参数说明：

- args：要输出的对象，若输出多个对象，则对象之间以逗号分隔。对象可以是数字、字符串、布尔值、列表、元组、字典、集合等任意类型。
- sep：指定输出多个对象时的分隔符，默认使用空格' '。可以将其设置为其他字符（如逗号、制表符等）以改变分隔符号。
- end：指定输出结束后的字符，默认是换行符\n，即输出完所有内容后会自动换行。可以将其设置为空字符串''或其他字符，以改变结束行为。
- file：指定输出的目标文件，默认值为 sys.stdout，即输出到控制台。可以将其设置为文件对象，此时输出内容会被写入指定的文件。
- flush：控制是否强制刷新输出缓冲区，默认值为 False。当设置为 True 时，会立即将输出内容刷新到目标文件或控制台，而不用等待缓冲区满。

例 2-50：print()函数的使用。

1	>>>	print('How', 'are', 'you?')　# 输出多个对象，分隔符默认是空格
2	Out	How are you?
3	>>>	print('www', 'istep', 'cc', sep='.')　# 输出多个对象，分隔符为句点
4	Out	www.istep.cc
5	>>>	print('No pain', ' no gain', sep=',', end='!')　# 结束后输出感叹号而不是换行
6	Out	No pain, no gain!
7	>>>	print(100, 3.14, 3+4j, sep=',')　# 输出多个数字，分隔符为逗号
8	Out	100,3.14,(3+4j)
9	>>>	print([2], ('A',), {3}, {'Name': 'Bob', 'Age': 20})　# 输出列表、元组、集合和字典
10	Out	[2] ('A',) {3} {'Name': 'Bob', 'Age': 20}

通过设置 file 参数，可以将输出内容重定向到指定的文件。

例 2-51：重定向 print()函数的输出内容。

1	>>>	# 以写入模式打开文件'D:\myout.txt'，并将 print()函数输出重定向到该文件

2	>>>	with open(r'D:\myout.txt', 'w') as fo:　　# open()函数返回文件对象 fo
3	...	print('Hello, Python!', file=fo)　　# 将字符串输出到文件
4	...	↵
5	>>>	

运行例 2-51 后，可以在 D 盘根目录找到新建的文件 myout.txt。使用文本编辑器（如记事本或写字板）打开该文件，将看到内容为"Hello, Python!"。

例 2-52：print()函数中 end 参数的使用。

在 IDLE 编辑器中，新建 2-52.py 文件，输入以下代码。

1	import time
2	print('对方正在输入', end='')　　# 输出提示信息，保持在同一行
3	for i in range(20):　　# 循环 20 次
4	print('.', end='')　　# 每次输出一个句点后不换行
5	time.sleep(0.5)　　# 暂停 0.5 秒

单击菜单 Run → Run Module（或按 F5）运行该文件。运行结果将在 IDLE Shell 窗口中显示。接下来，去掉程序中 print()函数的 end 参数，并分析运行效果的变化。

2.5.3　str.format()方法

str.format()方法用于格式化字符串，它允许通过占位符（即一对花括号{}）将变量插入字符串中，提供了一种灵活且易于阅读的方式来构建格式化字符串。

1. 基础用法

占位符用于标示 str.format()方法中的参数插入位置。占位符将被方法中相应的参数所替换。

例 2-53：str.format()方法的基础用法示例。

1	>>>	name, age = 'Bob', 20
2	>>>	print('{} is {} years old.'.format(name, age))
3	Out	Bob is 20 years old.

位置参数：通过在占位符中使用索引，可以明确指定要插入的参数在方法中的位置。使用位置参数时，可以灵活调整参数的顺序，甚至多次引用同一个参数。索引从 0 开始计数。

例 2-54：str.format()方法中的位置参数用法。

1	>>>	name, age = 'Bob', 20
2	>>>	print('{0} is {1} years old. {0} likes Python.'.format(name, age))
3	Out	Bob is 20 years old. Bob likes Python.

关键字参数：在 str.**format**()方法中，可以为参数指定名称（即关键字），并通过在占位符中引用该名称来插入它对应的值。这种方式使得字符串格式化更加直观、易读。使用关键字参数时，可以在字符串的任意位置引用这些参数，而无须关注它们的顺序。

例 2-55：str.format()方法中的关键字参数用法。

1	>>>	name, age = 'Bob', 20
2	>>>	print('{n} is {a} years old. {n} likes Python.'.format(a=age, n=name))
3	Out	Bob is 20 years old. Bob likes Python.

可以同时使用位置参数和关键字参数，但位置参数必须位于关键字参数之前。在 str.format()方法中，不能混合使用位置参数和关键字参数来引用同一个参数。换句话说，一旦使用了关键字参数，就不能再通过位置索引来引用该参数，否则会抛出异常。

例 2-56：str.format()方法中的混合参数用法。

1	>>>	name, age = 'Bob', 20　# 位置参数必须位于关键字参数之前，否则会抛出异常
2	>>>	print('{n} is {1} years old. {n} likes Python.'.format(a=age, name))
3	Err	SyntaxError: positional argument follows keyword argument
4	>>>	print('{n} is {} years old. {n} likes Python.'.format(age, n=name))
5	Out	Bob is 20 years old. Bob likes Python.
6	>>>	print('{n} is {0} years old. {n} likes Python.'.format(age, n=name))
7	Out	Bob is 20 years old. Bob likes Python.
8	>>>	print('{n} is {1} years old. {n} likes Python.'.format(age, n=name))
9	Err	Traceback (most recent call last): 　　File "pyshell#4", line 1, in \<module\> 　　　print('{n} is {1} years old. {n} likes Python.'.format(age, n=name)) IndexError: Replacement index 1 out of range for positional args tuple

2. 填充与对齐

占位符从左到右依次包含参数的索引或关键字、分隔符（:）、填充符、对齐符和占位宽度，具体说明如下。

- 索引或关键字：指定要插入的参数，可以是位置参数或关键字参数。
- 分隔符（:）：用于分隔参数标识与后面的格式化指令。
- 填充符：用于填充空位，如*、0、=等，在分隔符与对齐符之间。如果未指定填充符，则默认使用空格填充。
- 对齐符如下。
  - <：左对齐。
  - >：右对齐。
  - ^：居中对齐。

  如果未指定对齐符，字符串默认左对齐，数字默认右对齐。
- 占位宽度：指定输出字符串的总宽度。如果字符串的输出所需宽度超过指定宽度，则忽略该参数，按实际所需宽度输出。

例 2-57：str.format()方法中的填充与对齐用法。

1	>>>	print('{:>10}'.format('ABC'))　# 右对齐，占位宽度为 10，默认使用空格填充
2	Out	ABC
3	>>>	print('{:*>10}'.format('ABC'))　# 右对齐，占位宽度为 10，使用*填充
4	Out	*******ABC

5	>>>	print('{:*<10}'.format('ABC'))　# 左对齐，占位宽度为 10，使用*填充
6	Out	ABC*******
7	>>>	print('{:*^10}'.format('ABC'))　# 居中对齐，占位宽度为 10，使用*填充
8	Out	***ABC****
9	>>>	print('{:.3f}'.format(3.1415926))　# 输出浮点数，保留 3 位小数，四舍五入
10	Out	3.142
11	>>>	print('{0:*^10} {chars:=>10}'.format('ABC', chars='XYZ'))　# 'ABC'居中对齐，'XYZ'右对齐
12	Out	***ABC****=======XYZ
13	>>>	print('{0:*^10} {pi:=^10.3f}'.format('ABC', pi=3.1415926))　# pi 居中对齐，保留 3 位小数
14	Out	***ABC****==3.142===
15	>>>	print('{:3d}'.format(123456789))　# 输出所需宽度超过指定宽度时，按实际所需宽度输出
16	Out	123456789

3. 格式化数字

（1）浮点数的格式化。

- [+]m.nf：普通表示法的浮点数格式。
- [+]m.ne 或[+]m.nE：科学记数法。
- [+]m.n%：百分比表示法。

其中，m 表示占位宽度，即输出所占的总宽度，n 表示小数点后的位数，采用四舍五入的方式进行处理。当 m 被省略时，宽度会根据实际输出的数值自动调整。如果格式字符串中使用+，则数字前会显示符号，默认情况下，正数前不显示符号。

例 2-58：str.format()方法中的浮点数格式。

1	>>>	print('{:10.2f}'.format(3.1415926))　# 普通表示法，保留 2 位小数，占位宽度为 10
2	Out	3.14
3	>>>	print('{:.2f}'.format(3.1415926))　# 普通表示法，保留 2 位小数，占位宽度按需分配
4	Out	3.14
5	>>>	print('{:+.2f},{:+.2f}'.format(3.1415, -3.1415))　# 普通表示法，数字前面显示符号
6	Out	+3.14,-3.14
7	>>>	print('{:10.2e}'.format(3.1415926))　# 科学记数法，保留 2 位小数，占位宽度为 10
8	Out	3.14e+00
9	>>>	print('{:.2E}'.format(3.1415926))　# 科学记数法，保留 2 位小数，占位宽度按需分配
10	Out	3.14E+00
11	>>>	print('{:+.2e},{:+.2E}'.format(314.15, -314.15))　# 科学记数法，数字前面显示符号
12	Out	+3.14e+02,-3.14E+02
13	>>>	print('{:+10.2%}'.format(3.1415926))　# 百分比表示法，保留 2 位小数，占位宽度为 10
14	Out	+314.16%

（2）整数的格式化。

不同的格式符用于输出不同进制的整数。通过配合使用#，可以为输出的数字添加前导符；如果格式字符串中使用+，则数字前会显示符号，默认情况下，正数前不显示符号。常见的整数格式化符号如下。

- [+][#]b：二进制。
- [+][#]o：八进制。
- [+][#]d：十进制。
- [+][#]x：小写十六进制。
- [+][#]X：大写十六进制。

例 2-59：str.format()方法中的整数格式。

1	>>>	print('{0:b},{0:o},{0:d},{0:x},{0:X}'.format(45))　# 输出整数 45 的不同进制表示
2	Out	101101,55,45,2d,2D
3	>>>	print('{0:#b},{0:#o},{0:#d},{0:#x},{0:#X}'.format(45))　# 添加前导符（前缀）
4	Out	0b101101,0o55,45,0x2d,0X2D　# 前导符：二进制（0b）、八进制（0o）、十六进制（0x 或 0X）
5	>>>	print('{:+d},{:+d}'.format(45, -45))　# 正数显示符号+, 负数显示符号-
6	Out	+45,-45

（3）千位分隔符。

- [+]m,：使用逗号作为千位分隔符。
- [+]m_：使用下画线作为千位分隔符。

其中，m 表示占位宽度，即输出所占的总宽度。如果格式字符串中使用+，则数字前会显示符号，默认情况下，正数前不显示符号。

例 2-60：str.format()方法中的千位分隔符用法。

1	>>>	print('{:20,}'.format(123456789))　# 使用逗号作为千位分隔符，右对齐，占位宽度为 20
2	Out	123,456,789
3	>>>	print('{:*<+20_}'.format(123456789))　# 使用下画线作为千位分隔符，左对齐，填充字符为'*'
4	Out	+123_456_789********

通过灵活运用占位符中的各种元素，可以方便地格式化字符串，精确控制输出的对齐方式、填充字符和宽度，从而提升代码的可读性和输出的美观度。

2.5.4　f-string 语法

自 Python 3.6 版本起，Python 引入了 f-string 语法，提供了一种更简洁、直观且高效的字符串格式化方法。f-string 以字母 f 或 F 开头，允许在字符串中直接使用花括号{}嵌入变量、表达式或函数，使得代码更加简洁、易读。

例 2-61：f-string 的基本语法。

1	>>>	name, age = 'Bob', 20
2	>>>	print(f'{name} is {age} years old.')　# 在花括号内直接嵌入变量
3	Out	Bob is 20 years old.
4	>>>	a, b = 5, 10
5	>>>	print(f'{a} + {b} = {a + b}')　# 在花括号内嵌入表达式
6	Out	a + b = 15
7	>>>	pi = 3.1415926
8	>>>	print(f'{pi:=^11.2f}')　# 格式化浮点数并添加填充与对齐，具体用法请参阅 2.5.3 节

9	Out	===3.14====
10	>>>	u = {'Name': 'Bob', 'Age': 20} # 定义字典变量 u
11	>>>	print(f'{u["Name"]} is {u["Age"]} years old.') # 在 f-string 中直接引用字典键值
12	Out	Bob is 20 years old.
13	>>>	print(f'Name: {name}\nAge: {age}') # 在 f-string 中使用换行符\n（转义字符）
14	Out	Name: Bob Age: 20
15	>>>	print(f'{45:b},{45:o},{45:d},{45:x},{45:X}') # 输出整数 45 的不同进制表示
16	Out	101101,55,45,2d,2D
17	>>>	def mymax(x, y): # 自定义函数 mymax，返回两个数中的较大值
18	...	return x if x > y else y
19	...	↵
20	>>>	print(f'Max of 20 and 30 is {mymax(20, 30)}') # 在 f-string 中调用函数，并插入结果
21	Out	Max of 20 and 30 is 30

尽管 f-string 语法在 Python 3.6 及以后版本中成为了最常用的字符串格式化方法，str.**format**() 方法依然是一种非常强大且灵活的工具，适用于多种复杂的字符串格式化场景。

2.6   常用内置函数

Python 提供了一系列内置函数，这些函数无须导入任何模块即可在任何地方直接使用。Python 3.12.8 版本中共包含了 71 个内置函数，如表 2-13 所示。

表 2-13   内置函数（Python 3.12.8）

abs()	callable()	exec()	id()	memoryview()	repr()	tuple()
aiter()	chr()	filter()	input()	min()	reversed()	type()
all()	classmethod()	float()	int()	next()	round()	vars()
anext()	compile()	format()	isinstance()	object()	set()	zip()
any()	complex()	frozenset()	issubclass()	oct()	setattr()	__import__()
ascii()	delattr()	getattr()	iter()	open()	slice()	
bin()	dict()	globals()	len()	ord()	sorted()	
bool()	dir()	hasattr()	list()	pow()	staticmethod()	
breakpoint()	divmod()	hash()	locals()	print()	str()	
bytearray()	enumerate()	help()	map()	property()	sum()	
bytes()	eval()	hex()	max()	range()	super()	

2.6.1   运算函数

常用的运算函数及其功能描述如表 2-14 所示。

表 2-14 常用的运算函数及其功能描述

运算函数	功能描述	代码示例	结果
abs(x)	如果 x 是整数或浮点数，返回其绝对值$\|x\|$；如果 x 是复数（如 $a+bj$），则返回其模，即 $\sqrt{a^2+b^2}$	abs(−3.14) abs(+4) abs(−3+4j)	3.14 4 5.0
divmod(x, y)	返回一个元组(x // y, x % y)，其中包含 x 除以 y 的整商和余数	divmod(7, −2) divmod(3.2, 1.2)	(−4, −1) (2.0, 0.8)
pow(x, y)	返回 x 的 y 次幂，即x^y	pow(2, 3) pow(2.0, 3)	8 8.0
round(x[, ndigits=None])	返回浮点数 x 的四舍五入值。如果未指定 ndigits，则默认值为 None，此时返回 x 四舍五入后的整数；如果 ndigits 不为 None，则返回 x 四舍五入保留 ndigits 位小数后的浮点数，省略无意义的零，但至少保留一个零，以确保返回值为浮点型；如果 x 本身是整数，则直接返回 x	round(3.1415) round(3.89) round(3.00456, 2) round(3, 1) round(3, 2)	3 4 3.0 3 3
max(iterable, *[, default=obj, key=func]) max(arg1, arg2, *args, *[, key=func])	返回可迭代对象 iterable 中的最大元素或若干个位置参数中的最大值。可以使用 key 参数指定比较规则	max(1, 2, 3.5) max([−2, −3, −5]) max('Hello') max(range(1, 100)) max('123', '45', key=len)	3.5 −2 'o' 99 '123'
min(iterable, *[, default=obj, key=func]) min(arg1, arg2, *args, *[, key=func])	返回可迭代对象 iterable 中的最小元素或若干个位置参数中的最小值。可以使用 key 参数指定比较规则	min(1, 2, 3.5) min([−2, −3, −5]) min('Hello') min(range(1, 100)) min(1, −2, 3, key=abs)	1 −5 'H' 1 1
sum(iterable, start=0)	返回初始值 start 与可迭代对象 iterable 中所有元素的和。如果未指定 start，则默认值为 0	sum([1, 2, 3]) sum([1, 2, 3], 6) sum((2, 3, 4)) sum({1, 2, 3}) sum(range(0, 100))	6 12 9 6 4950

2.6.2 类型转换函数

常用的类型转换函数及其功能描述如表 2-15 所示。

表 2-15 常用的类型转换函数及其功能描述

类型转换函数	功能描述	代码示例	结果	说明
int([x])	将数字或布尔值转换为十进制整数。如果 x 是整数，返回其对应的十进制值；如果 x 是浮点数，返回去掉小数部分后的整数；如果 x 是布尔值，当 x 为 True 时返回 1，x 为 False 时返回 0	int(0b1010) int(0o31) int(0x12) int(True) int(False) int(2.5) int()	10 25 18 1 0 2 0	无参数时默认返回 0

类型转换函数	功能描述	代码示例	结果	说明
int(x, base=10)	将字符串 x 转换为指定进制的整数，并返回对应的十进制整数。base 参数用于指定 x 的进制，默认值为 10，表示将 x 视为十进制数；当 base 为 0 时，表示根据字符串 x 的前缀自动识别进制	int('31', 8) int('31', 9) int('31') int('10C', 16) int('3F', 20) int('0o31', 8) int('0b101', 0) int('0o31', 0)	25 28 31 268 75 25 5 25	默认为十进制 $1\times16^2+12\times16^0=268$ $3\times20+15=75$ 字符串可以包含前导符
float(x)	返回字符串或整数 x 对应的浮点数	float(3) float(0x10) float('3.14')	3.0 16.0 3.14	
str(obj='')	返回对象 obj 转换后的字符串	str(123) str(0x1010) str(3.14) str([1, 2])	'123' '4112' '3.14' '[1, 2]'	将十进制整数转换为字符串 将十六进制整数转换为字符串 将浮点数转换为字符串 将列表转换为字符串
complex(x[, y])	返回一个实部为 x、虚部为 y 的复数。如果 y 未指定，则虚部默认值为 0。该函数还可以将复数字符串转换为对应的复数	complex(3) complex(3, 4) complex('3') complex('4j') complex('3+4j')	(3+0j) (3+4j) (3+0j) 4j (3+4j)	实部为 3、虚部为 0 的复数 复数字符串中+号两边不能有空格
bin(x)	返回整数 x 转换后的二进制字符串，以'0b'或'-0b'开头	bin(0b10) bin(−10) bin(−0o10) bin(0x10)	'0b10' '−0b1010' '−0b1000' '0b10000'	
oct(x)	返回整数 x 转换后的八进制字符串，以'0o'或'-0o'开头	oct(0b10) oct(−10) oct(−0o10) oct(0x10)	'0o2' '−0o12' '−0o10' '0o20'	bin(x)、oct(x)和 hex(x)只接收整数类型的参数。如果传入其他类型参数（如浮点数或字符串），则会抛出异常
hex(x)	返回整数 x 转换后的十六进制字符串，以'0x'或'-0x'开头	hex(0b10) hex(−10) hex(−0o10) hex(0x10)	'0x2' '−0xa' '−0x8' '0x10'	
bool(x)	如果 x 等价于 True，则返回 True，否则返回 False	bool('Hello') bool([])	True False	参见 2.3.4 节

2.6.3　其他常用内置函数

1. range()函数

函数原型：

```
range([start=0,] stop[, step=1])
```

参数说明：

- start：整数序列的起始值，默认值为 0。
- stop：整数序列的结束值（不包含该值）。
- step：每次递增的步长，默认值为 1。

注意：range()函数可以只提供 stop 参数，此时 start 默认值为 0，step 默认值为 1。

返回值：返回一个可迭代的 range 对象，包含[start, stop)范围内、步长为 step 的整数序列。

例 2-62：range()函数的使用示例。

1	>>>	num = range(3)　# 等价于 range(0, 3, 1)，创建一个包含整数 0、1、2 的 range 对象
2	>>>	print(num, type(num))　# 打印 range 对象及其类型，直接输出的是 range 类型对象
3	Out	range(0, 3) <class 'range'>
4	>>>	print(num[0], num[1], num[2])　# 使用索引访问 range 对象中的元素
5	Out	0 1 2
6	>>>	for x in num:　# 使用 for 循环遍历 range 对象中的每个元素
7	...	print(x)
8	...	↵
9	Out	0
		1
		2
10	>>>	lt = list(num)　# 将 range 对象转换为列表并打印，查看具体的整数序列
11	>>>	print(lt)
12	Out	[0, 1, 2]

2. eval()函数

函数原型：

```
eval(expression, globals=None, locals=None)
```

参数说明：

- expression：待计算的字符串表达式。
- globals：可选参数，用于指定全局命名空间的字典，默认值为 None。
- locals：可选参数，用于指定局部命名空间的字典，默认值为 None。

返回值：返回字符串形式的表达式的计算结果。

例 2-63：eval()函数的使用示例。

1	>>>	a = eval('1234')　# 返回整数字符串的计算结果，在某些情况下可替代 int()函数
2	>>>	print(a, type(a))
3	Out	1234 <class 'int'>
4	>>>	b = eval('3.14')　# 返回浮点数字符串的计算结果，在某些情况下可替代 float()函数
5	>>>	print(b, type(b))
6	Out	3.14 <class 'float'>
7	>>>	c = eval ('[1, 3, 5] ')　# 使用 eval()函数将字符串转换为列表对象，并赋值给变量 c

8	>>>	Print(c, type(c))
9	Out	[1, 3, 5] <class 'list'>
10	>>>	print(eval('pow(2, 3)')) # 计算简单的数学表达式
11	Out	8
12	>>>	x = 5
13	>>>	print(eval('3 * x')) # 计算引用变量的表达式
14	Out	15
15	>>>	x, y = 10, 20
16	>>>	print(eval('x + y')) # 未指定命名空间，计算包含多个变量的表达式
17	Out	30
18	>>>	ns = {'x': 2, 'y': 3}
19	>>>	print(eval('x + y', ns)) # 在指定的命名空间 ns 中计算表达式
20	Out	5

eval()函数可以将数字字符串转换为整数或浮点数，因此在某些情况下可以替代 int()函数或 float()函数。然而，由于 eval()函数可以执行任意的 Python 代码，使用时需要格外小心，以避免潜在的安全风险。例如，执行不受信任的字符串可能会导致代码注入。出于安全考虑，建议优先使用 int()函数和 float()函数来进行类型转换。

3. id()函数

函数原型：

```
id(obj)
```

参数说明：
- obj：待检查的对象。

返回值：返回对象 obj 的唯一标识符，该标识符是一个整数，通常表示对象在内存中的地址。每个对象在创建时都会分配一个唯一的 id，即使两个对象的内容相同，它们的 id 也会不同。

如果两个变量的 id 相同，则说明它们引用的是同一个对象，因此修改其中一个变量的值时，另一个变量的值也会改变，类似于多个名称指向同一事物。

注意：该函数返回的 id 在对象的生命周期内是唯一的，但是一旦对象被销毁，该 id 可能会被其他新创建的对象复用。

例 2-64：id()函数的使用示例。

1	>>>	a = 'Hello'
2	>>>	b = 'Hello'
3	>>>	print(id(a), id(b)) # 变量 a 与 b 的 id 相同，说明它们引用的是同一个字符串对象
4	Out	2632921554768 2632921554768
5	>>>	a = [1, 2, 3]
6	>>>	b = a
7	>>>	c = a.copy()
8	>>>	print(id(a), id(b), id(c)) # 变量 a 与 b 的 id 相同，说明它们指向同一个列表对象

9	Out	2632921439808 2632921439808 2632921538496　# 变量 c 的 id 值不同，指向一个新列表
10	>>>	a[0] = 10　# 修改列表 a 中索引 0 的元素值为 10
11	>>>	print(b[0], c[0])　# 修改 a 时，b 也随之变化，但 c 的值不受影响
12	Out	10 1

4. sorted()函数

函数原型：

```
sorted(iterable, key=None, reverse=False)
```

参数说明：

- iterable：需要排序的可迭代对象（如列表、元组、字典、集合、字符串等）。
- key：用于指定一个单参数的函数（通常为 lambda 匿名函数），该函数用于从可迭代对象 iterable 的每个元素中提取用于排序的关键字。默认值为 None，即排序时使用元素本身的值。
- reverse：用于指定排序顺序。如果为 True，则按降序排列；如果为 False（默认值），则按升序排列。

返回值：返回一个新的排好序的列表，原始的可迭代对象不受影响。

注意事项：

- sorted()函数采用稳定排序算法，即对于排序结果相等的元素，它们在排序后的相对顺序保持不变。
- 该函数不会修改原始的可迭代对象，而是返回一个新的排序结果。

例 2-65：sorted()函数的使用示例。

1	>>>	nums = [-3, 1, -4, 1, 5, 2]
2	>>>	a = sorted(nums)　# 默认按元素值升序排序
3	>>>	print(a)
4	Out	[-4, -3, 1, 1, 2, 5]
5	>>>	b = sorted(nums, reverse=True)　# 按元素值降序排序
6	>>>	print(b)
7	Out	[5, 2, 1, 1, -3, -4]
8	>>>	c = sorted(nums, key=lambda x: x ** 2)　# 按元素的平方值升序排序
9	>>>	print(c)
10	Out	[1, 1, 2, -3, -4, 5]
11	>>>	fruits = ['banana', 'apple', 'cherry']
12	>>>	sorted_fruits = sorted(fruits)　# 字符串列表按字典顺序升序排序（逐个比较字符的 ASCII 码值）
13	>>>	print(sorted_fruits)
14	Out	['apple', 'banana', 'cherry']
15	>>>	word = 'Aa0Bb1Cc2'　# 字符串是字符组成的序列
16	>>>	sorted_word = sorted(word)　# 按各个字符的 ASCII 码值升序排序
17	>>>	print(sorted_word)
18	Out	['0', '1', '2', 'A', 'B', 'C', 'a', 'b', 'c']
19	>>>	score = {'Eve': 88, 'Alice': 99, 'Bob': 88}　# 定义成绩字典 score

20	>>>	sorted_score = sorted(score.items(), key=lambda x: x[1], reverse=True) # 按成绩降序排列
21	>>>	print(sorted_score)
22	Out	[('Alice', 99), ('Eve', 88), ('Bob', 88)]

5. reversed()函数

函数原型：

reversed(seq)

参数说明：

● seq：需要反向迭代的序列，如列表、元组、字符串或 range 对象等。

返回值：返回一个反向迭代器，且不会修改原始序列。迭代器可以逐个访问反向后的元素。

注意事项：reversed()返回的是一个迭代器，而不是列表。如果需要将其转换为列表，可以使用 list()函数。

例 2-66：reversed()函数的使用示例。

1	>>>	nums = [-3, 1, -4, 1, 5, 2]
2	>>>	reversed_nums = list(reversed(nums)) # 列表的反向迭代
3	>>>	print(reversed_nums)
4	Out	[2, 5, 1, -4, 1, -3]
5	>>>	txt = 'python'
6	>>>	reversed_txt = ''.join(reversed(txt)) # 字符串的反向迭代
7	>>>	print(reversed_txt)
8	Out	nohtyp
9	>>>	tup = (1, 2, 3)
10	>>>	reversed_tup = tuple(reversed(tup)) # 元组的反向迭代
11	>>>	print(reversed_tup)
12	Out	(3, 2, 1)
13	>>>	rag = range(10)
14	>>>	reversed_rag = list(reversed(rag)) # range 对象的反向迭代
15	>>>	print(reversed_rag)
16	Out	[9, 8, 7, 6, 5, 4, 3, 2, 1, 0]

6. 其他内置函数

其他常用的内置函数及其功能描述如表 2-16 所示。

表 2-16　其他常用的内置函数及其功能描述

内置函数	功能描述	代码示例	结果
len(obj)	返回对象（如字符串、列表、元组、字典、集合等）的长度或元素数量	len('Hello') len([2, 3, 5]) len((7, 9)) len({2, 4, 6}) len({Age: 28})	5 3 2 3 1

续表

内置函数	功能描述	代码示例	结果
type(obj)	返回对象的类型，在调试和代码审查过程中非常有用	type(10) type('Hello') type([1, 2, 3])	\<class 'int'> \<class 'str'> \<class 'list'>
ord(c)	返回指定字符的 Unicode 码点	ord('0') ord('A') ord('a') ord('中')	48 65 97 20013
chr(i)	返回指定 Unicode 码点对应的字符。chr() 函数和 ord() 函数互为逆操作	chr(48) chr(65) chr(97) chr(20013) chr(9802)	'0' 'A' 'a' '中' '♒'
hash(obj)	返回对象（数字、字符串、布尔值、元组、冻结集合等不可变对象）的哈希值。哈希值只跟对象的值相关，如果两个对象的值相等，则它们的哈希值必定相同。但由于 Python 3.x 引入随机化哈希种子，因此相同字符串的哈希值可能不同	hash(1234) hash(3.14) hash('Python') hash((1, 2, 3))	1234 322818021289917443 978917403265884894 529344067295497451
all(iterable)	判断可迭代对象（如列表或元组）中的所有元素是否都等价于 True。如果可迭代对象为空或所有元素都等价于 True，则返回 True；否则返回 False	all([3.14, 1j, 'abc']) all((3, 0j, 'xyz')) all([]) all(())	True False True True
any(iterable)	判断可迭代对象（如列表或元组）中是否至少有一个元素等价于 True。如果有任何一个元素等价于 True，则返回 True；否则返回 False	any([3.14, 1j, 'abc']) any((0, 0j, '')) any([]) any([])	True False False False
map(function, *iterable)	返回一个包含若干个函数值的 map 对象，function 函数的参数来自一个或多个可迭代对象 iterable（如列表、元组、字符串等）。map 对象可以通过 list() 函数转换为列表	list(map(int, '123')) # [1, 2, 3] list(map(lambda x: −x, [1, 2, 3])) # [−1, −2, −3] list(map(pow, [1, 2, 3], [4, 5, 6])) # [1, 32, 729]	
filter(function, iterable)	使用 function 函数过滤可迭代对象 iterable（如列表、元组、字符串等）中的元素，并返回 filter 对象，其中包含所有使得 function 函数返回值等价于 True 的元素	list(filter(str.isdigit, 'a0b1c2')) # ['0', '1', '2'] list(filter(abs, [0, 1, 2])) # [1, 2]	
zip(*iterables, strict=False)	将一个或多个可迭代对象（如列表、元组、字符串等）中的元素按位置配对成元组，并返回包含这些元组的 zip 对象。生成的元组数量取决于所有可迭代对象中最短的对象长度	list(zip('abcdefg', range(3), range(4))) # [('a', 0, 0), ('b', 1, 1), ('c', 2, 2)] list(zip('123')) # [('1',), ('2',), ('3',)]	
enumerate (iterable, start=0)	将可迭代对象（如列表、元组、字符串等）中的元素与递增的编号配对，并返回一个包含编号和值元组的 enumerate 对象。start 参数用于指定编号的起始值，默认值为 0	list(enumerate('abc')) # [(0, 'a'), (1, 'b'), (2, 'c')] list(enumerate([3.14, 1j, 'abc'], 10)) # [(10, 3.14), (11, 1j), (12, 'abc')]	

🔑 2.7　经典案例解析

例 2-67：王婆去集市卖瓜，需要输入每个瓜的单价（浮点数）和顾客购买的数量（整数）。请编写程序，计算并输出总价。已知输入的单价和数量分别占据一行。例如：

输入：

```
3.5
10
```

输出：

```
35.0
```

在 IDLE 编辑器中，新建文件 2-67.py，输入以下代码并运行。

```
1  price = float(input())   # 输入单价并将其转换为浮点数
2  amount = int(input())    # 输入数量并将其转换为整数
3  total = price * amount   # 计算总价
4  print(total)
```

由于输入的单价和数量分别占据一行，因此需要两次调用 input()函数。同时，input()函数返回的是字符串类型，因此需要使用 float()函数将单价转换为浮点数，使用 int()函数将顾客购买数量转换为整数，以便进行后续的数学运算。

例 2-68：王婆去集市卖瓜，需要输入每个瓜的单价（浮点数）和顾客购买的数量（整数）。请编写程序，计算并输出总价。已知输入的单价和数量位于同一行，并以空格分隔。例如：

输入：

```
3.5   10
```

输出：

```
35.0
```

在 IDLE 编辑器中，新建 2-68.py 文件，输入以下代码并运行。

```
1  txt = input()   # 输入以空格分隔的单价和数量，返回字符串
2  nums = txt.split()   # 使用空白符分割字符串，得到单价字符串和数量字符串组成的列表
3  price = float(nums[0])   # 将单价字符串转换为浮点数
4  amount = int(nums[1])   # 将数量字符串转换为整数
5  total = price * amount   # 计算总价
6  print(total)
```

由于输入的单价和数量位于同一行，因此只需调用一次 input()函数。接着，使用 split()方法以空白符为分隔符，将输入的字符串分割成一个包含单价和数量的列表，列表中的元

素均为字符串。随后，使用 float()函数将单价转换为浮点数，使用 int()函数将数量转换为整数，以便进行后续的数学运算。

例 2-69：王婆去集市卖瓜，需要输入每个瓜的单价（浮点数）和顾客购买的数量（整数）。请编写程序，计算并输出总价。已知输入的单价和数量位于同一行，并以逗号分割。例如：

输入：

```
3.5,10
```

输出：

```
35.0
```

在 IDLE 编辑器中，新建 2-69.py 文件，输入以下代码并运行。

```
1  txt = input()   # 输入以逗号分割的单价和数量，返回字符串
2  nums = txt.split(',')   # 使用逗号分割字符串，得到单价字符串和数量字符串组成的列表
3  price = float(nums[0])   # 将单价字符串转换为浮点数
4  amount = int(nums[1])   # 将数量字符串转换为整数
5  total = price * amount   # 计算总价
6  print(total)
```

例 2-70：编写一个程序，输入若干个以逗号分割的数字，并输出这些数字中的最大值。例如：

输入：

```
3.14,718,10086,-120,0,-999
```

输出：

```
10086
```

在 IDLE 编辑器中，新建 2-70.py 文件，输入以下代码并运行。

```
1  txt = input()   # 输入若干个以逗号分割的数字，返回字符串
2  nums = txt.split(',')   # 使用逗号分割字符串，得到各个数字字符串组成的列表
3  mp = map(eval, nums)   # 使用 eval()函数将列表中的每个字符串都转换为数字，得到 map 对象
4  print(max(mp))   # 使用 max()函数求出数字中的最大值并输出
```

上述代码演示了如何结合使用 map()函数和 eval()函数来对列表中的每个元素（数字字符串）进行求值。在实际应用中，可以考虑用其他内置函数或自定义函数替代 eval()函数。

此外，map()函数返回的是一个迭代器，而不是列表。如果需要将结果以列表形式存储，可以使用 list()函数将其转换为列表，或者直接使用 for 循环进行迭代，逐个处理元素。

例 2-71：请编写代码实现以下功能：从键盘输入一个正整数 n，并按照要求将 n 输出到屏幕。输出格式要求：总宽度为 20 个字符，使用减号（-）填充，右对齐，并且带有千位分隔符。如果输入的正整数超过 20 位，则按照实际长度输出。例如：

输入：

```
        1234
```

输出：

```
        ---------------1,234
```

在 IDLE 编辑器中，新建 2-71.py 文件，输入以下代码并运行。

```
1 n = int(input())
2 print('{:->20,}'.format(n))
```

🔑 本章习题

2.1　Python 语言提供的三种基本数字类型是_____、_____和_____。

2.2　2 ** 3 + 9 的值为_____。

2.3　1 == True 的值为_____；False == 0 的值为_____；True is 1 的值为_____；
0 is not False 的值为_____；1 + 3 + 5 + True 的值为_____。

2.4　1 > 2 and a < b 的值为_____；3 > 2 or a > b 的值为_____。

2.5　5 in (1, 2, 3, 4, 5)的值为_____；2 not in {1, 2, 3, 4, 5}的值为_____。

2.6　执行语句 x = input('请输入整数：')之后，从键盘输入−3.14，那么 x 的值为_____。

2.7　abs(−3.14)的值为_____；abs(−3+4j)的值为_____。

2.8　round(3.56)的值为_____；round(3.56, 0)的值为_____；round(3.56, 1)的值为
_____。

2.9　divmod(8, −3)的值为_____；divmod(−8, 3)的值为_____；divmod(−8, −3)的值
为_____。

2.10　max(1, 3, 5, 7, 9)的值为_____；max(map(lambda x: x ** 2, [1, 2, 3, 4, 5]))的值为
_____；max('1234', '567')的值为_____；max('1234', '567', key=len)的值为
_____。

2.11　min(1, 3, 5, 7, 9)的值为_____；min(map(lambda x: abs(x), [−1, 2, −3, 4, −5]))的值为
_____；min(123, −456, 789)的值为_____；min(123, −456, 789, key=abs)的值
为_____。

2.12　sum([1, 3, 5, 7, 9], 100)的值为_____；sum(map(int, str(1234)))的值为_____。

2.13　int(3.99)的值为_____；int(True)的值为____；int()的值为____。

2.14　int('101', 2) 的值为_____；int('101', 8)的值为_____；int('101', 16)的值为
_____。

2.15　float('−3.14')的值为_____；float('inf')的值为_____；float(True)的值为_____。

2.16　bool(range(6, 0))的值为_____；bool(None)的值为_____；bool(3+4j)的值为
_____。

2.17　eval('3*1' + '23')的值为_____；eval('5-3' + '**2')的值为_____。

2.18　chr(ord('F') + 2)的值为_____；int(chr(49))的值为_____。

2.19　已知 x = {1, 2, 3}，y = {2, 3, 4}，x | y 的值为_____，x & y 的值为_____，x – y 的值为_____，x ^ y 的值为_____。

2.20　import math 之后，表达式 math.sqrt(2) * math.sqrt(2) == 2 的值为_____。

2.21　用于判断两个对象引用是否相同的 Python 关键字是_____。

2.22　（判断题）0J 不是合法的 Python 表达式。（　　　）

2.23　（判断题）123 不是合法的 Python 表达式。（　　　）

2.24　（判断题）在 Python 中，由于表达式 88888 ** 88888 计算的是一个极其庞大的整数，这会导致程序无法正常运行。（　　　）

2.25　关于 Python 程序格式框架的描述，以下错误的是（　　　）。

A．Python 语言的缩进可以采用 Tab 键实现

B．Python 单层缩进代码属于之前最邻近的一行非缩进代码，多层缩进代码根据缩进关系决定所属范围

C．判断、循环、函数等语法形式能够通过缩进包含一批 Python 代码，进而表达对应的语义

D．Python 语言不采用严格的"缩进"来表明程序的格式框架

2.26　以下对 Python 程序缩进格式描述错误的是（　　　）。

A．不需要缩进的代码顶行写，前面不能留空白

B．缩进可以用 Tab 键实现，也可以用多个空格实现

C．严格的缩进可以约束程序结构，可以多层缩进

D．缩进是用来格式美化 Python 程序的

2.27　关于 Python 语言的注释，以下选项中描述错误的是（　　　）。

A．Python 语言的单行注释以#开头

B．Python 语言的单行注释以单引号'开头

C．Python 语言的多行注释以'''（三个单引号）开头和结尾

D．Python 语言有两种注释方式：单行注释和多行注释

2.28　以下关于同步赋值语句描述错误的是（　　　）。

A．同步赋值能够使得赋值过程变得更简洁

B．判断多个单一赋值语句是否相关的方法是看其功能上是否相关或相同

C．设 x，y 表示一个点的坐标，则 x = a; y = b 两条语句可以用 x, y = a, b 一条语句来赋值

D．多个无关的单一赋值语句组合成同步赋值语句，会提高程序可读性

2.29　下列能作为 Python 程序变量名的是（　　　）。

A．if　　　　　　　B．2x　　　　　　　C．a*b　　　　　　　D．x2

2.30　下列不是合法变量名的有（　　　）。

A．height　　　　　B．area　　　　　　C．radius　　　　　D．for

2.31　以下不是 Python 保留字的是（　　　）。

A．del　　　　　　B．pass　　　　　　C．not　　　　　　D．string

2.32　以下属于合法数字的有（　　　）（多选题）。

A．0b1011　　　　　B．0o784　　　　　C．0x3a　　　　　　D．0789

　　　　E．1_234_567　　　　　F．1e8　　　　　G．3.14　　　　　H．.3

2.33　关于 Python 的复数类型，以下描述错误的是（　　　）。

　　　A．复数的虚数部分通过后缀 "J" 或者 "j" 来表示

　　　B．对于复数 z，可以用 z.real 获得它的实数部分

　　　C．对于复数 z，可以用 z.imag 获得它的实数部分

　　　D．复数类型表示数学中的复数

2.34　以下关于字符串类型操作的描述，错误的是（　　　）。

　　　A．str.replace(x, y)方法把字符串 str 中所有的 x 子串都替换成 y

　　　B．想把一个字符串 str 所有的字符都大写，用 str.upper()

　　　C．想获取字符串 str 的长度，用字符串处理函数 str.len()

　　　D．设 x = 'aa'，则执行 x * 3 的结果是'aaaaaa'

2.35　设 str = 'python'，想把字符串的第一个字母大写，其他字母还是小写，正确的是（　　　）。

　　　A．print(str[0].upper() + str[1:])　　　　　B．print(str[1].upper() + str[−1:1])

　　　C．print(str[0].upper() + str[1:−1])　　　　D．print(str[1].upper() + str[2:])

2.36　在 Python 中，赋值语句 "c = c − b" 等价于（　　　）。

　　　A．b −= c　　　　B．c − b = c　　　　C．c −= b　　　　D．c == c − b

2.37　表达式 1001 == 0x3e7 的结果是（　　　）。

　　　A．false　　　　B．False　　　　C．true　　　　D．True

2.38　2 and 3 的值为（　　　）；2 or 3 的值为（　　　）。

　　　A．2　　　　B．3　　　　C．5　　　　D．True

2.39　下列 Python 表达式结果最小的是（　　　）。

　　　A．2 ** 3 // 3 + 8 % 2 * 3　　　　　　　　B．5 ** 2 % 3 + 7 % 2 ** 2

　　　C．1314 // 100 % 10　　　　　　　　　　D．int('1' + '5') // 3

2.40　表达式 print(complex(10+5j).imag)的结果是（　　　）。

　　　A．10　　　　B．5　　　　C．10.0　　　　D．5.0

2.41　表达式 print('{:.2f}'.format(20 − 2 ** 3 + 10 / 3 ** 2 * 5))的结果是（　　　）。

　　　A．17.55　　　　B．67.56　　　　C．12.22　　　　D．17.56

2.42　以下程序的输出结果是（　　　）。

```
print('{:*^10.4}'.format('Flower'))
```

　　　A．Flow　　　　B．Flower　　　　C．**Flower**　　　　D．***Flow***

2.43　以下程序的输出结果是：

```
s1 = 'QQ'
s2 = 'Wechat'
print('{:*<10}{:=>10}'.format(s1, s2))
```

　　　A．********QQWechat====　　　　　　B．QQWechat

　　　C．********QQ Wechat====　　　　　　D．QQ********====Wechat

2.44　如果 p = ord('a')，表达式 print(p, chr((p + 3) % 26 + ord('a')))的结果是（　　　）。

  A．97 d   B．97 c   C．97 x   D．97 w

2.45 divmod(20, 3)的值为（ ）。

  A．6, 2   B．6   C．2   D．(6, 2)

2.46 divmod(−12.25, −3)的值为（ ）。

  A．(4.0, 0.25) B．(−5.0, 2.75) C．(−5.0, −2.75) D．(4.0, −0.25)

2.47 max([1, 2, 3], [2, 1, 3, 0], [3, 2, 1])的值为（ ）。

  A．3   B．[3]   C．[3, 2, 1]   D．[2, 1, 3, 0]

2.48 bin(int('16', 16))的值为（ ）。

  A．16   B．22   C．'0b10110' D．10110

2.49 12 in range(2, 30, 4)的值为（ ）；30 not in range(2, 30, 4)的值为（ ）。

  A．True   B．False   C．1   D．0

2.50 表达式 eval('500/10')的结果是（ ）。

  A．'500/10'   B．500/10   C．50   D．50.0

2.51 在 Python 中，通过（ ）函数查看字符的编码。

  A．int()   B．ord()   C．chr()   D．yolk()

2.52 表达式 type(eval('45'))的结果是（ ）。

  A．<class 'float'> B．<class 'str'> C．None   D．<class 'int'>

2.53 下面属于可哈希对象的有（ ）（多选题）。

  A．345   B．'0b1001'   C．[1, 2, 3]   D．{3}

  E．(1, 2)   F．3+4J   G．True   H．frozenset({3})

2.54 以下关于 Python 内置函数的描述，错误的是（ ）（多选题）。

  A．hash()返回一个可计算哈希的类型的数据的哈希值

  B．type()返回一个数据对应的类型

  C．sorted()对一个序列类型数据进行排序，将排序后的结果写回到该变量

  D．id()返回一个数据的一个编号，跟其在内存中的地址无关

  E．如果 ls 的每个元素都是 True，则 all(ls)返回 True

第3章

程序控制结构

CHAPTER **3**

本章学习目标:

- 理解条件表达式的值与 True 或 False 的等价关系;
- 熟练掌握选择结构;
- 熟练掌握循环结构;
- 熟练掌握循环结构中 break 和 continue 语句的用法;
- 理解带有 else 子句的循环结构的执行过程。

🔑 3.1 结构化程序设计

结构化程序设计（Structured Programming）是一种经典的程序设计方法，旨在通过简洁、清晰的程序结构提升代码的可读性、可维护性和可扩展性。该方法强调使用简单且明确的控制结构来组织程序逻辑，避免复杂的跳转和冗余代码，从而提高程序的质量和稳定性。

结构化程序设计的核心包括三大控制结构：顺序结构、选择结构和循环结构。这些控制结构构成了结构化程序的基础，帮助开发者以更清晰、有效的方式组织和控制程序流程。

在结构化程序设计中，程序流程图（FlowChart）和 N-S 图（Nassi-Shneiderman Diagram）是最常用的工具，用于描述程序的控制流和逻辑结构。

程序流程图也称为程序框图，是一种图形化工具，用于表示程序的执行流程或算法步骤。它通过一系列标准符号，清晰地描述了程序从开始到结束的执行过程，包括各个步骤的顺序、决策条件和循环过程，帮助开发者、设计人员及其他相关人员快速理解程序的逻辑结构。

图 3-1 展示了几种常见的流程图标准符号。

起止框 输入输出框 判断框 处理框 流程线 连接点 注释框

图 3-1 常见的流程图标准符号

（1）起止框（椭圆形）：用于标示流程的开始和结束。通常，框内标注"开始"或"结束"以明确流程的起始和终止节点。

（2）输入输出框（平行四边形）：表示程序中进行数据输入或输出操作的步骤。框内通常标注"输入……"或"打印/显示……"等内容，用以指示数据的输入或结果的输出。

（3）判断框（菱形）：用于判断给定条件，根据条件是否满足来决定流程的后续路径。判断框一般有一个入口和两个出口，当条件成立时，出口标注为"是"或"Y"；条件不成立时，出口标注为"否"或"N"。

（4）处理框（矩形）：表示执行某项操作，如计算或数据处理。框内通常填写具体的操作内容，例如赋值操作或其他处理步骤。

（5）流程线（箭头）：指示流程的流向，表示各步骤之间的执行顺序。

（6）连接点（圆形）：用于连接多个流程图部分或分支点，简化复杂的流程图。连接点能够有效地连接不同部分，避免流程线交叉或过长，使流程图更加清晰易懂。

（7）注释框：注释框并非流程图的必要组成部分，它不涉及流程和操作的具体内容。其主要作用是对流程图中某些步骤或操作进行补充说明，以帮助阅读者更好地理解流程图的含义和目的。

程序流程图的主要作用：

（1）**可视化**：通过图形化方式展示程序结构和执行流程，帮助阅读者快速理解程序的步骤和逻辑。它将复杂的程序或算法形象化，简化了抽象概念的表达，使得程序更易于理解。

（2）**辅助设计**：在程序编码之前，设计人员可以先绘制流程图，明确各个步骤的顺序和相互关系。这有助于减少逻辑错误，尤其在团队协作中，流程图作为一种有效的沟通工具，能够确保开发人员、设计人员和测试人员之间对程序设计的理解一致。

（3）**文档化**：流程图作为程序文档的一部分，便于团队成员之间的协作与知识共享，同时为后期的维护工作提供清晰的参考资料，增强程序的可维护性。

（4）**调试与优化**：在开发或调试过程中，程序员可以通过流程图迅速定位问题，发现潜在的错误和性能瓶颈，从而更高效地进行程序优化。

程序流程图是程序设计与分析中的重要工具。通过图形化的展示，它在设计、沟通、文档化、调试和优化等各个环节中都发挥着关键作用。无论是在编写代码之前的设计阶段，还是在后期的维护与优化过程中，流程图都能够提供极大的帮助。

🔑 3.2 顺序结构

顺序结构（Sequential Structure）指的是程序中的代码按照顺序逐行执行的控制结构。换句话说，程序中的语句从上到下按顺序依次执行，且没有任何跳转或分支，直到程序执行完毕。

顺序结构是最基本且最简单的控制结构。

例 3-1：顺序结构程序示例。

在 IDLE 编辑器中，新建 3-1.py 文件，输入以下代码并运行。

1	print('Hello, Python!') # 输出'Hello, Python!'
2	a = 5 # 定义变量 a 并赋值为 5
3	b = 10 # 定义变量 b 并赋值为 10
4	c = a + b # 计算 a + b，并将结果赋值给变量 c
5	print('The sum of a and b is:', c) # 输出计算结果
Out	Hello, Python! The sum of a and b is: 15

顺序结构是 Python 程序的默认执行方式。在例 3-1 中，代码从第 1 行到第 5 行按顺序逐行执行，整个过程简洁明了，易于理解。

例 3-2：输入一个三位自然数，计算并输出百位、十位和个位数字。

在 IDLE 编辑器中，新建 3-2.py 文件，输入以下代码并运行。

解法一：

1	num = int(input()) # 获取用户输入的三位数字字符串，并将其转换为整数
2	a = num // 100 # 提取百位数字
3	b = num // 10 % 10 # 提取十位数字
4	c = num % 10 # 提取个位数字
5	print(a, b, c) # 输出各位数字
In	123

Out	1 2 3

解法二：

1	num = input() # 获取用户输入的三位数字字符串
2	a, b, c = map(int, num) # 将字符串的各个字符都转换为整数，并通过解包赋值给 a、b 和 c
3	print(a, b, c)
In	123
Out	1 2 3

小技巧：序列解包（Sequence Unpacking）是 Python 中的一种便捷操作，允许将一个序列（如列表、元组、字符串）中的多个元素直接分配给多个变量。通过这种方式，Python 能够自动拆分序列，并按照顺序将每个元素分别赋值给对应的变量。

3.3　选择结构

选择结构，又称为分支结构，是根据特定条件决定程序执行路径的一种控制结构。选择结构通常分为三种类型：单分支选择结构、二分支选择结构和多分支选择结构，这三种选择结构通过不同的条件判断来控制程序的流向。

在 Python 中，选择结构通常通过 if、elif 和 else 语句来实现。

3.3.1　单分支选择结构

语法格式如下：

```
if 条件表达式：  # 注意：冒号不能缺少，用于引导当条件成立时要执行的语句块
    <语句块>  # 当条件表达式为真时，执行该语句块（即条件执行体）
```

特别注意：在 Python 中，语句块指的是由一条或多条语句组成的、具有相同缩进级别的代码段。通常由控制结构（如 if、for、while 等）决定其执行范围。语句块中的所有语句作为一个整体，要么全部执行，要么都不执行。

如图 3-2 所示，当条件表达式的值等价于 True 时，表示条件成立；当条件表达式的值等价于 False 时，表示条件不成立。程序根据条件的成立与否，决定是否执行相应的语句块（即条件执行体）。

在编程中，我们常常结合使用关系运算符（如 ==、!=、>、>=、<、<=）和逻辑运算符（如 and、or、not）来构造条件表达式。

在 Python 中，以下对象会被视为等价于 False：0、0.0、0j、None、False、空字符串"、空列表[]、空元组()、空字典{}、空集合 set()、空 range 对象，以及其他使 bool()函数返回 False 的对象。除这些值外，其他对象都被视为等价于 True。

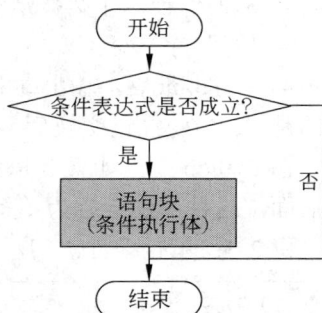

图 3-2　单分支选择结构

例 3-3：Python 中各类对象与 True 或 False 的等价关系。

1	>>>	print(bool(0), bool(0.0), bool(0j), bool(None), bool(''))
2	Out	False False False False False
3	>>>	print(bool([]), bool(()), bool(set()), bool({}), bool(range(0)))
4	Out	False False False False False
5	>>>	print(bool(-2), bool(3.14), bool(4j), bool('OK'))
6	Out	True True True True
7	>>>	print(bool([1]), bool((2,)), bool({3}), bool({'Age': 28}), bool(range(4)))
8	Out	True True True True True

例 3-4：输入两个以空格分隔的整数，并按升序输出。

在 IDLE 编辑器中，新建 3-4.py 文件，输入以下代码并运行。

1	num = input() # 获取用户输入的内容，并将 input()函数返回的字符串赋值给变量 num
2	a, b = map(int, num.split()) # 分割字符串 num 并转换为整数，再将它们赋值给变量 a 和 b
3	if a > b: # 判断 a 是否大于 b
4	a, b = b, a # 如果 a > b，则交换 a 和 b 的值
5	print(a, b) # 输出 a 和 b
In	5 3
Out	3 5

第 1 行：使用 input()函数获取用户从键盘输入的内容，默认将其作为字符串处理。用户需要输入两个整数，且用空格分隔。例如，用户输入"5 3"，那么输入的字符串会被存储在 num 变量中，形式为'5 3'。

第 2 行：num.split()方法会将输入的字符串 num 按照空格进行分割，返回一个列表。例如，'5 3'.split()会返回['5', '3']。接着，map(int, ...)函数会将列表中的每个字符串元素都转换为整数，因此'5'和'3'会分别被转换为整数 5 和 3。然后，a, b = ...将转换后的整数分别赋值给变量 a 和 b。在这个例子中，a 被赋值为 5，b 被赋值为 3。

第 3 行：这行代码是一个条件判断，用来检查 a 是否大于 b。

第 4 行：如果 a > b 为 True，则交换 a 和 b 的值，使得较小的数赋值给 a，较大的数赋值给 b，从而保证两个数按从小到大的顺序排列。如果 a > b 为 False，则交换操作不会执行，a 和 b 的值保持不变。

第 5 行：最后，输出 a 和 b 的值，即按从小到大的顺序打印这两个整数。如果用户输入的是"5 3"，经过交换后，输出将是"3 5"。

在 Python 中，如果 if 语句的条件执行体（即语句块）非常简洁，可以将其直接写在冒号后面，这种写法被称为单行 if 语句或单行条件语句。

例 3-5：单行条件语句示例。

1	>>>	a, b = 5, 3
2	>>>	if a > b: a, b = b, a # 单行 if 语句，适用于条件执行体非常简洁的情况
3	...	↵
4	>>>	print(a, b)

5	Out	3 5
6	>>>	if 5 > 3: print(5); print(3)　# 单行 if 语句中可以使用分号分隔多条语句
7	...	↵
8	Out	5
		3

　　单行 if 语句适用于条件执行体非常简洁的情况。当条件执行体较为复杂或包含多条语句时，建议使用常规的结构化语句块形式（即通过冒号、换行和缩进的多行写法），以提高代码的可读性。

　　此外，类似的还有单行循环语句，例如单行 for 循环和单行 while 循环等，这些语句也应根据实际情况灵活选择。

　　例 3-6：单行循环语句示例。

1	>>>	# pass 是 Python 中的空语句，其作用是占位，不执行任何操作
2	>>>	for i in range(5): pass　# 循环体为空，pass 语句用于占位，使 for 循环的语法结构完整
3	...	↵
4	>>>	n = 0
5	>>>	while n < 5: n += 1
6	...	↵

3.3.2　二分支选择结构

语法格式如下：

```
if 条件表达式：  # 注意：冒号不能缺少，用于引导当条件成立时要执行的语句块
    <语句块 1>  # 当条件为真时，执行语句块 1
else:
    <语句块 2>  # 当条件为假时，执行语句块 2
```

　　如图 3-3 所示，当条件表达式的值等价于 True 时，表示条件成立，程序将执行语句块1；当条件表达式的值等价于 False 时，表示条件不成立，程序将执行语句块 2。

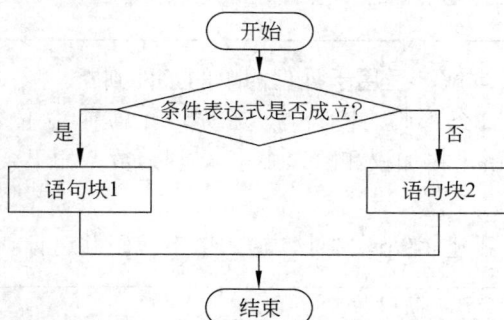

图 3-3　二分支选择结构

　　例 3-7：编写程序，根据输入的年龄判断是否为成年人（年龄大于或等于 18 岁）。
在 IDLE 编辑器中，新建 3-7-1.py 文件，输入以下代码并运行。

1	age = int(input()) # 获取用户输入的年龄，并将其转换为整数后赋值给变量 age
2	if age >= 18: # 判断年龄是否大于或等于 18
3	print('成年人') # 条件为真时执行 if 语句块中的代码
4	else:
5	print('未成年人') # 条件为假时执行 else 语句块中的代码
In	25
Out	成年人

例 3-8：输入两个以空格分隔的整数，判断第一个数是否为第二个数的因子。

在 IDLE 编辑器中，新建 3-8.py 文件，输入以下代码并运行。

1	num = input() # 获取用户输入的内容，并将 input()函数返回的字符串赋值给变量 num
2	a, b = map(int, num.split()) # 分割字符串 num 并转换为整数，再将它们赋值给变量 a 和 b
3	if b % a == 0: # 判断 a 是否是 b 的因子，使用%运算符求余并判断余数是否为 0
4	print('{}是{}的因子'.format(a, b)) # 如果 b 除以 a 的余数为 0，说明 a 是 b 的因子
5	else:
6	print('{}不是{}的因子'.format(a, b)) # 否则，a 不是 b 的因子
In	12 36
Out	12 是 36 的因子

此外，Python 还提供了三元运算符（条件表达式），用于简洁地表示二分支的 if 语句。其语法格式如下：

> 表达式 1 **if** 条件表达式 **else** 表达式 2

当条件表达式的值等价于 True 时，整个表达式的值为表达式 1 的值；当条件表达式的值等价于 False 时，整个表达式的值为表达式 2 的值。与传统的 if-else 语句相比，条件表达式在语法上更加简洁紧凑。

以例 3-7 为例，在 IDLE 编辑器中，新建 3-7-2.py 文件，输入以下代码并运行。

1	age = int(input()) # 获取用户输入的年龄，并将其转换为整数后赋值给变量 age
2	res = '成年人' if age >= 18 else '未成年人' # 根据年龄是否大于或等于 18，返回对应的字符串
3	print(res) # 输出判断结果

这种写法简洁且易于理解，适用于处理简单的条件判断。

例 3-9：计算 ISBN-13 条形码的校验码。首先，计算前 12 位数字的加权和：奇数位乘以 1，偶数位乘以 3。然后，将加权和除以 10，得到余数。如果余数为 0，校验码为 0；否则，校验码为 10 减去余数。

在 IDLE 编辑器中，新建 3-9.py 文件，输入以下代码并运行。

1	isbn = '978703069977' # ISBN 前 12 位
2	total = 0 # 初始化加权和为 0
3	for i, digit in enumerate(isbn): # 计算加权和
4	if i % 2 == 0: # 奇数位
5	total += int(digit)

6	else: # 偶数位
7	total += int(digit) * 3
8	remainder = total % 10
9	check_digit = 0 if remainder == 0 else 10 - remainder # 计算校验码
10	print('校验码：{}'.format(check_digit))
Out	校验码：0

3.3.3　多分支选择结构

语法格式如下：

> **if** 条件表达式 1: # 注意：冒号不能缺少，用于引导当条件 1 成立时要执行的语句块
> 　　　<语句块 1> # 当条件 1 为真时，执行该语句块
> **elif** 条件表达式 2:
> 　　　<语句块 2> # 当条件 1 为假且条件 2 为真时，执行该语句块
> …
> **elif** 条件表达式 n:
> 　　　<语句块 n> # 当条件 1~n-1 都为假且条件 n 为真时，执行该语句块
> **else:**
> 　　　<语句块 n+1> # 如果以上条件都为假时，执行该语句块

如图 3-4 所示，在 if-elif-else 结构中，只有第一个符合条件的语句块会被执行，后续的 elif 或 else 语句都将被跳过。换句话说，一旦某个条件表达式成立，程序会执行相应的语句块并跳过其后的条件判断，即使其他条件表达式为真，它们的语句块也不会被执行。

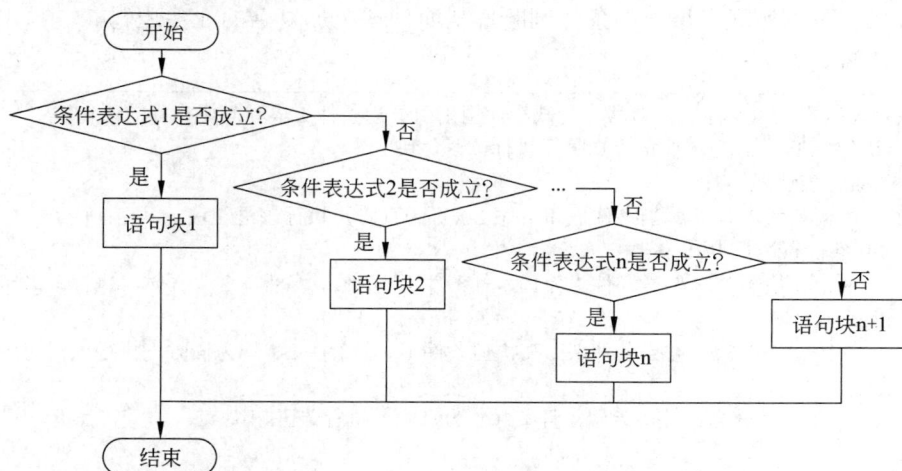

图 3-4　多分支选择结构

例 3-10： 根据输入的分数输出对应的成绩等级。
在 IDLE 编辑器中，新建 3-10.py 文件，输入以下代码并运行。

1	score = int(input()) # 获取用户输入的成绩，并将其转换为整数后赋值给变量 score
2	if score < 0 or score > 100: # 判断成绩是否在合理范围内

3	res = '输入的成绩不在合理范围内'
4	elif score >= 90:
5	res = '优秀'
6	elif score >= 80:
7	res = '良好'
8	elif score >= 70:
9	res = '中等'
10	elif score >= 60:
11	res = '及格'
12	else:
13	res = '不及格'
14	print(res)　　# 输出成绩对应的等级
In	95
Out	优秀

归纳起来，Python 的选择结构可以通过 if 语句、任意数量的 elif 语句和最多一个的 else 语句来实现。if 语句是选择结构的基础，不可或缺；elif 语句是 else if 的缩写，属于可选部分，可以包含 0 个或多个 elif 分支；else 语句同样是可选的，用于处理所有条件都不满足时的默认情况。

3.3.4　选择结构的嵌套

选择结构的嵌套是指在一个选择语句（如 if-elif-else 语句）内部再次使用选择语句。通过这种方式，可以实现多层次的条件判断，从而处理更加复杂的业务逻辑。

其语法格式如下：

```
if 条件表达式 1:  # 注意：冒号不能缺少，用于引导当条件 1 成立时要执行的语句块
    <语句块 1>  # 当条件 1 为真时，执行该语句块
    if 条件表达式 1-1:
        <语句块 1-1>  # 当条件 1 和条件 1-1 都为真时，执行该语句块
    elif 条件表达式 1-2:
        <语句块 1-2>  # 当条件 1 为真，且条件 1-1 为假、条件 1-2 为真时，执行该语句块
    else:
        <语句块 1-3>  # 当条件 1 为真，但条件 1-1 和条件 1-2 均为假时，执行该语句块
elif 条件表达式 2:
    <语句块 2>  # 当条件 1 为假，且条件 2 为真时，执行该语句块
else:
    <语句块 3>  # 当条件 1 和条件 2 均为假时，执行该语句块
```

例 3-11：输入整数，判断是否能被 2 或 3 整除。

在 IDLE 编辑器中，新建 3-11.py 文件，输入以下代码并运行。

1	num = int(input())　　# 获取用户输入，并将其转换为整数后赋值给变量 num
2	if num % 2 == 0:　　# 判断 num 是否能被 2 整除
3	if num % 3 == 0:　　# 判断 num 是否能被 3 整除

4	print(num, '能被 2 和 3 整除。')
5	else:
6	print(num, '能被 2 整除，但不能被 3 整除。')
7	else:
8	if num % 3 == 0:　 # 判断 num 是否能被 3 整除
9	print(num, '能被 3 整除，但不能被 2 整除。')
10	else:
11	print(num, '不能被 2 或 3 整除。')
In	6
Out	6 能被 2 和 3 整除。

嵌套选择结构需要严格缩进，以确保不同层级的代码块正确对齐。此外，应尽量避免过深的嵌套层次，以免代码变得难以理解和维护。因此，在逻辑设计时，可以通过优化业务逻辑或拆分复杂逻辑等方式，减少嵌套深度，从而提高代码的可读性和可维护性。

3.4　循环结构

Python 中常用的循环结构包括 for 循环和 while 循环，用于执行重复性的任务。for 循环通常用于遍历序列（如列表、元组、字符串）或其他可迭代对象，而 while 循环则适用于在满足某个条件时反复执行代码块。

3.4.1　for 循环

for 循环用于遍历列表、元组、字符串等可迭代对象中的每个元素，或者配合 range() 函数执行指定次数的重复任务，如图 3-5 所示。

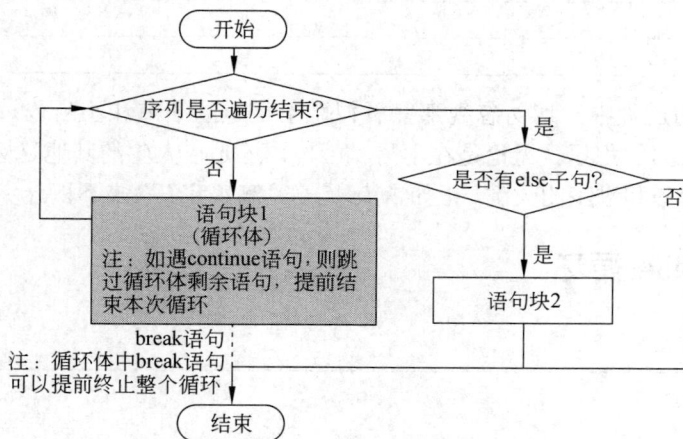

图 3-5　for 循环结构

其语法格式如下：

```
for item in iterable:
```

```
        <语句块 1>
    else:
        <语句块 2>
```

其中，item 是每次迭代时当前元素的值，iterable 是待遍历的序列，可以是列表、元组、字符串、range 对象等。

for 循环会遍历序列中的每个元素，直到遍历完成，循环正常结束后会执行 else 子句中的语句块 2。如果循环是由于碰到 break 语句而提前终止，则 else 子句不会执行。

例 3-12：for 循环示例。

1	>>>	fruits = ['apple', 'banana', 'cherry']
2	>>>	for fruit in fruits:　# 遍历列表中的元素
3	...	print(fruit)
4	...	↵
5	Out	apple
		banana
		cherry
6	>>>	for i in range(5):　# range(5)生成一个从 0 到 4 的整数序列，常用于指定循环次数
7	...	print(i, end=' ')
8	...	↵
9	Out	0 1 2 3 4

例 3-13：大学四年学习与成长的历程。

在 IDLE 编辑器中，新建 3-13.py 文件，输入以下代码并运行。

1	base = 1　# 初始值设为 1
2	for i in range(365 * 4):　# range(365*4)生成从 0 到 1459 的整数序列，表示 4 年的天数
3	base = base * (1 + 0.001)　# 每天进步一点点（0.1%）
4	print(base)
Out	4.302819417401616

在追求目标的过程中，切勿忽视那些看似微不足道的细节和小步伐。任何伟大的成就都源于日常点滴努力的积累。无论是在学习、工作，还是在人生的其他目标上，日积月累的努力和坚持才是突破和进步的关键。正如古人所言："滴水穿石"，"不积跬步，无以至千里"。

3.4.2　while 循环

语法格式如下：

```
    while 条件表达式:
        <语句块 1>
    else:
        <语句块 2>
```

如图 3-6 所示，while 循环会在条件表达式的值等价于 True 时不断重复执行语句块 1，直到条件表达式的值等价于 False，此时循环正常结束，并执行 else 子句中的语句块 2。如果循环是由于碰到 break 语句而提前终止，则 else 子句则不会执行。

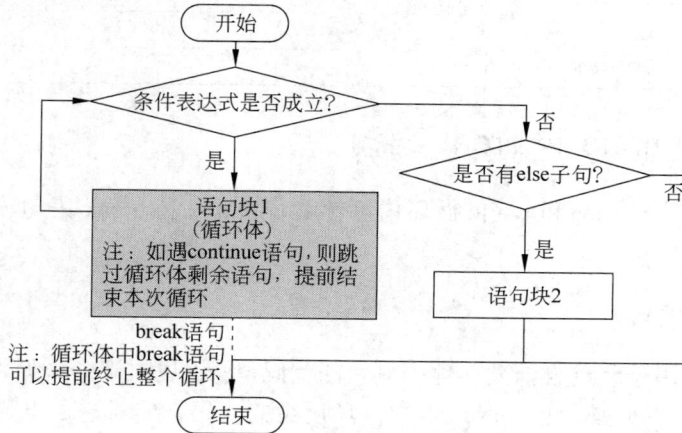

图 3-6　while 循环结构

例 3-14：计算 1～100 的总和。

在 IDLE 编辑器中，新建 3-14.py 文件，输入以下代码并运行。

1	total = 0　# 初始化总和 total 为 0
2	i = 1　# 从 1 开始遍历
3	while i <= 100:　# 当 i 小于或等于 100 时，执行循环体
4	total += i　# 将当前的 i 加到 total 上，等价于 total = total + i
5	i += 1　# 将 i 增加 1，计算下一项
6	print(total)　# 输出累加结果
Out	5050

例 3-15：猜数字游戏。

在 IDLE 编辑器中，新建 3-15.py 文件，输入以下代码并运行。

1	import random　# 导入 random 模块，用于生成随机数
2	
3	target = random.randint(10, 99)　# 生成一个随机的两位数作为目标数字
4	count = 1　# 初始化猜测次数
5	guess = int(input('请输入两位整数：'))　# 获取用户输入并转换为整数后赋值给变量 guess
6	while guess != target:　# 循环直到猜对为止
7	if guess < target:　# 猜测小了
8	print('你输入的数字小了，再试试！')
9	else:　# 猜测大了
10	print('你输入的数字大了，再试试！')
11	guess = int(input('请输入两位整数：'))　# 获取下一次猜测
12	count += 1　# 猜测次数加 1
13	print('恭喜你，猜对了！你一共猜了', count, '次。')　# 猜对后输出结果
In	请输入两位整数：54
Out	你输入的数字大了，再试试！

In	请输入两位整数：31
Out	你输入的数字小了，再试试！
In	请输入两位整数：42
Out	恭喜你，猜对了！你一共猜了 3 次。

3.4.3　continue 和 break 语句

在 Python 中，for 循环和 while 循环均可使用 continue 和 break 语句，以便更灵活地控制循环的执行流程。

1．continue 语句

continue 语句用于跳过当前循环体中剩余的代码，马上进入下一次循环的条件判断。它不会终止整个循环，而是让程序跳过本次循环后续的代码，然后进入下一次循环。通常在满足特定条件时使用，以跳过不需要处理的情况。

例 3-16：打印 1 到 10 之间的所有奇数。

在 IDLE 编辑器中，新建 3-16.py 文件，输入以下代码并运行。

1	for i in range(1, 11):　# 遍历从 1 到 10 的所有整数
2	if i % 2 == 0:　# 如果 i 是偶数
3	continue　# 跳过后续的代码即 print 语句，马上进入下一次循环
4	print(i, end=' ')
Out	1 3 5 7 9

在例 3-16 中，当 i 为偶数时，continue 语句会被执行，从而跳过循环体中后续的 print(i) 语句，提前结束本次循环并直接进入下一次循环。因此，程序最终只会打印出奇数。

2．break 语句

break 语句用于提前终止其所在的循环，立即跳出该循环体。一旦 break 语句被执行，不管循环条件是否满足，当前循环将立即结束，程序将继续执行循环之后的代码。

例 3-17：输入一个整数，判断其是否为素数（素数是大于 1 且仅能被 1 和自身整除的自然数）。

在 IDLE 编辑器中，新建 3-17.py 文件，输入以下代码并运行。

1	n = int(input())　# 获取用户输入，并将其转换为整数后赋值给变量 n
2	res = True　# 初始化结果变量 res，不妨先假设 n 是素数
3	if n <= 1:　# 判断 n 是否小于或等于 1
4	res = False　# 若是，则它不是素数
5	else:
6	# 只需检查到 $\sqrt{n}$，因为一个大于 $\sqrt{n}$ 的因子必然存在一个小于 $\sqrt{n}$ 的因子与之对应
7	for i in range(2, int(n**0.5) + 1):　# i 从 2 开始遍历到 $\sqrt{n}$
8	if n % i == 0:
9	res = False　# 如果 n 能被 i 整除，则 n 不是素数

10	break　# 找到因子后可以提前结束循环，以提高效率
11	if res:　# 根据 res 的值，输出判断结果
12	print('{}是素数'.format(n))
13	else:
14	print('{}不是素数'.format(n))
In	197
Out	197 是素数

在 Python 中，无限循环（也称为死循环）是指一个永远不会自动终止的循环，除非通过外部操作（如手动停止）或循环内部的控制语句（如 break 语句）来打断。无限循环通常用于需要持续运行的程序，例如服务程序、事件监听、定时轮询等。

例 3-18：使用 while 或 for 创建无限循环。

在 IDLE 编辑器中，新建 3-18.py 文件，输入以下代码并运行。

示例一：

| 1 | while True: |
| 2 | print('这是一个无限循环') |

示例二：

| 1 | for _ in iter(int, 1):　# iter(int, 1)会返回一个无限的迭代器 |
| 2 | print('这也是一个无限循环') |

示例三：

1	i = 0　# 初始化计数器 i
2	while i <= 100:　# 当 i 小于或等于 100 时，重复执行循环体
3	if i == 10:
4	continue　# 当 i 等于 10 时，跳过本次循环后续的代码，马上进入下一次循环
5	i += 1　# 计数器自增 1

例 3-19：计算阶乘并演示如何使用 break 语句跳出无限循环。

在 IDLE 编辑器中，新建 3-19.py 文件，输入以下代码并运行。

1	n = int(input())　# 获取用户输入，并将其转换为整数后赋值给变量 n
2	fac, i = 1, 1　# 阶乘和计数器的初始值均设为 1
3	while True:　# 循环条件始终为真，因此循环会无限执行下去
4	fac *= i　# 累乘，等价于 fac = fac * i
5	i += 1
6	if i > n:　# 当 i 大于 n 时，执行 break 语句终止循环
7	break
8	print(fac)
In	5
Out	120

例 3-20：编写程序，持续接收用户输入并回显，输入 exit 时自动终止。

在 IDLE 编辑器中，新建 3-20.py 文件，输入以下代码并运行。

```
while True:
    txt = input()  # 获取用户输入的字符串
    if txt == 'exit':  # 当用户输入 exit 时
        break  # 结束无限循环
    else:
        print(txt)  # 显示用户输入的内容
```

如果死循环没有终止条件，它可能导致程序持续运行，占用大量 CPU 资源，从而影响系统性能。在某些情况下，死循环还可能导致程序崩溃或引发内存泄漏。因此，在编写代码时，应避免创建没有终止条件的死循环，或确保有适当的机制可以中断它。

3.4.4　else 语句

for 循环和 while 循环后可以附加一个 else 子句。只有当循环正常结束（即没有因为碰到 break 语句提前终止）时，else 子句中的语句块才会执行。

注意：else 子句中的语句块并不属于循环体，而是与循环的控制结构密切相关。

例 3-21：输出 200 以内的最大素数。

在 IDLE 编辑器中，新建 3-21.py 文件，输入以下代码并运行。

```
for n in range(200, 1, -1):  # 逐个检查[200, 2]范围内的每个数是否为素数
    for i in range(2, int(n**0.5) + 1):  # 检查 n 是否能被[2,√n]范围内的任何数整除
        if n % i == 0:  # 如果 n 能被 i 整除，说明 n 不是素数
            break  # 提前终止内层循环，此时 else 子句中的语句块不会执行
    else:  # 如果内层循环是正常结束的，说明没有找到 n 的任何因子，即 n 是素数
        print(n)  # 输出最大素数
        break  # 找到最大素数后，通过 break 语句提前终止外层循环
```

```
Out 199
```

在例 3-21 中，外层 for 循环从 200 开始，向下遍历到 2，逐个检查每个整数是否为素数。内层 for 循环用于检查当前数字 n 是否存在除 1 和 n 以外的因子。如果找到因子（即 n % i 等于 0），说明 n 不是素数，内层循环会通过 break 语句提前结束，直接进入外层循环的下一次循环。如果内层循环没有被 break 语句终止，意味着没有找到 n 的任何因子，说明 n 是素数，内层循环会正常结束，接着执行内层 for 循环的 else 子句中的语句块，输出 n 并通过 break 语句提前结束外层循环。

🔑 3.5　异常处理

异常（Exception）是指程序执行过程中发生的错误，通常会造成程序中断或产生不正确的结果。Python 提供了强大的异常处理机制，允许开发者在错误发生时将其捕获并妥善处理，从而确保程序的稳定性和持续运行。

3.5.1　异常类型

Python 中的异常种类繁多，常见的异常类型及其功能描述如表 3-1 所示。

表 3-1　常见的异常类型及其功能描述

异常类型	功能描述
SyntaxError	语法错误，表示代码的语法不符合 Python 语言的规则，通常在程序的解析阶段就会被检测到，比如写错关键字、遗漏括号等
IndentationError	缩进错误，通常在代码块的缩进不正确时会抛出该异常
TypeError	类型错误，表示操作数的类型与操作不匹配，例如在对字符串和数字进行加法运算时，就会抛出该异常
ValueError	值错误，通常发生在传递给函数的参数值不符合预期的情况，例如将无法转换为整数的字符串传递给 int()函数时，就会抛出该异常
IndexError	索引错误，在访问序列（如列表、元组、字符串等）时，使用的索引超出了序列的有效范围，就会抛出该异常
KeyError	键错误，在访问字典中不存在的键时会抛出该异常
AttributeError	属性错误，在尝试访问对象不存在的属性或方法时会抛出该异常
ZeroDivisionError	除零错误，在尝试进行除法操作且除数为零时会抛出该异常
FileNotFoundError	文件未找到错误，在尝试打开一个不存在的文件时会抛出该异常
ImportError	导入错误，当模块或模块中的某个函数、类无法导入时会抛出该异常
OverflowError	溢出错误，通常发生在进行算术运算时，运算结果超出了数据类型所能表示的范围
MemoryError	内存错误，当程序尝试使用的内存超过了系统可用的内存资源时会抛出该异常
RecursionError	递归错误，通常发生在递归调用的深度超过了递归深度限制，导致程序无法继续执行下去。Python 中默认递归深度限制是 1000 次，超过这个深度会抛出该异常
Exception	BaseException 的子类，能够捕获大多数常见的错误和异常，但不包括 SystemExit、KeyboardInterrupt 和 GeneratorExit 等系统级别的异常
BaseException	所有内建异常类的基类，理论上可以用于捕获所有类型的异常。然而，通常不建议直接捕获 BaseException，除非有特殊的需求

这些异常类型有助于识别和处理程序中的各种错误，从而提高代码的鲁棒性和可维护性。有关异常的示例，请参见本书 1.4.3 节。

3.5.2　异常处理

在程序运行过程中，若出现异常，不仅需要捕获该异常，还需根据异常的具体原因判断其类型，并制定相应的处理方案，以确保程序能够继续稳定运行。Python 提供了 try-except 语句、else 子句和 finally 子句来处理异常，这使得异常处理更加灵活和完善。

其语法格式如下：

```
try:
    <语句块 1>   # 放置可能会引发异常的代码
except 异常类型 1:
    <语句块 2>   # 当发生类型 1 异常时，执行该语句块
```

```
...
except 异常类型 n:
    <语句块 n+1>   # 当发生类型 n 异常时，执行该语句块
else:
    <语句块 n+2>   # 如果 try 块中没有发生任何异常，则执行该语句块
finally:
    <语句块 n+3>   # 无论 try 块是否发生异常，都会执行该语句块
```

try 块的作用是包裹可能会引发异常的代码，若 try 块中引发异常，则 Python 会按照 except 子句的排列顺序逐个检查，一旦找到与该异常类型匹配的 except 子句，就会执行该子句中的语句块，并且不会再去检查后续的 except 子句，同时也跳过 else 子句；若 try 块中没有引发任何异常，程序会跳过所有的 except 子句，直接执行 else 子句中的语句块。

无论 try 块中是否发生异常，也无论异常是否已被 except 子句捕获，finally 子句中的语句块都会被执行。它通常用于执行一些清理操作，如关闭文件、释放资源等。

注意：try 语句必须与 except 子句或者 finally 子句配合使用。

例 3-22：输入整数索引，返回字符串"ABCDEFGHIJKLMNOPQRSTUVWXYZ"中对应的字符。

在 IDLE 编辑器中，新建 3-22.py 文件，输入以下代码并运行。

1	chars = 'ABCDEFGHIJKLMNOPQRSTUVWXYZ'
2	try:
3	n = int(input('请输入字符的索引：')) # 获取用户输入，并将其转换为整数后赋值给变量 n
4	print(f'{chars[n]}') # 使用 f 字符串输出指定索引的字符
5	except ValueError:
6	print('值错误：索引必须是合法的整数')
7	except IndexError:
8	print('索引错误：索引超出有效范围[0, 25]')
9	except Exception as e:
10	print('其他错误：', e) # 捕获所有其他异常并打印错误信息
11	else:
12	print('try 语句块没有发生异常') # 如果没有发生异常，执行该语句块
13	finally:
14	print('程序执行完毕') # 无论是否发生异常，都会执行该语句块

请运行上述程序，分别输入以下值：5、3.14 和 100，并观察程序的运行结果及其差异。

🔑 3.6   经典案例解析

例 3-23：打印九九乘法表。

在 IDLE 编辑器中，新建 3-23.py 文件，输入以下代码并运行。

1	for i in range(1, 10): # 遍历 1 到 9 的数字作为行数
2	for j in range(1, i + 1): # 遍历 1 到 i 的数字作为列数

3	# 打印乘法公式，使用 str.format()格式化输出，'{:<3d}'确保乘积左对齐且占 3 个字符宽度
4	print('{} * {} = {:<3d}'.format(i, j, i * j), end='')
5	print()　# 每输出一行后换行，end 参数默认为换行符\n

例 3-24： 输出所有各位数字不同的三位数。

基础解法： 在 IDLE 编辑器中，新建 3-24-1.py 文件，输入以下代码并运行。

1	digits = range(10)　# 生成 0~9 的整数序列
2	for i in digits:　#i 为百位数，从 0 开始遍历到 9
3	if i == 0:
4	continue　# 百位数不能是 0，跳过此情况，通过 continue 语句提前结束本次循环
5	for j in digits:　#j 为十位数，从 0 开始遍历到 9
6	if j == i:
7	continue　# 十位数不能与百位数相同，跳过此情况
8	for k in digits:　#k 为个位数，从 0 开始遍历到 9
9	if k in (i, j):
10	continue　# 个位数不能与百位数或十位数相同，跳过此情况
11	print(i, j, k, sep='')　# 输出符合条件的三位数

高级解法： 在 IDLE 编辑器中，新建 3-24-2.py 文件，输入以下代码并运行。

1	for num in range(100, 1000):　# 遍历所有三位数
2	# 将数字转换为集合，检查各位数字是否均不相同
3	set_num = set(str(num))　# 先将数字转换为字符串，再将字符串转换为集合
4	if len(set_num) == 3:　# 集合会自动去重，若去重后集合长度为 3，则表示数字各位均不相同
5	print(num)　# 输出符合条件的三位数

例 3-25： 从键盘输入一个字符串 s，对其进行加密。加密规则如下：对于英文大小写字母，每个字母向后循环移动 6 位（例如：A 变成 G，B 变成 H，…，Z 变成 F；a 变成 g，b 变成 h，…，z 变成 f）；其他字符保持不变。

测试样例：

> 请输入字符串进行加密：I love China.
> 加密后的字符串：O rubk Inotg.

注： 每个字符在计算机中都对应着一个特定的 ASCII 码值，可以使用 **ord**()函数来查询该值。例如，ord('0') = 48，ord('1') = 49，ord('A') = 65，ord('B') = 66，ord('a') = 97，ord('b') = 98，以此类推。反过来，可以使用 **chr**()函数将一个 ASCII 码值转换为与之对应的字符。例如，chr(48)返回'0'，chr(65)返回'A'，chr(97)返回'a'，等等。

在 IDLE 编辑器中，新建 3-25.py 文件，输入以下代码并运行。

1	s = input('请输入字符串进行加密：')　# 获取用户输入的字符串
2	encrypted_s = ''　# 存储加密后的字符串，初始值设为空字符串
3	for char in s:　# 遍历输入字符串 s 中的各个字符
4	if 'A' <= char <= 'Z':　# 若 char 是大写字母，向后循环移动 6 位
5	encrypted_s += chr((ord(char) - ord('A') + 6) % 26 + ord('A'))

6	elif 'a' <= char <= 'z':　# 若 char 是小写字母，向后循环移动 6 位
7	encrypted_s += chr((ord(char) - ord('a') + 6) % 26 + ord('a'))
8	else:
9	encrypted_s += char　# 其他字符保持不变，直接添加到加密后的字符串中
10	print('加密后的字符串：{}'.format(encrypted_s))
In	请输入字符串进行加密：I love China.
Out	加密后的字符串：O rubk Inotg.

例 3-26：利用莱布尼茨公式 $\dfrac{\pi}{4}=1-\dfrac{1}{3}+\dfrac{1}{5}-\dfrac{1}{7}+\dfrac{1}{9}-\dfrac{1}{11}+\cdots$ 来计算 π，并将结果精确到小数点后七位。

延伸阅读：祖冲之（429 年—500 年），字文远，我国伟大的数学家和天文学家。他运用精妙的割圆术，将圆周率的计算精确到小数点后 7 位，这一成就堪称非凡，直至千年之后，阿拉伯数学家阿尔·卡西才打破这一纪录。

在 IDLE 编辑器中，新建 3-26.py 文件，输入以下代码并运行。

1	pi = 0　# 存储 π/4 的近似值
2	i = 0　# 迭代次数
3	while True:　# 迭代计算莱布尼茨公式的每一项，直到精度满足要求
4	term = (-1)**i / (2 * i + 1)　# 计算莱布尼茨公式的当前项
5	pi += term　# 累加当前项到 pi 中
6	if abs(term) < 10**(-8):　# 如果当前项的绝对值小于给定精度 10^{-8}，则停止迭代
7	break　# 通过 break 语句跳出循环
8	i += 1　# 迭代次数加 1，继续下一次迭代
9	pi *= 4　# 计算最终的π值
10	print('{:.7f}'.format(pi))　# 输出结果，保留小数点后 7 位
Out	3.1415927

梅钦公式（Machin-like formula）是一类用于高效计算圆周率 π 的数学公式，基于反正切函数的级数展开。最著名的梅钦公式由英国数学家约翰·梅钦（John Machin）于 1706 年提出，其经典形式为：

$$\pi = 16 \cdot \arctan\left(\frac{1}{5}\right) - 4 \cdot \arctan\left(\frac{1}{239}\right)$$

反正切函数 arctan(x)的泰勒级数展开式为：

$$\arctan(x) = x - \frac{x^3}{3} + \frac{x^5}{5} - \frac{x^7}{7} + \cdots$$

通过梅钦公式，可以逐项计算反正切函数的级数，从而高效地逼近圆周率π。与莱布尼茨公式相比，梅钦公式具有更快的收敛速度，因此它成为了计算圆周率的更高效、实用的方法。时至今日，梅钦公式及其变种仍然是圆周率计算的重要工具之一。

🔑 本章习题

3.1　以下选项不属于程序流程图基本元素的是（　　　）。

　　A．循环框　　　　　B．连接点　　　　　C．判断框　　　　　D．起止框

3.2　关于结构化程序设计所要求的基本结构，以下选项中描述错误的是（　　　）。

　　A．顺序结构　　　　　　　　　　　B．选择（分支）结构

　　C．goto 跳转　　　　　　　　　　　D．重复（循环）结构

3.3　以下关于程序控制结构描述错误的是（　　　）。

　　A．分支结构包括单分支结构和二分支结构

　　B．二分支结构组合形成多分支结构

　　C．程序由三种基本结构组成

　　D．Python 里，能用分支结构写出循环的算法

3.4　关于 Python 的分支结构，以下选项中描述错误的是（　　　）。

　　A．分支结构使用 if 保留字

　　B．Python 中 if-else 语句用来形成二分支结构

　　C．Python 中 if-elif-else 语句描述多分支结构

　　D．分支结构可以向已经执行过的语句部分跳转

　　E．单分支结构是用 if 保留字判断满足一个条件，就执行相应的处理代码

3.5　以下关于循环结构的描述，错误的是（　　　）（多选题）。

　　A．遍历循环使用 for <循环变量> in <循环结构>语句，其中循环结构不能是文件

　　B．使用 range()函数可以指定 for 循环的次数

　　C．for i in range(5)表示循环 5 次，i 的值是从 0 到 4

　　D．用字符串做循环结构的时候，循环的次数是字符串的长度

　　E．遍历循环的循环次数由遍历结构中的元素个数来体现

　　F．非确定次数的循环的次数是根据条件判断来决定的

　　G．非确定次数的循环用 while 语句来实现，确定次数的循环用 for 语句来实现

　　H．遍历循环对循环的次数是不确定的

3.6　以下关于分支和循环结构的描述，错误的是（　　　）。

　　A．Python 在分支和循环语句里使用例如 x <= y <= z 的表达式是合法的

　　B．分支结构中的代码块是用冒号来标记的

　　C．while 循环如果设计不小心会出现死循环

　　D．二分支结构的<表达式 1> if <条件> else <表达式 2>形式，适合用来控制程序分支

3.7　若有 ls = [1, 2, 3, 4, 5, 6]，以下关于循环结构的描述，错误的是（　　　）。

　　A．表达式 for i in range(len(ls))的循环次数跟 for i in ls 的循环次数是一样的

　　B．表达式 for i in range(len(ls))的循环次数跟 for i in range(0, len(ls))的循环次数是一样的

　　C．表达式 for i in range(len(ls))的循环次数跟 for i in range(1, len(ls) + 1)的循环次数是一样的

D. 表达式 for i in range(len(ls)) 跟 for i in ls 的循环中，i 的值是一样的

3.8 用户输入整数的时候不合规导致程序出错，为了不让程序异常中断，需要用到的语句是（   ）。

　　A. if 语句　　　　B. eval 语句　　　　C. 循环语句　　　　D. try-except 语句

3.9 关于程序的异常处理，以下选项中描述错误的是（   ）。

　　A. 程序异常发生经过妥善处理可以继续执行

　　B. 异常语句可以与 else 和 finally 保留字配合使用

　　C. 编程语言中的异常和错误是完全相同的概念

　　D. Python 通过 try、except 等保留字提供异常处理功能

3.10 在 Python 中要交换变量 a 和 b 中的值，应使用的语句组是（   ）。

　　A. a, b = b, a　　　　　　　　　　B. a = c; a = b; b = c

　　C. a = b; b = a　　　　　　　　　　D. c = a; b = a; b = c

3.11 以下程序的输出结果是（   ）。

```
a = 30
b = 1
if a >= 10: a = 20
elif a >= 20: a = 30
elif a >= 30: b = a
else: b = 0
print('a={}, b={}'.format(a, b))
```

　　A. a=30, b=1　　B. a=30, b=30　　C. a=20, b=20　　D. a=20, b=1

3.12 以下程序的输出结果是（   ）。

```
t = 'Python'
print(t if t >= 'python' else 'None')
```

　　A. Python　　　　B. python　　　　C. t　　　　　　D. None

3.13 以下程序的输出结果是（   ）。

```
for num in range(6):
    pass
print(num)
```

　　A. 5　　　　　　B. 6　　　　　　C. 7　　　　　　D. 死循环

3.14 以下程序的输出结果是（   ）。

```
chs = "|'\'-'|"
for i in range(6):
    for ch in chs[i]:
        print(ch, end='')
```

　　A. |'\'-'　　　　　B. |\-|　　　　　C. "|'-'|"　　　　D. |'-'|

3.15 以下程序的输出结果是（   ）。

```
for i in reversed(range(10, 0, -2)):
    print(i, end=' ')
```

    A. 0 2 4 6 8 10   B. 12345678910

    C. 9 8 7 6 5 4 3 2 1 0   D. 2 4 6 8 10

3.16　以下程序的输出结果是（　　）。

```
for s in 'HelloWorld':
    if s == 'W':
        continue
    print(s, end='')
```

    A. Hello   B. World   C. HelloWorld   D. Helloorld

3.17　以下程序的输出结果是（　　）。

```
x = 10
while x:
    x -= 1
    if not x % 2:
        print(x, end='')
    else:
        print(x)
```

    A. 86420   B. 975311   C. 97531   D. 864200

3.18　执行以下程序，输入"95python27"，输出结果是（　　）。

```
txt = input("请输入数字和字母构成的字符串：")
for x in txt:
    if '0' <= x <= '9':
        continue
    else:
        txt.replace(x, '')
print(txt)
```

    A. python9527   B. python   C. 95python27   D. 9527

3.19　执行以下程序，输入"qp"，输出结果是（　　）。

```
k = 0
while True:
    s = input('请输入 q 退出：')
    if s == 'q':
        k += 1
        continue
    else:
        k += 2
        break
print(k)
```

  A．2   B．请输入 q 退出：C．3   D．1
3.20 执行以下程序，输入 "la"，输出结果是（   ）。

```
la = 'python'
try:
    s = eval(input('请输入整数：'))
    ls = s * 2
    print(ls)
except:
    print('请输入整数')
```

  A．la   B．请输入整数   C．pythonpython   D．python
3.21 编写程序，输入一行字符串，统计其中英文字母、空格、数字和其他字符的数量。
3.22 商场降价促销活动：如果消费金额不超过 200 元，提供 10%折扣；超过 200 元提供
      20%折扣。编写程序，输入消费金额，计算并输出折扣后的应付金额。
3.23 编写程序，输入整数 n，输出从 1 到 n 的所有偶数。
3.24 编写程序，使用 range()函数，计算并输出 1 到 100 之间所有奇数的和。
3.25 编写程序，输入整数 n，统计并显示所有小于或等于 n 的双胞胎素数。若两个素数之
      间的差为 2，则这对素数称为双胞胎素数。例如，3 和 5 就是一对双胞胎素数。
3.26 编写程序，输入一行字符串，逐个处理字符串中的每一个字符：前三个字符的 ASCII
      码值增加 2，从第四个字符开始，ASCII 码值增加 3，输出修改后的字符串。
3.27 编写程序，输入两个数字，计算它们的除法结果，并处理除数为零等异常情况。

第4章

组合数据类型

本章学习目标：

- 熟练掌握列表、元组、字典、集合和字符串的基本操作；
- 理解加法运算符（＋）在列表、元组和字符串中的连接作用；
- 理解乘法运算符（＊）在列表、元组和字符串中的重复作用；
- 掌握列表、元组和字符串的比较原理；
- 理解集合运算的原理及相关运算符的使用；
- 理解 map()、filter()、zip()和 enumerate()函数的工作机制；
- 理解列表推导式、字典推导式和集合推导式的原理及其应用。

🔑 4.1 概述

在 Python 中，组合数据类型（也称为复合数据类型）是指能够存储多个值的数据类型。这些数据类型通常可以包含不同类型的元素（即数据项），并支持嵌套其他数据类型。常见的组合数据类型包括：序列类型（如列表、元组、字符串）、映射类型（如字典）以及集合类型（如集合 set、冻结集合 frozenset）。

$$组合数据类型 \begin{cases} 序列类型：列表 list、元组 tuple、字符串 str \\ 映射类型：字典 dict \\ 集合类型：集合 set、冻结集合 frozenset \end{cases}$$

如表 4-1 所示，序列类型是有序的，可以通过索引访问其中的元素；映射类型是有序的，以键值对形式存储数据，其中键是唯一的，可以通过键访问对应的值；集合类型则是无序的、不重复的数据集合。

表 4-1 序列、映射和集合类型的特性

组合数据类型	序列类型			映射类型	集合类型	
	列表 list	元组 tuple	字符串 str	字典 dict	集合 set	冻结集合 frozenset
有序/无序	有序	有序	有序	有序	无序	无序
支持索引	√	√	√	×	×	×
支持切片	√	√	√	×	×	×
支持键访问	×	×	×	√	×	×
支持遍历	√	√	√	√	√	√
可变/不可变	可变	不可变	不可变	可变	可变	不可变
元素唯一性	可重复	可重复	可重复	键唯一	不可重复	不可重复
创建方式	[]或 list()	()或 tuple()	'...'或 str()	{Key: value}	{}或 set()	frozenset()

1. 索引

在序列类型中，每个元素都有一个对应的位置值，称为索引。Python 支持两种索引方式：正向索引和反向索引，如图 4-1 所示。正向索引从左到右递增，起始索引为 0，依次递增，例如，第一个元素的索引为 0，第二个元素的索引为 1，以此类推；反向索引则从右到左递减，最后一个元素的索引为-1，倒数第二个元素的索引为-2，以此类推。

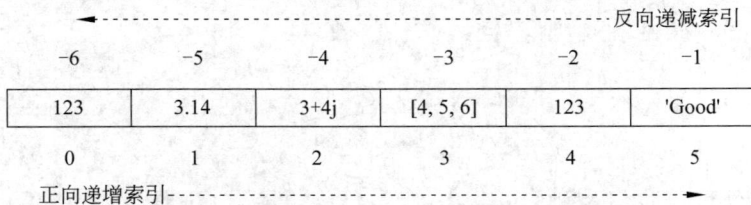

图 4-1 正向索引和反向索引示意图

2. 切片

切片（slice）是从序列类型（如列表、元组、字符串等）中提取子序列的一种操作。切片表达式的基本语法如下：

```
seq[start:end:step]
```

参数说明：

- start：表示切片的起始索引。如果该参数大于右端索引，则从右端开始取值；如果小于左端索引，则从左端开始取值；如果省略该参数，则默认从序列的"起点"开始取值。起点的选择（从左端或右端）取决于 step 参数的正负（正值表示从左端开始，负值表示从右端开始）。
- end：表示切片的结束索引。如果该参数大于右端索引，则表示取值到序列的右端（包含右端元素）；如果小于左端索引，则表示取值到序列的左端（包含左端元素）；如果省略该参数，则表示取值到序列的"终点"（包含终点元素）。同样，终点的选择（左端或右端）取决于 step 参数的正负（正值表示取到右端，负值表示取到左端）。如果 end 在序列的有效范围内，则取值时不包括该索引的元素。
- step：表示切片的步长，默认值为 1。步长的绝对值决定了取值的间隔，而步长的正负则决定了切片的方向。正值表示从左到右取值（正向切片），负值表示从右到左取值（反向切片）。

切片操作的原则如下。

（1）明确切片的方向：根据步长（step）的正负值确定切片的方向。

（2）判断切片方向与起止索引的关系如下。

- 如果切片方向与起止索引的变化不一致，则无法提取任何数据，返回空序列。
- 如果切片方向与起止索引的变化一致，则从起始索引开始，按步长依次提取数据。如果省略了起始或结束索引，则根据切片方向推断起止位置应当是序列的左端还是右端。

常见的切片操作如表 4-2 所示，这里假设 lst = [0, 1, 2, 3, 4, 5]。

表 4-2　常见的切片操作

切片表达式	结果	说明
lst[0]	0	获取索引为 0 的元素。正向索引，从左到右，索引从 0 开始依次递增
lst[-1]	5	获取索引为-1 的元素。反向索引，从右到左，索引从-1 开始依次递减
lst[2:5]	[2, 3, 4]	从索引 2 到索引 5（不含 5）的正向切片，步长默认为 1，切片方向与起止索引变化一致
lst[-1:3:-1]	[5, 4]	从索引-1 到索引 3（不含 3）的反向切片，步长为-1，切片方向与起止索引变化一致
lst[5:2]	[]	从索引 5 到索引 2（不含 2）的反向切片，步长默认为 1，切片方向与起止索引变化不一致，返回空列表

续表

切片表达式	结果	说明
lst[-1:-6]	[]	从索引-1 到索引-6（不含-6）的反向切片，步长默认为 1，切片方向与起止索引变化不一致，返回空列表
lst[1:5:-1]	[]	从索引 1 到索引 5（不含 5）的正向切片，步长为-1，切片方向与起止索引变化不一致，返回空列表
lst[0:-6:-1]	[]	从索引 0 到索引-6（不含-6）的反向切片，步长为-1，起止索引相同且不包含结束索引对应的元素，返回空列表
lst[:4:-1]	[5]	起始索引省略，步长为-1，从索引 5（即起点）到索引 4（不含 4）的反向切片
lst[1::-1]	[1, 0]	结束索引省略，步长为-1，从索引 1 到索引 0（含 0，即终点）的反向切片
lst[-4::-1]	[2, 1, 0]	结束索引省略，步长为-1，从索引-4 到索引 0（含 0，即终点）的反向切片
lst 或 **lst[::]** 或 **lst[::1]**	[0, 1, 2, 3, 4, 5]	起止索引省略，步长默认为 1，从索引 0（即起点）到索引 5（含 5，即终点）的正向切片，返回列表正序，也称为完整切片
lst[::2] 或 lst[:10:2]	[0, 2, 4]	步长为 2，正向切片，取值间隔为 2。如果结束索引大于"终点"索引，则取值到"终点"（包含终点）
lst[::-1] 或 lst[:-10:-1]	[5, 4, 3, 2, 1, 0]	步长为-1，反向切片。起始索引省略，从索引 5（即起点）到索引 0（含 0，即终点）的反向切片，返回列表逆序
lst[::-2] 或 lst[10::-2]	[5, 3, 1]	步长为-2，反向切片，取值间隔为 2。如果结束索引大于"终点"索引，则取值到"终点"（包含终点）
lst[::-1][-2:]	[1, 0]	多层切片，首先将列表逆序，再从索引-2 到索引 5（含 5，即终点）正向切片
lst[0:2][::-1]	[1, 0]	多层切片，首先从索引 0 到索引 2（不含 2）正向切片，再将结果逆序
lst[0:2][::-1][0:1]	[2]	多层切片，首先从索引 0 到索引 2（不含 2）正向切片，再将其逆序，最后从索引 0 到索引 1（不含 1）正向切片

🔑 4.2　列表

列表（list）是一种有序且可变的数据类型。列表中的元素可以是不同的数据类型，并且元素的值可以重复。它支持索引、切片以及增、删、改、查等多种操作，方便灵活地处理数据。

4.2.1　列表的创建

创建列表主要有如下两种方法。

（1）直接使用方括号：将零个或多个元素用逗号分隔，并放置在一对方括号内，即可创建列表。例如：x = []、y = [1, '2', 3j]。

（2）使用内置函数 list([object])：list()函数可以将任意的可迭代对象（如字符串、元组、字典、集合、range 对象等）转换为列表，并返回转换后的结果。如果不传入参数，则 list()

函数会创建一个空列表。需要注意的是，list()函数传入的参数必须是可迭代对象。

例 4-1：创建列表后，请使用 print()函数输出。

1	>>>	lst = [] # 直接使用一对空的方括号创建空列表
2	>>>	lst = [1, 3.14, 'Hello', [1, 2, 3]] # 可以包含不同数据类型的元素，也支持嵌套列表
3	>>>	for i in lst: # 遍历列表并打印元素
4	...	print(i)
5	...	↵
6	Out	1 3.14 Hello [1, 2, 3]
7	>>>	lst = [1, 2] * 2 # 使用运算符*重复列表元素，lst = [1, 2, 1, 2]
8	>>>	lst = [1, 2] + [2, 3] # 使用运算符+连接两个列表，lst = [1, 2, 2, 3]
9	>>>	lst = list() # 调用 list()函数，创建一个空列表
10	>>>	lst = list('OK') # 将字符串转换为列表，lst = ['O', 'K']
11	>>>	lst = list(('Good', 'Job')) # 将元组转换为列表，lst = ['Good', 'Job']
12	>>>	dic = {'中国': '北京', '美国': '华盛顿', '日本': '东京'}
13	>>>	lst = list(dic) # 将字典的键转换为列表，lst = ['中国', '美国', '日本']
14	>>>	lst = list(dic.keys()) # 将字典的键转换为列表，lst = ['中国', '美国', '日本']
15	>>>	lst = list(dic.values()) # 将字典的值转换为列表，lst = ['北京', '华盛顿', '东京']
16	>>>	lst = list(dic.items()) # 将字典的键值对转换为列表
17	>>>	# lst = [('中国', '北京'), ('美国', '华盛顿'), ('日本', '东京')]
18	>>>	lst = list({1, 'OK', 9}) # 将集合转换为列表
19	>>>	# lst = ['OK', 1, 9]，集合的无序性导致列表中元素顺序的不确定
20	>>>	lst = list(range(5)) # 将 range 对象转换为列表，lst = [0, 1, 2, 3, 4]
21	>>>	lst = list(map(int, [23.9, 38.2])) # 将 map 对象转换为列表，lst = [23, 38]
22	>>>	lst = list(map(lambda x: x ** 2, [1, 2, 3]))
23	>>>	# lst = [1, 4, 9]，map()函数将 lambda 函数应用于列表中的每个元素，求其平方，再转换为新列表

4.2.2 列表的增删改查

列表的常用方法及其功能描述如表 4-3 所示。

表 4-3 列表的常用方法及其功能描述

列表方法	功能描述
append(object)	将一个元素添加到列表末尾。该方法会直接修改原列表，无返回值
extend(iterable)	将一个可迭代对象中的所有元素逐个添加到列表末尾。与之不同的是，append()方法则将传入的整个对象作为一个独立的元素添加到列表末尾
insert(index, object)	在指定索引位置插入元素，该位置及之后的元素将自动后移。如果索引超出列表的有效范围，元素将被添加到列表末尾
remove(value)	移除列表中第一个匹配到的指定元素。如果指定元素不存在，则抛出 ValueError 异常

续表

列表方法	功能描述
pop(index=-1)	移除并返回列表中指定索引位置的元素（默认是最后一个）。如果索引越界或列表为空，则抛出 IndexError 异常
clear()	清空列表中的所有元素，列表将变为空列表
index(value, start=0, stop=9223372036854775807)	返回列表中指定范围内第一次匹配到的指定元素的索引位置。如果指定元素不存在，则抛出 ValueError 异常
count(value)	返回指定元素在列表中出现的次数
sort(key=None, reverse=False)	对列表进行原地排序。key 用于指定一个单参数函数作为排序规则；reverse 用于指定排序顺序，默认值为 False（升序排列），True 表示降序排列
reverse()	反转（即逆序）列表中元素的顺序。该方法会直接修改原列表
copy()	返回列表的浅拷贝，新列表中的元素仍然引用原列表中的元素

1．添加元素

例 4-2：演示列表中 append()、extend()和 insert()方法的用法。

1	>>>	lst = [1, 2, 3, 4, 5] # 初始化列表
2	>>>	lst.append(6) # 使用 append()方法在列表末尾添加一个元素（可以是任意数据类型）
3	>>>	print(lst)
4	Out	[1, 2, 3, 4, 5, 6]
5	>>>	lst.insert(2, 'OK') # 使用 insert()方法在索引 2 的位置插入一个元素'OK'
6	>>>	print(lst)
7	Out	[1, 2, 'OK', 3, 4, 5, 6]
8	>>>	lst.extend('OK') # 使用 extend()方法扩展列表，向列表末尾逐个添加可迭代对象'OK'中的所有元素
9	>>>	print(lst)
10	Out	[1, 2, 'OK', 3, 4, 5, 6, 'O', 'K'] # 注意：字符串可看作单个字符构成的序列
11	>>>	lst.extend([7, 8]) # 向列表末尾逐个添加列表[7, 8]中的所有元素
12	>>>	print(lst)
13	Out	[1, 2, 'OK', 3, 4, 5, 6, 'O', 'K', 7, 8]

2．删除元素

例 4-3：演示列表中 remove()、pop()、clear()方法及 del 关键字的用法。

1	>>>	lst = [1, 2, 3, 4, 5, 3] # 初始化列表
2	>>>	lst.remove(3) # 使用 remove()方法移除列表中第一个匹配到的 3，若 3 不存在则抛出 ValueError 异常
3	>>>	print(lst)
4	Out	[1, 2, 4, 5, 3]
5	>>>	a = lst.pop(2) # 使用 pop()方法移除列表中索引 2 的元素，并返回该元素
6	>>>	print(a, lst)
7	Out	4 [1, 2, 5, 3]
8	>>>	b = lst.pop() # 在 pop()方法中未指定索引，则默认移除最后一个元素，并返回该元素
9	>>>	print(b, lst)

10	Out	3 [1, 2, 5]
11	>>>	del lst[0]　# 使用 del 关键字删除索引为 0 的元素。注：索引必须指定，并且无返回值
12	>>>	print(lst)
13	Out	[2, 5]
14	>>>	lst.clear()　# 使用 clear()方法清空列表，之后列表为空但仍可访问，等价于 del lst[:]
15	>>>	print(lst)
16	Out	[]
17	>>>	del lst　# 使用 del 关键字删除整个列表，之后无法再访问该列表，否则将抛出 NameError 异常
18	>>>	print(lst)
19	Err	Traceback (most recent call last): 　　File "\<pyshell#12\>", line 1, in \<module\> 　　　print(lst) NameError: name 'lst' is not defined. Did you mean: 'ls'?

3. 修改元素

例 4-4：使用索引和切片修改列表元素。

1	>>>	lst = [1, 2, 3, 4, 5]　# 初始化列表
2	>>>	lst[0] = 10　# 通过索引修改元素，修改索引 0 的元素为 10。若索引越界，则抛出 IndexError 异常
3	>>>	print(lst)
4	Out	[10, 2, 3, 4, 5]
5	>>>	lst[2:4] = [30, 40]　# 使用切片操作修改列表中索引 2 和 3 的元素，替换为 30 和 40
6	>>>	print(lst)
7	Out	[10, 2, 30, 40, 5]
8	>>>	lst[1:] = [50, 60]　# 使用切片操作替换列表从索引 1 到末尾的所有元素，替换成 50 和 60
9	>>>	print(lst)
10	Out	[10, 50, 60]
11	>>>	lst[:2] = []　# 使用切片操作删除列表前两个元素（即索引 0 和 1 的元素）
12	>>>	print(lst)
13	Out	[60]

4. 查找元素

例 4-5：演示列表中 index()和 count()方法的用法。

1	>>>	lst = [1, 2, 3, 3, 3, 3]　# 初始化列表
2	>>>	a = lst.index(3)　# 获取列表中第一个匹配到的 3 的索引，若 3 不存在则抛出异常
3	>>>	print(a)
4	Out	2
5	>>>	b = lst.count(3)　# 统计数字 3 在列表中出现的次数
6	>>>	print(b)
7	Out	4

4.2.3　列表的排序、反转和复制

1. 排序

方法原型：

```
list.sort(key=None, reverse=False)
```

参数说明：

- key：用于指定一个单参数的函数（通常为 lambda 匿名函数），该函数用于从可迭代对象 iterable 的每个元素中提取用于排序的关键字。默认值为 None，即排序时使用元素本身的值。
- reverse：用于指定排序顺序。如果为 True，则按降序排列；如果为 False（默认值），则按升序排列。

返回值：None，即没有返回值。此方法会直接修改原列表，使用稳定的排序算法进行原地排序（in-place sort），并不会创建新的列表。

例 4-6：演示列表中 sort() 方法的用法。

```
1  >>> nums = [-3, 1, -4, 1, 5, 2]  # 初始化列表
2  >>> res = nums.sort()  # 默认原地升序排序，直接比较元素。注意：sort()方法无返回值
3  >>> print(nums, res)  # 原列表已被修改。若函数返回值为 None，通常没必要将其赋值给变量
4  Out [-4, -3, 1, 1, 2, 5] None
5  >>> nums.sort(reverse=True)  # 原地降序排序，直接比较元素
6  >>> print(nums)
7  Out [5, 2, 1, 1, -3, -4]
8  >>> nums.sort(key=lambda x: x ** 2)  # 根据元素的平方值进行升序排序
9  >>> print(nums)
10 Out [1, 1, 2, -3, -4, 5]
11 >>> fruits = ['banana', 'apple', 'cherry']  # 初始化字符串列表
12 >>> fruits.sort()  # 字符串升序排序，按字符串中各个字符的 ASCII 码值从左到右逐个比较
13 >>> print(fruits)
14 Out ['apple', 'banana', 'cherry']
```

在 2.6.3 节中提到，内置函数 sorted(iterable, key=None, reverse=False) 可用于对可迭代对象（如列表、元组、字符串等）进行排序，它会返回一个排好序的新列表，而不会修改原始对象。与此不同，list.sort() 方法是原地排序，直接修改原列表，在排序后返回 None，并不会生成新的列表。

2. 反转（逆序）

方法原型：

```
list.reverse()
```

返回值：None，即没有返回值。该方法原地反转（即逆序）列表，会直接修改原列表，

并不会创建新的列表。

　　例 4-7：演示列表中 reverse()方法的用法。

1	>>>	nums = [-3, 1, -4, 1, 5, 2]　# 初始化列表
2	>>>	nums.reverse()　# 反转列表，原地修改原始列表
3	>>>	print(nums)
4	Out	[2, 5, 1, -4, 1, -3]

　　内置函数 **reversed**(seq)也可以用来反转列表或其他序列。详细用法请参见 2.6.3 节。需要注意的是，reversed()函数返回的是一个迭代器，且不会修改原始序列；而 list.reverse()方法是列表对象的方法，会原地修改原始列表。因此，两者在使用上有所不同，选择使用哪个取决于是否需要修改原始列表以及是否需要返回一个新的反转序列。

　　3．复制

　　在 Python 中，浅拷贝和深拷贝是两种常见的对象复制方法：

　　（1）浅拷贝（shallow copy）：浅拷贝会创建一个新的对象，但不会递归复制对象内部的所有元素。如果对象内部包含可变元素（如列表、字典、集合等），浅拷贝仅复制这些元素的引用，而非元素本身。因此，原对象和新对象共享这些可变元素的引用，对其中一个对象的可变元素进行修改，会影响到另一个对象。列表的浅拷贝可以通过切片操作（[:]）、list()函数或 list.copy()方法实现。

　　例 4-8：列表浅拷贝示例。

1	>>>	a = [1, 2, [3, 4]]　# 初始化列表
2	>>>	b = a　# 引用赋值，a 和 b 指向同一个对象，完全共享
3	>>>	c = a[:]　# 使用切片操作创建一个新的列表副本（浅拷贝）
4	>>>	d = list(a)　# 使用 list()函数创建一个新的列表副本（浅拷贝）
5	>>>	e = a.copy()　# 使用 list.copy()方法创建一个新的列表副本（浅拷贝）
6	>>>	print(a, b, c, d, e)　# 打印各列表
7	Out	[1, 2, [3, 4]] [1, 2, [3, 4]] [1, 2, [3, 4]] [1, 2, [3, 4]] [1, 2, [3, 4]]
8	>>>	print(id(a), id(b), id(c), id(d), id(e))　# 打印各列表的 id，查看它们是否指向同一个对象
9	Out	**1997948697600 1997948697600** 1997991751936 1997991214976 1997991643712
10	>>>	a[0] = 10　# 修改 a 的第一个元素
11	>>>	print(a, b, c, d, e)
12	Out	[**10**, 2, [3, 4]] [**10**, 2, [3, 4]] [1, 2, [3, 4]] [1, 2, [3, 4]] [1, 2, [3, 4]]
13	>>>	a[2][0] = 30　# 修改 a 中嵌套列表的元素
14	>>>	print(a, b, c, d, e)
15	Out	[10, 2, [**30**, 4]] [10, 2, [**30**, 4]] [1, 2, [**30**, 4]] [1, 2, [**30**, 4]] [1, 2, [**30**, 4]]

　　（2）深拷贝（deep copy）：通过 copy 模块中的 deepcopy()函数，可以递归复制整个对象及其内部的所有元素，包括可变元素。使用深拷贝后，原对象和新对象之间完全独立，不仅是两个不同的对象，它们包含的所有可变元素也相互独立、互不干扰。因此，修改一个对象中的可变元素时，不会影响另一个对象。

　　例 4-9：列表深拷贝示例。

```
1  >>> a = [1, [2, 3]]    # 初始化列表
2  >>> b = a    # 引用赋值，a 和 b 指向同一个对象，完全共享
3  >>> c = a[:]    # 使用切片操作创建一个新的列表副本（浅拷贝）
4  >>> d = list(a)    # 使用 list()函数创建一个新的列表副本（浅拷贝）
5  >>> e = a.copy()    # 使用 list.copy()方法创建一个新的列表副本（浅拷贝）
6  >>> import copy    # 导入 copy 模块，用于深拷贝
7  >>> f = copy.deepcopy(a)    # 使用 copy 模块中的 deepcopy()函数来递归地复制整个列表（深拷贝）
8  >>> print(a, b, c, d, e, f)    # 打印各列表
9  Out [1, [2, 3]] [1, [2, 3]] [1, [2, 3]] [1, [2, 3]] [1, [2, 3]] [1, [2, 3]]
10 >>> print(id(a), id(b), id(c), id(d), id(e), id(f))    # 查看各列表 id 是否指向同一个对象
11 Out 1533057285120 1533057285120 1533100732352 1533058467072 1533100624192 1533100623872
12 >>> a[0] = 10    # 修改 a 的第一个元素
13 >>> a[1][0] = 20    # 修改 a 中嵌套列表的元素
14 >>> print(a, b, c, d, e, f)
15 Out [10, [20, 3]] [10, [20, 3]] [1, [20, 3]] [1, [20, 3]] [1, [20, 3]] [1, [2, 3]]
```

通常，如果列表中不包含嵌套的可变对象（如列表、字典、集合等），浅拷贝已足够满足需求。然而，当列表包含嵌套的可变对象时，为了避免在修改原列表时意外改变嵌套对象，建议使用深拷贝。深拷贝会递归地复制列表及其嵌套的所有可变元素，从而确保原列表和拷贝列表之间完全独立。

4.2.4　列表的常用操作

列表的常用操作如表 4-4 所示。

表 4-4　列表的常用操作

表达式	结果	说明
[1, 2] + [2, 3]	[1, 2, 2, 3]	连接运算符+：用于将两个或多个列表合并，返回一个合并后的新列表。此操作不会修改原列表，而是创建一个新的列表
['Ha'] * 2 [6] * 3	['Ha', 'Ha'] [6, 6, 6]	重复运算符*：用于将列表中的所有元素重复指定次数，生成一个新的列表。原列表不被修改
len([1, 2, 3])	3	len()函数：返回列表中元素的数量，即列表的长度
max([1, 2, 3, 4.0]) max([1, 2, 3, 4])	4.0 4	max()函数：返回列表中的最大元素
min([1, 2, 3, 4]) min([1.0, 2, 3, 4])	1 1.0	min()函数：返回列表中的最小元素
sum([1, 2, 3, 4]) sum([1, 2, 3, 4j]) sum([1, 2, 3, 4], 10)	10 (6+4j) 20	sum(iterable[, start])：返回初始值 start 与可迭代对象 iterable 中所有元素的和。如果未指定 start，则默认值为 0。具体用法见 2.6.1 节
x, *y, z = 1, 2, 3, 4	x = 1, z = 4 y = [2, 3]	解包运算符*：用于拆解可迭代对象（如列表、元组等）中的元素，并将它们按照位置分别赋值给多个变量。在例子中，表达式左侧的变量 x 和 z 分别接收表达式右侧序列中的第一个和最后一个元素；*y 用于捕获剩余的所有元素并将它们打包成一个列表

续表

表达式	结果	说明
3 in [1, 2, 3] 3 not in [1, 2, 3]	True False	成员运算符 in 和 not in：用于检查指定的值是否存在于列表中
[1, 2] > [0, 2]	True	按顺序逐个比较元素。如果元素是字符串，则逐个比较字符串中每个字符的 ASCII 码值
['1', '2'] > ['a', 'b']	False	
['1', '2'] != ['a', 'b']	True	

4.2.5 列表推导式

列表推导式（List Comprehension），也称为列表解析式，是一种简洁高效的方式，用于生成符合特定规则的列表，它是 Python 中最常用的推导式之一。

其语法格式如下：

list_name = [expression **for** item **in** iterable [if condition]]

参数说明：

- expression：用于生成列表元素的表达式，通常是一个具体的值或者对 item 进行某种操作的表达式。
- item：临时变量，用于依次迭代 iterable 中的每个元素。
- iterable：可迭代对象，如列表、元组、字典、集合、range 对象等。
- condition（可选）：条件表达式，用于过滤掉不符合条件的元素，只有满足该条件的元素才会被包含在生成的列表中。

例 4-10：列表推导式示例。

```
1  >>> print([[6] * 3 for i in range(3)])    # 创建一个 3×3 的二维列表，所有元素都为 6
2  Out [[6, 6, 6], [6, 6, 6], [6, 6, 6]]
3  >>> print([[1, 2, 3] for i in range(3)])   # 创建一个 3×3 的二维列表，每行都是[1, 2, 3]
4  Out [[1, 2, 3], [1, 2, 3], [1, 2, 3]]
5  >>> print([i for i in range(21) if i % 2 == 0])  # 创建一个[0, 20]范围内的所有偶数构成的列表
6  Out [0, 2, 4, 6, 8, 10, 12, 14, 16, 18, 20]
7  >>> squares = [x**2 for x in range(5)]   # 创建一个 0 到 4 的数字的平方值构成的列表
8  >>> print(squares)
9  Out [0, 1, 4, 9, 16]
10 >>> pairs = [(x, x**2) for x in range(5)]  # 创建一个包含元组的列表，每个元组包含数字及其平方
11 >>> print(pairs)
12 Out [(0, 0), (1, 1), (2, 4), (3, 9), (4, 16)]
13 >>> words = ['apple', 'banana', 'cherry', 'date']
14 >>> words_lengths = [len(word) for word in words]   # 创建一个由列表中每个单词长度构成的列表
15 >>> print(words_lengths)
16 Out [5, 6, 6, 4]
17 >>> pairs = [(x, y) for x in range(3) for y in range(3)]   # 使用多重 for 循环的列表推导式
18 >>> print(pairs)
```

19	Out	[(0, 0), (0, 1), (0, 2), (1, 0), (1, 1), (1, 2), (2, 0), (2, 1), (2, 2)]
20	>>>	matrix = [[1, 2, 3], [4, 5, 6], [7, 8, 9]]
21	>>>	flattened = [element for row in matrix for element in row] # 将二维矩阵展平成一维列表
22	>>>	print(flattened)
23	Out	[1, 2, 3, 4, 5, 6, 7, 8, 9]

例 4-11：输出文本中出现频率最高的字符及其次数。

在 IDLE 编辑器中，新建 4-11.py 文件，输入以下代码并运行。

1	txt = input() # 获取用户输入的文本
2	# 统计每个字符在文本中的出现次数，并生成一个包含每个字符出现次数的列表
3	lst = [txt.count(ch) for ch in txt]
4	maxCnt = max(lst) # 获取出现次数最多的字符的出现次数
5	maxIdx = lst.index(maxCnt) # 获取出现次数最多的字符在原文本中的索引位置
6	print("字符'{}'出现次数为{}".format(txt[maxIdx], maxCnt)) # 输出该字符及其出现的次数
In	春水春池满，春时春草生。春人饮春酒，春鸟弄春声。
Out	字符'春'出现次数为 8

例 4-12：输出文本中的所有非字母字符。

在 IDLE 编辑器中，新建 4-12.py 文件，输入以下代码并运行。

1	txt = input() # 获取用户输入的文本
2	# 使用列表推导式过滤掉文本中的非字母字符
3	filtered_txt = [ch for ch in txt if ch.isalpha()]
4	# 将过滤后的字母字符连接成一个新的字符串并输出
5	print(''.join(filtered_txt)) # 使用空字符串将字符列表连接成字符串并输出
In	Green*$%123, House!
Out	GreenHouse

类似地，还有字典推导式、集合推导式和生成器表达式等其他常见的推导式形式。

🔑 4.3 元组

元组（tuple）是一种有序且不可变的数据类型。类似于列表。元组中的元素可以是不同类型的数据，例如整数、浮点数、字符串、列表等，甚至嵌套其他元组，并且元素的值可以重复。它支持索引、切片以及查找等多种操作。然而，元组与列表之间有以下几个主要区别。

（1）**不可变性**：元组一旦创建，便无法添加、删除或修改其中的元素。因此，元组不支持诸如 append()、extend()、insert()、remove()、pop()、clear()等方法，也无法进行原地排序操作。元组的不可变性保证了其元素在创建后始终保持不变。

（2）**安全性**：由于元组具有不可变性，它能够有效增强代码的安全性。元组常用于确保数据的完整性和稳定性，防止在程序执行过程中发生意外修改。与之相比，列表则无法提供这种保障。

（3）**可哈希性**：由于元组是可哈希的，它可以作为字典的键或集合的元素，而列表则不能。然而需要注意的是，如果元组包含可变类型（如列表、字典、集合等），该元组将变得不可哈希，因此也就无法作为字典的键或集合的元素。

4.3.1　元组的创建

创建元组主要有如下三种方法。

（1）直接使用圆括号：将零个或多个元素用逗号分隔，并放置在一对圆括号内，即可创建元组。例如：x = ()、y = (1, '2', 3j)、z = (3.14,)。

注意：当元组中只有一个元素时，必须在该元素后面加上逗号，否则 Python 会认为这是一个普通的括号表达式，而不是元组。

（2）使用内置函数 tuple([object])：tuple()函数可以将任意的可迭代对象（如字符串、列表、字典、集合、range 对象）转换为元组，并返回转换后的结果。如果不传入参数，则 tuple()函数会创建一个空元组。需要注意的是，tuple()函数传入的参数必须是可迭代对象。

（3）多个值通过逗号分隔时，默认会创建一个元组。例如 z = 1, 2, 3，等同于 z = (1, 2, 3)。

例 4-13：创建元组后，请使用 print()函数输出。

```
1  >>>  tup = ()  # 直接使用一对空的圆括号创建空元组
2  >>>  tup = (1,)  # 创建一个只包含一个元素的元组
3  >>>  tup = (1, 3.14, 'Hello', (1, 2, 3))  # 可以包含不同数据类型的元素，也支持嵌套元组
4  >>>  for i in tup:  # 遍历元组并打印元素
5  ...      print(i)
6  ...  ↵
7  Out  1
        3.14
        Hello
        (1, 2, 3)
8  >>>  tup = (1, 2) * 2  # 使用运算符*重复元组元素, tup = (1, 2, 1, 2)
9  >>>  tup = (1, 2) + (2, 3)  # 使用运算符+连接两个元组, tup = (1, 2, 2, 3)
10 >>>  tup = tuple()  # 调用 tuple()函数，创建一个空元组
11 >>>  tup = tuple('OK')  # 将字符串转换为元组, tup = ('O', 'K')
12 >>>  tup = tuple(['Good', 'Job'])  # 将列表转换为元组, tup = ('Good', 'Job')
13 >>>  dic = {'中国': '北京', '美国': '华盛顿', '日本': '东京'}
14 >>>  tup = tuple(dic)  # 将字典的键转换为元组, tup = ('中国', '美国', '日本')
15 >>>  tup = tuple(dic.keys())  # 将字典的键转换为元组, tup = ('中国', '美国', '日本')
16 >>>  tup = tuple(dic.values())  # 将字典的值转换为元组, tup = ('北京', '华盛顿', '东京')
17 >>>  tup = tuple(dic.items())  # 将字典的键值对转换为元组
18 >>>  # tup = (('中国', '北京'), ('美国', '华盛顿'), ('日本', '东京'))
19 >>>  tup = tuple({1, 'OK', 9})  # 将集合转换为元组
20 >>>  # tup = ('OK', 1, 9)，集合的无序性导致元组中元素顺序的不确定
21 >>>  tup = tuple(range(5))  # 将 range 对象转换为元组, tup = (0, 1, 2, 3, 4)
22 >>>  tup = tuple(map(int, (23.9, 38.2)))  # 将 map 对象转换为元组, tup = (23, 38)
```

23	>>>	tup = tuple(map(lambda x: x ** 2, (1, 2, 3)))
24	>>>	# tup = (1, 4, 9), map()函数将 lambda 函数应用于元组中的每个元素, 求其平方, 再转换为新元组
25	>>>	tup = 1, 2, 3 # 多个值通过逗号分隔时, 默认会创建一个元组, tup = (1, 2, 3)
26	>>>	print(tup, type(tup))
27	Out	(1, 2, 3) <class 'tuple'>

4.3.2　元组的常用操作

元组的常用操作如表 4-5 所示。

表 4-5　元组的常用操作

表达式	结果	说明
(1, 2) + (2, 3)	(1, 2, 2, 3)	连接运算符+: 用于将两个或多个元组合并, 返回一个合并后的新元组。此操作不会修改原元组, 而是创建一个新的元组
('Ha',) * 2 (6) * 3	('Ha', 'Ha') (6, 6, 6)	重复运算符*: 用于将元组中的所有元素重复指定次数, 生成一个新的元组。原元组不被修改
len((1, 2, 3))	3	len()函数: 返回元组中元素的数量, 即元组的长度
max((1, 2, 3, 4.0)) max((1, 2, 3, 4))	4.0 4	max()函数: 返回元组中的最大元素
min((1, 2, 3, 4)) min((1.0, 2, 3, 4))	1 1.0	min()函数: 返回元组中的最小元素
sum((1, 2, 3, 4)) sum((1, 2, 3, 4j)) sum((1, 2, 3, 4), 10)	10 (6+4j) 20	sum(iterable[, start]): 返回初始值 start 与可迭代对象 iterable 中所有元素的和。如果未指定 start, 则默认值为 0。具体用法见 2.6.1 节
3 in (1, 2, 3) 3 not in (1, 2, 3)	True False	成员运算符 in 和 not in: 用于检查指定的值是否存在于元组中
(1, 2) > (0, 2) ('1', '2') > ('a', 'b') ('1', '2') != ('a', 'b')	True False True	按顺序逐个比较元素。如果元素是字符串, 则逐个比较字符串中每个字符的 ASCII 码值
tup = (1, 2, 3) del tup		删除整个元组后, 该元组将无法访问, 否则会抛出异常

元组的 index()、count()等查找方法, 以及元组的复制操作, 与列表类似。由于篇幅限制, 具体内容不再赘述。

🔑 4.4　字典

字典(dict)是一种有序且可变的数据类型, 用于存储一组键值对(也称为项或条目)。每个键(key)都对应一个值(value), 键必须是唯一的、不可变的, 即字典中的每个键只能出现一次, 并且必须是不可变类型(如数字、字符串、布尔值、元组、不可变集合等)。而字典的值可以是任意数据类型, 包括列表、字典、集合等, 且不同的键可以对应相同的值。

注意：从 Python 3.7 版本开始，字典的有序性被正式纳入了 Python 的语言规范。字典中的元素会按照插入的顺序存储和迭代。这意味着，在遍历字典时，元素会按照其插入顺序返回，而不再是随机或无序的。

尽管如此，字典的设计初衷仍然是提供高效的键值查找，其有序性并非核心特性，而仅是一个附加的实现细节。字典的底层基于哈希表实现，确保查找、插入和删除操作的时间复杂度接近常数时间 $O(1)$。

4.4.1　字典的创建

创建字典主要有如下三种方法。

（1）直接使用花括号：将零个或多个"键: 值"对以逗号分隔，并放置在一对花括号内，即可创建字典。例如：x = {}，y = {'Name': 'Bob', 'Age': 20}。

（2）使用内置函数 dict([object])：dict()函数可以将任意的可迭代对象（如字符串、列表、元组、集合、range 对象等）或映射对象转换为字典，并返回转换后的结果。如果不传入参数，则 dict()函数会创建一个空字典。

（3）dict.fromkeys(iterable[, value])方法：创建一个新字典，以可迭代对象 iterable 中的元素作为字典的键，value 为这些键对应的值，默认值为 None。

例 4-14：创建字典后，请使用 print()函数输出。

1	>>>	x, y = {}, dict()　# 创建空字典
2	>>>	z = {'Age': 18, 'Age': 20} # 字典中的键必须唯一，相同的键会被后续的键值对覆盖
3	>>>	a = {'Name': 'Bob', 'Birth': {'Y': 2005, 'M': 2, 'D': 14}}　# 字典支持嵌套
4	>>>	b = dict(Name='Eve', Age=25)　# 传入关键字参数方式创建并初始化一个字典
5	>>>	print(a, b)
6	Out	{'Name': 'Bob', 'Birth': {'Y': 2005, 'M': 2, 'D': 14}} {'Name': 'Eve', 'Age': 25}
7	>>>	# 当传入 dict()函数的参数是一个包含多个子列表（或子元组）的列表（或元组）时，dict()函数会将每个子列表（或子元组）中的第一个元素作为字典的键，第二个元素作为该键对应的值
8	>>>	a = dict([['A', 1], ['B', 2]])　# 包含多个列表的列表，每个子列表包含两个元素
9	>>>	b = dict([('A', 1), ('B', 2)])　# 包含多个元组的列表
10	>>>	c = dict((('A', 1), ('B', 2)))　# 包含多个元组的元组，每个子元组包含两个元素
11	>>>	d = dict((['A', 1], ['B', 2]))　# 包含多个列表的元组
12	>>>	print(a, b, c, d)
13	Out	{'A': 1, 'B': 2} {'A': 1, 'B': 2} {'A': 1, 'B': 2} {'A': 1, 'B': 2}
14	>>>	x, y = dict.fromkeys(('A', 'B'), 3), dict.fromkeys(('A', 'B'))
15	>>>	print(x, y)　# 使用 fromkeys()方法创建字典，键值对的值可以指定或默认为 None
16	Out	{'A': 3, 'B': 3} {'A': None, 'B': None}
17	>>>	# zip()函数用于将一个或多个可迭代对象（如列表、元组、字符串等）中的元素按位置配对成元组，并返回包含这些元组的 zip 对象。再通过 dict()函数将该 zip 对象转换为字典
18	>>>	z = dict(zip('ABC', [4, 5, 6]))　# {'A': 4, 'B': 5, 'C': 6}
19	>>>	a = {ch: ord(ch) for ch in 'ABC'}　# 使用字典推导式创建字典
20	>>>	print(a)
21	Out	{'A': 65, 'B': 66, 'C': 67}　# 字符作为键，字符的 ASCII 码值作为该键对应的值

4.4.2 字典的增删改查

字典的常用方法及其功能描述如表 4-6 所示。

表 4-6　字典的常用方法及其功能描述

字典方法	功能描述
fromkeys(iterable, value=None)	返回一个新字典，字典的键来自可迭代对象 iterable，value 用于指定所有键对应的值，默认值为 None
update([E,]**F)	将映射类型对象（如字典）或者包含键值对的可迭代对象（如列表、元组等）整合到当前字典中，或传入关键字参数更新字典
pop(key[, default])	移除字典中指定键对应的项，并返回该项的值。如果指定的键不存在但提供了 default，则返回 default 值，否则抛出 KeyError 异常
popitem()	移除字典中的最后一项，并返回被移除的键值对元组。如果字典为空，则抛出 KeyError 异常
clear()	清空字典中的所有元素，字典将变为空字典
get(key, default=None)	返回字典中指定键对应的值。如果该键不存在，则返回 default 值
setdefault(key, default=None)	返回字典中指定键对应的值。如果该键不存在，则将 key: default 键值对插入字典并返回 default 值
keys()	返回一个包含所有键的视图对象，支持迭代但不支持索引、切片
values()	返回一个包含所有值的视图对象，支持迭代但不支持索引、切片
items()	返回一个包含所有键值对的视图对象，支持迭代但不支持索引、切片

1．添加/修改元素

dict[key] = value 是对字典进行元素添加或修改的标准语法。

- 修改已有元素：如果字典中已经包含指定的键，执行该赋值语句时，会更新该键对应的值，原有的值将被新的值替换。
- 添加新元素：如果字典中不存在指定的键，执行该赋值语句会将新的键值对（key: value）添加到字典中。

注意：字典的键是不可变的。一旦创建了字典的键，它就不能被直接修改。如果需要修改键，必须先使用 pop()等方法删除原有的键值对，然后再添加一个新的键值对。

例 **4-15**：演示字典添加、修改元素及 update()方法的用法。

```
1  >>> dic = {}   # 初始化一个空字典
2  >>> dic['Name'] = 'Bob'  # 向字典中添加键值对，键为'Name'，值为'Bob'
3  >>> dic['Age'] = 18  # 向字典中添加键值对，键为'Age'，值为18
4  >>> print(dic)
5  Out {'Name': 'Bob', 'Age': 18}
6  >>> dic['Age'] = 20   # 更新字典中键'Age'对应的值为20
7  >>> print(dic)
8  Out {'Name': 'Bob', 'Age': 20}
9  >>> a, b = {'Name': 'Bob', 'Age': 18}, {'Age': 20, 'Sex': 'M'}
10 >>> a.update(b)   # 将字典 b 中的键值对以覆盖模式整合到字典 a 中，相同的键以 b 中该项的值为准
```

11	>>>	print(a)
12	Out	{'Name': 'Bob', 'Age': 20, 'Sex': 'M'}

2．删除元素

例 **4-16**：演示字典中 pop()、popitem()、clear()方法及 del 关键字的用法。

1	>>>	dic = {'Name': 'Bob', 'Age': 20, 'Sex': 'M'}
2	>>>	a = dic.pop('Sex')　# 从字典中移除键'Sex'对应的项，并返回该项的值
3	>>>	print(a, dic)
4	Out	M {'Name': 'Bob', 'Age': 20}
5	>>>	b = dic.pop('Pwd', '123456')　# 移除键'Pwd' 对应的项，若该键不存在则返回默认值'123456'
6	>>>	b = dic.pop('Pwd')　# 移除键'Pwd' 对应的项，若该键不存在且不设默认值，则抛出 KeyError 异常
7	Err	Traceback (most recent call last): 　　File "<pyshell#4>", line 1, in <module> 　　　b = dic.pop('Pwd') 　　KeyError: 'Pwd'
8	>>>	x = dic.popitem()　# 移除并返回字典中的最后一项，返回值为该项的键和值构成的元组
9	>>>	print(x, dic)
10	Out	('Age', 20) {'Name': 'Bob'}
11	>>>	del dic['Name']　# 删除字典中键'Name'对应的项，如果该键不存在，则抛出 KeyError 异常
12	>>>	z = dic.popitem()　# 如果字典为空，调用 popitem()方法将抛出 KeyError 异常
13	Err	Traceback (most recent call last): 　　File "<pyshell#8>", line 1, in <module> 　　　z = dic.popitem() 　　KeyError: 'popitem(): dictionary is empty'
14	>>>	dic.clear()　# 删除字典中的所有键值对，使字典变为空字典，相当于 dic = {}
15	>>>	del dic　# 删除整个字典对象，此后字典将不可访问，若尝试访问会抛出 NameError 异常

3．查询元素

例 **4-17**：演示字典中 get()和 setdefault()方法的用法。

1	>>>	dic = {'Name': 'Bob', 'Age': 20}
2	>>>	print(dic['Name'], dic['Age'])　# 通过指定键访问对应的值
3	Out	Bob 20
4	>>>	a = dic.get('Name')　# 使用 get()方法获取键'Name'对应的值
5	>>>	b = dic.get('Sex', 'M')　# 如果键'Sex'不存在，则返回预设的默认值'M'
6	>>>	c = dic.get('Sex')　# 如果键'Sex'不存在且未设置默认值，则返回 None
7	>>>	print(a, b, c)
8	Out	Bob M None
9	>>>	d = dic.setdefault('Sex', 'M')　# 使用 setdefault()方法获取键'Sex' 对应的值
10	>>>	print(d, dic)　# 如果键'Sex'不存在，则添加该键并为其设置默认值'M'，同时返回该默认值
11	Out	M {'Name': 'Bob', 'Age': 20, 'Sex': 'M'}
12	>>>	e = dic.setdefault('Birth')　# 键'Birth'不存在，添加该键并为其设置默认值 None，同时返回 None

13	>>>	print(e, dic)
14	Out	None {'Name': 'Bob', 'Age': 20, 'Sex': 'M', 'Birth': None}

例 4-18：演示字典中 keys()、values()和 items()方法的用法。

1	>>>	dic = {'Name': 'Bob', 'Age': 20, 'Sex': 'M'}
2	>>>	for i in dic:　# 遍历字典的键，等价于 for i in dic.keys():
3	...	print(i)
4	...	↵
5	Out	Name Age Sex
6	>>>	for i in dic.keys():　# 通过 dic.keys()方法获取字典所有键的视图对象
7	...	print(i)
8	...	↵
9	Out	Name Age Sex
10	>>>	x = dic.keys()　# 返回包含所有键的视图对象，支持迭代但不支持索引、切片
11	>>>	y = dic.values()　# 返回包含所有值的视图对象，支持迭代但不支持索引、切片
12	>>>	z = dic.items()　# 返回包含所有键值对的视图对象，支持迭代但不支持索引、切片
13	>>>	print(x)
14	Out	dict_keys(['Name', 'Age', 'Sex'])
15	>>>	a = list(x)　# 使用 list()函数将 dict_keys 视图对象转换为列表
16	>>>	print(a)
17	Out	['Name', 'Age', 'Sex']
18	>>>	dic.pop('Sex')　# 使用 pop()方法从字典中移除键'Sex' 对应的项
19	>>>	print(x)
20	Out	dict_keys(['Name', 'Age'])　# 可以看到，字典的动态视图对象也随之发生变化

例 4-19：演示使用 for 循环访问嵌套字典元素。
在 IDLE 编辑器中，新建 4-19.py 文件，输入以下代码并运行。

1	dic = {'Name': 'Bob', 'Sex': 'M', 'Birth': {'Y': 2005, 'M': 2, 'D': 14}}
2	for k1, v1 in dic.items(): # 遍历字典 dic 中的每个键值对，键赋值给 k1，值赋值给 v1
3	print(k1, v1)　# 输出键和值
4	if isinstance(v1, dict):　# 使用 isinstance()函数判断值是否为字典类型
5	for k2, v2 in v1.items():　# 如果值是字典类型，则遍历它的键值对
6	print(k2, v2)
Out	Name Bob Sex M Birth {'Y': 2005, 'M': 2, 'D': 14} Y 2005 M 2 D 14

4.4.3　字典的常用操作

字典的常用操作如表 4-7 所示。

表 4-7　字典的常用操作

表达式	结果	说明
len({'Name': 'Bob', 'Age': 20})	2	返回字典中键值对的数量
max({'a': 1, 'b': 2, 'c': 3})	'c'	默认返回字典中键的最大值
max({'a': 1, 'b': 2, 'c': 3}.values())	3	返回字典中值的最大值
max({'a': 1j, 'b': 2j, 'c': 3j}.values())	TypeError	注意：复数类型不支持比较大小
min({'a': 1, 'b': 2, 'c': 3})	'a'	默认返回字典中键的最小值
min({'a': 1, 'b': 2, 'c': 3}.values())	1	返回字典中值的最小值
sum({1: 4j, 2: 5j, 3: 6j})	6	sum(iterable[, start])返回初始值 start 与可迭代对象
sum({1: 4j, 2: 5j, 3: 6j}.keys())	6	iterable 中所有元素的和。如果未指定 start，则默认
sum({1: 4j, 2: 5j, 3: 6j}.values())	15j	值为 0。具体用法见 2.6.1 节。注意：默认返回初始
sum({1: 4j, 2: 5j, 3: 6j}.values(), 5)	(5+15j)	值 start 与字典中所有键的和
假设 A = {'x': 1, 'y': 2, 'z': 3}, B = {'a': 4, 'b': 5, 'c': 6}		
A['x'] <= B['a']	True	
A is B	False	
A != B	True	
'y' in A	True	
4 in B	False	

4.4.4　字典推导式

例 4-20：输出文本中所有英文单词及其出现次数，并按次数降序排列。假设文本中不含标点符号，且单词之间以空格分隔。

基础解法：在 IDLE 编辑器中，新建 4-20-1.py 文件，输入以下代码并运行。

1	words = input().split()　# 获取用户输入并按空格分割为单词列表
2	d = {}　# 创建一个空字典，用于存储单词及其出现次数，每个键值对代表一个单词及其出现次数
3	for word in words:　# 遍历单词列表，统计每个单词的出现次数
4	if word in d:　# 此处 d 等效于 d.keys()
5	d[word] += 1　# 如果单词已存在于字典中，其出现次数加 1
6	else:
7	d[word] = 1　# 否则，将该单词作为键添加到字典中，并初始化其出现次数为 1
8	print(sorted(d.items(), key=lambda x: x[1], reverse=True))　# 按照单词出现次数降序排列
In	I can can the can of beans
Out	[('can', 3), ('I', 1), ('the', 1), ('of', 1), ('beans', 1)]

中级解法：在 IDLE 编辑器中，新建 4-20-2.py 文件，输入以下代码并运行。

1	words = input().split()　# 获取用户输入并按空格分割为单词列表
2	d = {}　#创建一个空字典，用于存储单词及其出现次数，每个键值对代表一个单词及其出现次数
3	for word in words:　# 遍历单词列表，统计每个单词的出现次数
4	d[word] = d.get(word, 0) + 1　# 若单词已存在，则其出现次数加 1；否则，将该单词作为键添加到字典中，并初始化其出现次数为 1
5	print(sorted(d.items(), key=lambda x: x[1], reverse=True))　#按照单词出现次数降序排列
In	I can can the can of beans
Out	[('can', 3), ('I', 1), ('the', 1), ('of', 1), ('beans', 1)]

高级解法：在 IDLE 编辑器中，新建 4-20-3.py 文件，输入以下代码并运行。

1	words = input().split()　# 获取用户输入并按空格分割为单词列表
2	d = {word: words.count(word) for word in words}　# 使用字典推导式创建字典，存储单词及其出现次数
3	print(sorted(d.items(), key=lambda x: x[1], reverse=True))　# 按照单词出现次数降序排列
In	I can can the can of beans
Out	[('can', 3), ('I', 1), ('the', 1), ('of', 1), ('beans', 1)]

例 4-21：给定学生成绩列表 studs = [{'sid': '103', 'Math': 95, 'Chinese': 90, 'English': 92}, {'sid': '101', 'Math': 85, 'Chinese': 80, 'English': 82}, {'sid': '102', 'Math': 75, 'Chinese': 70, 'English': 72}]，请将该列表中的数据提取到字典 scores 中，并按学号升序输出 scores 的内容，格式如下：

```
101: [80, 85, 82]
102: [70, 75, 72]
103: [90, 95, 92]
```

基础解法：在 IDLE 编辑器中，新建 4-21-1.py 文件，输入以下代码并运行。

1	studs = [{'sid': '103', 'Math': 95, 'Chinese': 90, 'English': 92}, {'sid': '101', 'Math': 85, 'Chinese': 80, 'English': 82}, {'sid': '102', 'Math': 75, 'Chinese': 70, 'English': 72}]
2	scores = {}　# 创建一个空字典 scores
3	for stud in studs:
4	sid = stud['sid']
5	scores[sid] = [stud['Chinese'], stud['Math'], stud['English']]
6	for sid in sorted(scores.keys()):　# 按学号从小到大的顺序显示 scores 的内容
7	print('{}: {}'.format(sid, scores[sid]))
Out	101: [80, 85, 82]
	102: [70, 75, 72]
	103: [90, 95, 92]

高级解法：在 IDLE 编辑器中，新建 4-21-2.py 文件，输入以下代码并运行。

1	studs = [{'sid': '103', 'Math': 95, 'Chinese': 90, 'English': 92}, {'sid': '101', 'Math': 85, 'Chinese': 80, 'English': 82}, {'sid': '102', 'Math': 75, 'Chinese': 70, 'English': 72}]
2	# 使用字典推导式提取数据并构建字典 scores，学号作为键，对应的成绩列表作为值
3	scores = {stud['sid']: [stud['Chinese'], stud['Math'], stud['English']] for stud in studs}
4	for sid in sorted(scores.keys()):　# 按学号从小到大的顺序显示 scores 的内容
5	print('{}: {}'.format(sid, scores[sid]))
Out	101: [80, 85, 82]
	102: [70, 75, 72]
	103: [90, 95, 92]

🔑 4.5 集合

集合是一种无序且元素唯一的数据类型。集合中的元素必须是不可变类型，如数字、字符串、布尔值、元组以及不可变集合（frozenset）等。集合具有以下特点。

（1）唯一性：集合中的每个元素必须是唯一的，不能重复。也就是说，如果重复添加相同的元素，集合中只会保留一个，因此集合常用于快速去除重复元素。

（2）不可变性：集合中不能包含列表、字典、可变集合等可变类型的数据。此外，包含可变类型元素的元组也不能作为集合的元素。

（3）无序性：集合中元素没有固定的顺序，元素的存储顺序与添加顺序无关。

（4）不支持索引：集合不支持通过索引访问元素，也不能使用 random 模块中的 choice()、sample()等函数从集合中随机选择元素。如果需要随机选择元素，可以考虑将集合转换为列表。

集合分为两种类型：可变集合（set）和不可变集合（frozenset，又称冻结集合或只读集合）。

（1）可变集合：集合创建后，可以添加或删除元素。

（2）不可变集合：集合创建后，不能添加或删除元素，且因其不可变性使其具备可哈希的特性，可以作为字典的键或其他集合的元素。

在本书中，除非另有说明，"集合"一词默认指的是可变集合。

4.5.1 集合的创建

创建集合主要有如下两种方法。

（1）直接使用花括号：将若干个元素以逗号分隔，并放置在一对花括号内，即可创建集合。例如：x = {0}、y = {1, '2', 3j}。

（2）使用内置函数 set([object])：set()函数可以将任意的可迭代对象（如字符串、列表、元组、字典、range 对象、map 对象、zip 对象、enumerate 对象、filter 对象等）转换为集合，并返回转换后的结果。如果不传入参数，则 set()函数会创建一个空集合。需要注意的是，set()函数传入的参数必须是可迭代对象。

例 4-22：创建可变集合后，请使用 print()函数输出。

1	>>>	x = set() # 调用 set()函数创建空集合。注意：x = {}创建的是空字典
2	>>>	y = {1, False, 'Hello', 3.14, True, 0, 3.14, (1, 2, 3)} # 集合元素会自动去重
3	>>>	print(x, y)
4	Out	set() {False, 1, 3.14, 'Hello', (1, 2, 3)}
5	>>>	st = set('OK') # 将字符串转换为集合，st = {'O', 'K'}
6	>>>	st = set(('Good', 'Job')) # 将元组转换为集合，st = {'Good', 'Job'}
7	>>>	st = set([1, 2, 3]) # 将列表转换为集合，st = {1, 2, 3}
8	>>>	dic = {'中国': '北京', '美国': '华盛顿', '日本': '东京'}
9	>>>	st = set(dic) # 将字典的键转换为集合，st = {'中国', '美国', '日本'}

10	>>>	st = set(dic.keys())　# 将字典的键转换为集合，st = {'中国', '美国', '日本'}
11	>>>	st = set(dic.values())　# 将字典的值转换为集合，st = {'北京', '华盛顿', '东京'}
12	>>>	st = set(dic.items())　# 将字典的键值对转换为集合
13	>>>	# {('日本', '东京'), ('美国', '华盛顿'), ('中国', '北京')}
14	>>>	st = set(range(5))　# 将 range 对象转换为集合，lst = {0, 1, 2, 3, 4}
15	>>>	st = set(map(int, [23.9, 38.2]))　# 将 map 对象转换为集合，lst = {38, 23}
16	>>>	st = set(map(lambda x: x ** 2, [1, 2, 3]))　# lst = {1, 4, 9}
17	>>>	st = set(zip('AB', [1, 2]))　# 将 zip 对象转换为集合，st = {('A', 1), ('B', 2)}
18	>>>	st = set(filter(str.isdigit, 'A1B2'))　# 将 filter 对象转换为集合，st = {'2', '1'}
19	>>>	st = set(enumerate('XY'))　# 将 enumerate 对象转换为集合，st = {(0, 'X'), (1, 'Y')}
20	>>>	st = {1, 3.14, 'Hello', (1, 2, 3)}　# 集合可以包含不同类型的元素
21	>>>	for i in st: print(i)　# 遍历集合
22	...	↵
23	Out	3.14
		1
		(1, 2, 3)
		Hello

　　不可变集合是一种无序且不可变的数据类型，其创建方式与例 4-22 中的示例类似，只需将创建语句中的内置函数 set() 替换为 frozenset() 函数即可。

　　注意事项：可变集合可以包含不可变集合，但不能包含其他可变集合，即可变集合不能嵌套。

　　例 4-23：创建不可变集合后，请使用 print() 函数输出。

1	>>>	x = {{1, 2}, {3}}　# 抛出 TypeError 异常：可变集合不能嵌套可变集合
2	>>>	y = {frozenset({1, 2}), frozenset({3})}　# 可变集合可以包含不可变集合
3	>>>	z = frozenset({frozenset({1, 2}), frozenset({3})})　# 不可变集合可以嵌套不可变集合

4.5.2　集合的增删改查

　　集合的常用方法及其功能描述如表 4-8 所示。

表 4-8　集合的常用方法及其功能描述

集合方法	功能描述
add(object)	向集合中添加一个元素。如果元素已存在，则不做任何操作
remove(object)	从集合中移除指定元素。如果元素不存在，则抛出 KeyError 异常
discard(object)	从集合中移除指定元素。即使元素不存在，也不会抛出异常
pop()	移除并返回集合中的任意一个元素。如果集合为空，则抛出 KeyError 异常
update(*others)	将可迭代对象（如字符串、列表、元组、字典、集合等）中的所有元素添加到集合中
clear()	清空集合中的所有元素，集合将变为空集合

　　例 4-24：每次修改集合后，请使用 print() 函数输出。

| 1 | >>> | st = {10, 20}　# 初始化集合 |

2	>>>	st.add(30)　# 向集合中添加一个元素。如果元素不存在，则操作被忽略
3	>>>	st.remove(20)　# 从集合中移除指定元素。如果元素不存在，则抛出 KeyError 异常
4	>>>	st.remove(50)　# 移除不存在的元素 50，抛出 KeyError 异常
5	>>>	st.discard(50)　# 从集合中移除元素 50。即使元素不存在，也不会抛出异常
6	>>>	a = st.pop()　# 从集合中随机移除一个元素，并返回该元素的值
7	>>>	print(a, st)
8	Out	10 {30}
9	>>>	st.clear()　# 清空集合中的所有元素，集合变为空集合，相当于 st = set()
10	>>>	b = st.pop()　# 如果集合为空，调用 pop()方法将抛出 KeyError 异常
11	>>>	st.update(['OK'])　# 向集合中添加可迭代对象中的所有元素，st = {'OK'}
12	>>>	st.update('OK')　# 将字符串'OK'中的每个字符作为独立元素添加到集合中，st = {'O', 'K', 'OK'}
13	>>>	st.update([1, 2])　# 向集合添加列表中的所有元素，st = {1, 2, 'K', 'OK', 'O'}
14	>>>	st.update(range(2, 3))　# 向集合添加[2, 3)范围内的所有整数元素，st = {1, 2, 'K', 'O', 'OK'}
15	>>>	del st　# 删除整个集合后，该集合将无法访问，否则会抛出异常

4.5.3　集合的常用操作

由于集合是无序的，因此它不支持索引和切片操作，但可以使用 for 循环遍历集合中的元素。

如图 4-2 所示，集合的常见运算如下：

- 求并集：使用 union()方法或|运算符。
- 求交集：使用 intersection()方法或&运算符。
- 求差集：使用 difference()方法或-运算符。
- 求对称差集：使用 symmetric_difference()方法或^运算符。

这些运算都会返回一个新的集合，参与运算的原集合保持不变。

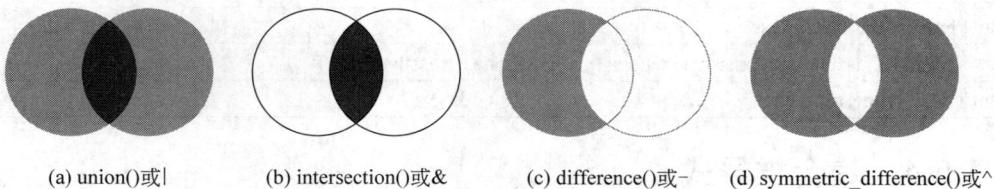

(a) union()或|　　　(b) intersection()或&　　　(c) difference()或-　　　(d) symmetric_difference()或^

图 4-2　集合的常见运算

例 4-25：集合的常见运算示例。

1	>>>	x = {1, 2, 3, 'A', 'B'}
2	>>>	y = {3, 'A', 'B', 'C'}
3	>>>	print(x | y, x & y, x - y, x ^ y)　# 使用集合运算符求集合的并集、交集、差集、对称差集
4	Out	{1, 2, 3, 'C', 'B', 'A'} {'B', 3, 'A'} {1, 2} {1, 'C', 2}
5	>>>	print(x.union(y), x.intersection(y), x.difference(y), x.symmetric_difference(y))
6	Out	{1, 2, 3, 'C', 'B', 'A'} {'B', 3, 'A'} {1, 2} {1, 'C', 2}
7	>>>	print(x, y)　# 输出原始集合，查看它们在集合运算后的状态
8	Out	{1, 2, 3, 'B', 'A'} {'B', 3, 'C', 'A'}　# 参与集合运算的两个集合保持不变

关系运算符（==、!=、>、>=、<、<=）和成员运算符（in、not in）均适用于集合类型。关系运算符用于对两个集合进行比较，判断集合之间的包含关系，即子集和超集的关系，最终返回布尔类型的值（True 或 False）。成员运算符用于判断一个元素是否属于（或不属于）一个集合。

如果集合 A 中的每个元素都包含在集合 B 中，则称集合 A 是集合 B 的子集，而集合 B 则是集合 A 的超集。例如，A<= B 表示 A 是 B 的子集，B 是 A 的超集；A<B 表示 A 是 B 的真子集（即 A 是 B 的子集，且 B 中至少有一个元素不属于 A，B 是 A 的真超集）。需要注意的是：

（1）空集是任何集合的子集，也是任何非空集合的真子集。

（2）任何集合都是它自身的子集和超集。

集合关系的常用判断方法如下。

（1）A.issubset(B)方法用于判断集合 A 是否为集合 B 的子集，如果是则返回 True，否则返回 False。

（2）A.issuperset(B)方法用于判断集合 A 是否为集合 B 的超集，如果是则返回 True，否则返回 False。

（3）A.isdisjoint(B)方法用于判断集合 A 和集合 B 是否不相交，如果两个集合的交集为空集，则返回 True，否则返回 False。

例 4-26：集合的关系运算示例。

1	>>>	x, y, z, w = {1, 2, 3}, {'a', 'b', 'c'}, {1, 2}, {'a', 'b'} # 同步赋值
2	>>>	print(x > y, x <= y, z < x, y >= w)
3	Out	False False True True
4	>>>	print(z.issubset(x), y.issuperset(w), x.isdisjoint(y), x.isdisjoint(z))
5	Out	True True True False
6	>>>	print(z in x, 2 in x, w not in y, 'a' not in y)
7	Out	False True True False
8	>>>	print(set().issubset(x), x.issuperset(set()), x.issubset(x), x.issuperset(x))
9	Out	True True True True

4.5.4　集合推导式

例 4-27：用户输入若干个以空格分隔的整数，从中筛选出偶数并按输入的顺序打印，每个偶数只显示一次。

在 IDLE 编辑器中，新建 4-27.py 文件，输入以下代码并运行。

1	txt = input().split() # 获取用户输入并按空格分割，得到一个由数字字符串构成的列表
2	nums = list(map(int, txt)) # 通过 map()函数将数字字符串转换为整数，并将结果转换为列表
3	even = {num for num in nums if num % 2 == 0} # 使用集合推导式筛选出偶数，集合会自动去重
4	for num in nums: # 遍历整数列表
5	if num in even: # 如果数字是偶数且尚未输出
6	print(num, end=' ') # 输出该偶数
7	even.remove(num) # 输出后将其从偶数集合中移除，确保每个偶数只输出一次

In	1 2 2 5 2 8 5 6
Out	2 8 6

例 4-28： 去除文本中的重复字符并输出结果。

在 IDLE 编辑器中，新建 4-28.py 文件，输入以下代码并运行。

1	txt = input() # 获取用户输入的一段文本
2	seen = set() # 创建一个空集合，用于记录已经出现过的字符
3	lst = [] # 创建一个空列表，用于存储不重复的字符
4	for char in txt: # 遍历文本中的每个字符
5	if char not in seen: # 如果字符没有出现过
6	lst.append(char) # 则将该字符加入结果列表
7	seen.add(char) # 同时将该字符加入已出现过的字符集合
8	print(''.join(lst)) # 将列表中的字符连接成字符串并输出
In	春水春池满，春时春草生。春人饮春酒，春鸟弄春声。
Out	春水池满，时草生。人饮酒鸟弄声

🔑 本章习题

4.1 既可以删除列表中的元素，也可以删除整个列表的 Python 关键字是_____。

4.2 （判断题）已知 x = '[1, 2, 3]'，则表达式 list(x)的值为[1, 2, 3]。（   ）

4.3 （判断题）表达式 len(zip([1, 2, 3, 4], 'ABCDEFG'))的值为 4。（   ）

4.4 以下不是组合数据类型的是（   ）。

A．集合类型　　　　B．序列类型　　　　C．映射类型　　　　D．引用类型

4.5 关于 Python 组合数据类型，以下选项中描述错误的是（   ）。

A．组合数据类型可以分为 3 类：序列类型、集合类型和映射类型

B．序列类型是二维元素向量，元素之间存在先后关系，通过序号访问

C．Python 的 str、tuple 和 list 类型都属于序列类型

D．Python 组合数据类型能够将多个同类型或不同类型的数据组织起来，通过单一的表示使数据操作更有序、更容易

4.6 关于 Python 的列表，描述错误的选项是（   ）。

A．Python 列表是包含 0 个或者多个对象引用的有序序列

B．Python 列表用中括号[]表示

C．Python 列表是一个可以修改数据项的序列类型

D．Python 列表的长度不可变

4.7 以下关于列表操作的描述，错误的是（   ）。

A．通过 append()方法可以向列表添加元素

B．通过 extend()方法可以将另一个列表中的元素逐一添加到列表中

C．通过 insert(index, object)方法在指定位置 index 前插入元素 object

D．通过 add()方法可以向列表添加元素

4.8   以下关于字典类型的描述，错误的是（   ）。

A．字典类型是一种对象集合，通过键来存取

B．字典类型可以在原来的变量上增加或缩短

C．字典类型可以包含列表和其他数据类型，支持嵌套的字典

D．字典类型中的数据可以进行切片和合并操作

4.9   以下关于字典的描述，错误的是（   ）。

A．字典中元素以键信息为索引访问

B．字典长度是可变的

C．字典是键值对的集合

D．字典中的键可以对应多个值信息

4.10   s = 'the sky is blue'，表达式 print(s[-4:], s[:-4])的结果是（   ）。

A．the sky is blue   B．blue is sky the

C．sky is blue the   D．blue the sky is

4.11   下面代码的输出结果是（   ）。

```
s =['seashell', 'gold', 'pink', 'brown', 'purple', 'tomato']
print(s[1:4:2])
```

A．['gold', 'pink', 'brown']

B．['gold', 'pink']

C．['gold', 'pink', 'brown', 'purple', 'tomato']

D．['gold', 'brown']

4.12   以下程序的输出结果是（   ）。

```
a = 'Doing is better than saying.'
print(r'\n' + a[:15])
```

A．直接输出：'\nDoing is better'

B．直接输出：\nDoing is better th

C．直接输出：\nDoing is better

D．先换行，然后在新的一行中输出：Doing is better

4.13   [1, 3, 5] * 2 的值为（   ）。

A．[1, 3, 5, 1, 3, 5]   B．[2, 6, 10]

C．[1, 1, 3, 3, 5, 5]   D．以上皆非

4.14   sum([i ** 2 for i in range(3)])的值为（   ）。

A．2   B．3   C．5   D．7

4.15   已知 x = [1, 2]，y = [2, 3]，单独执行 x += y 或 x.append(y)或 x.extend(y)语句后，x 的值分别为（   ）。

A．[1, 2]   B．[1, 2, 3]   C．[1, 2, 2, 3]   D．[1, 2, [2, 3]]

4.16   已知 x = [1, 2]，y = 'OK'，单独执行 x.append(y)或 x.extend(y)语句后，x 的值分别为_____。

A. [1, 2]　　　　B. [1, 2, 'OK']　　　C. [1, 2, 'O', 'K']　　　D. 以上皆非

4.17　下面选项中对 Python 操作描述错误的是（　　　）。

A. x1 + x2 连接列表 x1 和 x2，生成新列表

B. x * n 将列表 x 复制 n 次，生成新列表

C. min(x)列表 x 中最大数据项

D. len(x)计算列表中成员的个数

4.18　以下程序的输出结果是（　　　）。

```
vlist = list(range(5))
print(vlist)
```

A. 0 1 2 3 4　　　B. 0,1,2,3,4,　　　C. 0;1;2;3;4;　　　D. [0, 1, 2, 3, 4]

4.19　以下程序的输出结果是（　　　）。

```
ls=[[1, 2, 3], [[4, 5], 6], [7, 8]]
print(len(ls))
```

A. 3　　　　　　B. 4　　　　　　C. 8　　　　　　D. 1

4.20　以下程序的输出结果是（　　　）。

```
x = ['90', '87', '90']
n = 90
print(x.count(n))
```

A. 1　　　　　　B. 2　　　　　　C. None　　　　D. 0

4.21　以下程序的输出结果是（　　　）。

```
ls = list('the sky is blue')
a = ls.index('s', 5, 10)
print(a)
```

A. 4　　　　　　B. 5　　　　　　C. 10　　　　　　D. 9

4.22　已知 id(ls1) = 4404896968，以下程序的输出结果是（　　　）。

```
ls1 = [1, 2, 3, 4, 5]
ls2 = ls1
ls3 = ls1.copy()
print(id(ls2), id(ls3))
```

A. 4404896968 4404896904　　　　　B. 4404896904 4404896968

C. 4404896968 4404896968　　　　　D. 4404896904 4404896904

4.23　以下程序的输出结果是（　　　）。

```
L2 = [1, 2, 3, 4]
L3 = L2.reverse()
print(L3)
```

A. [4, 3, 2, 1]　　　B. [3, 2, 1]　　　C. [1, 2, 3,]　　　　D. None

4.24　以下程序的输出结果是（　　　）。

```
L2 = [[1, 2, 3, 4], [5, 6, 7, 8]]
L2.sort(reverse=True)
print(L2)
```

A. [5, 6, 7, 8], [1, 2, 3, 4]　　　　B. [[8, 7, 6, 5], [4, 3, 2, 1]]
C. [8, 7, 6, 5], [4, 3, 2, 1]　　　　D. [[5, 6, 7, 8], [1, 2, 3, 4]]

4.25　以下程序的输出结果是（　　　）。

```
dat=['1', '2', '3', '0', '0', '0']
for item in dat:
    if item == '0':
        dat.remove(item)
print(dat)
```

A. ['1', '2', '3']　　　　　　　　B. ['1', '2', '3', '0']
C. ['1', '2', '3', '0', '0']　　　　D. ['1', '2', '3', '0', '0', '0']

4.26　以下程序的输出结果是（　　　）。

```
ls = [-1, -2, 0, 1, 2]
for item in ls:
    if item < 0:
        ls.remove(item)
print(ls)
```

A. [−1, −2, 0, 1, 2]　　　　　　B. [−2, 0, 1, 2]
C. [0, 1, 2]　　　　　　　　　　D. 以上皆非

4.27　以下程序的输出结果是（　　　）。

```
ls = [-1, -2, 0, 1, 2]
for item in list(ls):
    if item < 0:
        ls.remove(item)
print(ls)
```

A. [−1, −2, 0, 1, 2]　　　　　　B. [−2, 0, 1, 2]
C. [0, 1, 2]　　　　　　　　　　D. 以上皆非

4.28　以下程序的输出结果是（　　　）。

```
x = [90, 87, 93]
y = ["zhang", "wang", "zhao"]
print(list(zip(y, x)))
```

A．('zhang', 90), ('wang', 87), ('zhao', 93)

B．[['zhang', 90], ['wang', 87], ['zhao', 93]]

C．['zhang', 90], ['wang', 87], ['zhao', 93]

D．[('zhang', 90), ('wang', 87), ('zhao', 93)]

4.29　以下程序的输出结果是（　　）。

```
frame = [[1, 2, 3], [4, 5, 6], [7, 8, 9]]
rgb = frame[::-1]
print(rgb)
```

A．[[1, 2, 3], [4, 5, 6], [7, 8, 9]]　　　　B．[[7, 8, 9]]

C．[[3, 2, 1], [6, 5, 5], [9, 8, 7]]　　　　D．[[7, 8, 9], [4, 5, 6], [1, 2, 3]]

4.30　以下程序的输出结果是（　　）。

```
a = (5, 1, 3, 4)
print(sorted(a, reverse=True))
```

A．(1, 3, 4, 5)　　　B．[1, 3, 4, 5]　　　C．(5, 4, 3, 1)　　　D．[5, 4, 3, 1]

4.31　元组变量 t = ('cat', 'dog', 'tiger', 'human')，t[::-1]的结果是（　　）。

A．{'human', 'tiger', 'dog', 'cat'}　　　　B．['human', 'tiger', 'dog', 'cat']

C．('human', 'tiger', 'dog', 'cat')　　　　D．运行出错

4.32　以下选项中，不是正确建立字典的方式是（　　）。

A．d = {[1, 2]: 1, [3, 4]: 3}　　　　B．d = {(1, 2): 1, (3, 4): 3}

C．d = {'张三': 1, '李四': 2}　　　　D．d = {1: [1, 2], 3: [3, 4]}

4.33　给出如下代码，以下选项中能输出"海贝色"的是（　　）。

```
DictColor = {'seashell': 海贝色', 'gold': '金色', 'pink': '粉红色', 'brown': '棕色', 'purple': '紫色', 'tomato':
'西红柿色'}
```

A．print(DictColor.keys())　　　　B．print(DictColor['海贝色'])

C．print(DictColor.values())　　　　D．print(DictColor['seashell'])

4.34　下面代码的输出结果是（　　）。

```
d ={'大海': '蓝色', '天空': '灰色', '大地': '黑色'}
print(d['大地'], d.get('大地', '黄色'))
```

A．黑色 灰色　　　B．黑色 黑色　　　C．黑色 蓝色　　　D．黑色 黄色

4.35　以下程序的输出结果是（　　）。

```
d = {'zhang': 'China', 'Jone': 'America', 'Natan': 'Japan'}
for k in d:
    print(k, end='')
```

A．ChinaAmericaJapan　　　　B．zhang:ChinaJone:AmericaNatan:Japan

C．'zhang"Jone"Natan'　　　　D．zhangJoneNatan

4.36　以下程序的输出结果是（　　）。

```
d = {'zhang': 'China', 'Jone': 'America', 'Natan': 'Japan'}
print(max(d), min(d))
```

A．Japan America
B．zhang:China Jone:America
C．China America
D．zhang Jone

4.37　以下程序的输出结果是（　　）。

```
ls =list({'shanghai': 200, 'beijing': 300})
print(ls)
```

A．['200', '300']
B．['shanghai', 'beijing']
C．[200, 300, 400]
D．'shanghai', 'beijing'

4.38　以下表达式，正确定义了一个集合数据对象的是（　　）。
A．x = {200, 'flg', 20.3}
B．x = (200, 'flg', 20.3)
C．x = [200, 'flg', 20.3]
D．x = {'flg': 20.3}

4.39　以下程序的输出结果是（　　）。

```
ss = list(set('jzzszyj'))
ss.sort()
print(ss)
```

A．['z', 'j', 's', 'y']
B．['j', 's', 'y', 'z']
C．['j', 'z', 'z', 's', 'z', 'y', 'j']
D．['j', 'j', 's', 'y', 'z', 'z', 'z']

4.40　以下程序的输出结果是（　　）。

```
ss = set('htslbht')
sorted(ss)
for i in ss:
    print(i, end='')
```

A．htslbht
B．hlbst
C．tsblh
D．hhlstt

4.41　已知 x = {1, 2, 3, 4}，y = {2, 3, 4, 5}，单独执行 x.union(y)或 x.intersection(y)或 x.difference(y)或 x.symmetric_difference(y)语句后，x 的值分别为（　　）。
A．{1}
B．{1, 5}
C．{2, 3, 4}
D．{1, 2, 3, 4, 5}

4.42　下面不能作为内置函数 reversed()的参数的有（　　）。
A．列表
B．元组
C．集合
D．字符串

4.43　给定一个列表 lst = [1, 3, 5, 1, 2, 3, 4, 5]，去除其中的重复元素并输出去重后的列表。

4.44　请编写代码替换横线，不修改其他代码，实现以下功能：a 和 b 是两个长度相同的列表变量，其中列表 a 已给定为[3, 6, 9]，通过键盘输入获取列表 b。将 a 列表的三个元素依次插入到 b 列表中对应的三个元素的后面，并输出更新后的 b 列表。例如，当键盘输入列表 b 为[1, 2, 3]时，输出应为[1, 3, 2, 6, 3, 9]。

```
a = [3, 6, 9]
b = eval(input())
j = 1
for i in range(len(_____)):
    b._____
    j += _____
print(b)
```

4.45　修改编程模板，用代码替换横线，可以自由修改给出的提示代码，实现以下功能：
键盘输入一行我国高校所对应的学校类型，以空格分隔。输入示例如下：

```
综合 理工 综合 综合 综合 师范 理工
```

要求统计各类型学校的数量，并按照数量从多到少的顺序输出每种类型及其对应的数量，格式为"类型:数量"，每种类型占一行。输出示例如下：

```
综合:4
理工:2
师范:1
```

```
txt = input('请输入类型序列：')
_____
d = {}
_____
ls = list(d.items())
ls.sort(key=lambda x: x[1], reverse=True)    # 按照数量降序排序
for k in ls:
    print('{}:{}'.format(k[0], k[1]))
```

第 5 章

函数与模块

CHAPTER **5**

本章学习目标:

- 熟练掌握函数的定义与使用方法;
- 熟悉函数的参数传递方式, 包括位置参数、关键字参数、默认值参数和可变长度参数;
- 熟练掌握变量作用域的概念与应用;
- 理解递归函数的执行过程;
- 熟练掌握 lambda 表达式的语法及应用;
- 理解 Python 函数式编程的特点。

5.1　函数的定义和使用

　　函数是编程中的核心概念之一，指的是一段用于执行特定任务或实现特定功能的代码块。它能够接收不同的参数作为输入，进行相应的数据处理，并返回结果。在 Python 中，函数是组织和结构化代码的重要手段之一。通过函数，代码可以实现封装和模块化，从而提高复用性、可维护性和可读性。

　　在 Python 中，函数主要分为两种类型：自定义函数（User-defined Functions）和内置函数（Built-in Functions）。自定义函数是由程序员根据需求编写的，用于实现特定的功能。而内置函数是 Python 语言自带的、已经预定义好的函数，可以直接在程序中使用，无需重新定义。内置函数涵盖了众多常见的操作，如输入输出、数据类型转换、字符串处理、数学计算等。

　　自定义函数通过 def 关键字定义，其基本语法格式如下：

```
def 函数名(形式参数):
    <函数体>
    return [返回值]
```

- 函数名：可以是任意合法的 Python 标识符。
- 形式参数：函数名后圆括号内的参数就是形式参数（简称形参）。形参用于接收调用函数时传入的实际参数（简称实参）。形参数量可以是零个或多个，多个形参之间用逗号分隔。如果函数无需接收任何参数（即无参函数），函数名后仍需保留一对空的英文半角圆括号。
- 函数体：每次函数被调用时会执行的代码块，通常由一行或多行语句组成。
- 返回值：函数执行结束后返回的结果，可以是任意类型。如果函数没有显式的返回值，则默认返回 None，这种情况通常称为"无返回值"。
- return：用于退出函数并返回结果。return 语句可以有选择性地返回 0 个、1 个或多个值给函数调用者。具体情况如下。
  - 如果函数没有显式的 return 语句，或者 return 语句省略了返回值，则函数默认返回 None。
  - 如果 return 语句一次性返回多个值，这些值会自动打包成一个元组返回。
  - 函数中可以有多个 return 语句，其中任意一条 return 语句被执行时，函数将立即停止执行，并返回对应的结果。

　　注意：Python 属于动态类型语言，不需要显式指定形参和返回值的数据类型，解释器会根据实际传入的参数和返回值自动推断其类型。

　　函数调用的一般形式如下：

```
函数名(实际参数)
```

　　在调用函数时，实参必须是可计算且确定的值。若实参是变量，变量必须有确定的值。

　　例 5-1：定义一个函数，计算两个数的和，并返回结果。

在 IDLE 编辑器中，新建 5-1.py 文件，输入以下代码并运行。

```
1   def add(a, b):   # 定义函数 add()，返回形参 a 和 b 的和
2       return a + b
3
4   # 通常在函数定义后留空一行以提高可读性，但为保持版面紧凑，本书可能不留空行，特此说明
5   res = add(3, 5)   # 调用函数 add()，传入 3 和 5 作为实参，并将函数的返回结果赋值给变量 res
6   print(res)
Out 8
```

上述代码的执行过程如下：

（1）当程序执行到 res = add(3, 5) 时，开始调用函数 add()，并将实参 3 和 5 分别传递给形参 a 和 b，即 a 被赋值为 3，b 被赋值为 5；

（2）在 add() 函数体内，执行 a + b，即 3 + 5，计算结果为 8，然后通过 return 语句返回结果 8；

（3）返回值 8 被赋值给变量 res，最后，通过 print() 函数将其输出。

例 5-2：输入一个整数，判断其是否为素数（素数是大于 1 且仅能被 1 和自身整除的自然数）。

在 IDLE 编辑器中，新建 5-2.py 文件，输入以下代码并运行。

```
1   # 定义函数 isprime()，判断 n 是否为素数，若是则返回 True，否则返回 False
2   def isprime(n):
3       if n <= 1:   # 判断 n 是否小于或等于 1
4           return False   # 若是，则它不是素数，返回 False
5       # 只需要检查到 √n，因为一个大于 √n 的因子必定会与一个小于 √n 的因子配对
6       for i in range(2, int(n**0.5) + 1):   # i 从 2 开始遍历到 √n
7           if n % i == 0:
8               return False   # 如果 n 能被 i 整除，说明 n 不是素数，返回 False
9       return True   # 若没有找到任何因子，说明 n 是素数，返回 True
10
11  num = int(input())   # 获取用户输入，将其转换为整数后赋值给变量 num
12  if isprime(num):   # 调用函数 isprime() 判断 num 是否为素数，需将实参 num 传递给形参 n
13      print('{}是素数'.format(num))
14  else:
15      print('{}不是素数'.format(num))
In  9527
Out 9527 不是素数
```

例 5-3：定义一个函数，执行四则运算（加、减、乘、除）并返回计算结果。

在 IDLE 编辑器中，新建 5-3.py 文件，输入以下代码并运行。

```
1   # 定义函数 arithmetic()，接收两个参数 x 和 y，返回它们的和、差、积、商
2   def arithmetic(x, y):
3       return x + y, x - y, x * y, x / y   # 返回加法、减法、乘法和除法结果打包成的元组
```

4	# 调用函数 arithmetic()，传入 3 和 5 作为实参，并将函数的返回结果赋值给变量 res
5	res = arithmetic(3, 5)
6	print(res)　# 打印返回的元组 res，展示加、减、乘、除的结果
Out	(8, -2, 15, 0.6)
7	print(res[0], res[1], res[2], res[3])　# 通过索引访问元组 res 中的元素
Out	8 -2 15 0.6

🔑 5.2　函数的参数传递

参数传递是指在函数调用时，实参的值被传递给函数的形参，形参随后用于函数内部的运算或其他操作。简而言之，实参提供的数据赋值给形参，形参在函数内部代表这些数据并参与处理。

5.2.1　传对象引用

在 Python 中，函数的参数传递遵循"传对象引用"（pass-by-object-reference）的方式，也就是说，当一个对象作为实参传递给函数时，传递的是该对象的引用，而不是对象的副本。然而，当实参是可变对象和不可变对象时，两者的处理过程存在较大差异。

1. 实参是不可变对象（如数字、字符串、布尔值、元组、不可变集合等）

（1）如果在函数内部没有对形参进行任何修改，那么实参和形参始终指向同一个对象，即它们的 id() 函数值是相同的。

（2）如果在函数内部对形参进行了修改，即便传递的是对象的引用，函数内部对形参的修改依然无法改变实参，因为形参和实参初始引用同一个不可变对象，而不可变对象是无法被修改的。在这种情况下，修改操作会使得 Python 创建一个新的对象来存储修改后的值，而实参所引用的对象并没有发生改变。

例 5-4：定义函数 fun()，演示不可变对象作为参数传递的行为。

在 IDLE 编辑器中，新建 5-4.py 文件，输入以下代码并运行。

1	# 定义函数 fun()，演示不可变对象作为参数传递的行为
2	def fun(x, y):　# x 和 y 是函数的形参，它们负责接收调用时传入的实参
3	print('函数内修改前：', x, id(x), y, id(y))
4	x = x + 10　# x 被重新赋值，指向新的对象
5	y = y + 'Job'　# y 被重新赋值，指向新的对象
6	print('函数内修改后：', x, id(x), y, id(y))
7	
8	a = 10
9	b = 'Good'
10	print('函数外调用前：', a, id(a), b, id(b))
11	fun(a, b)　# 调用函数 fun()，实参 a 和 b 分别传递给形参 x 和 y
12	print('函数外调用后：', a, id(a), b, id(b))　# 函数调用后，实参 a 和 b 保持不变

Out	函数外调用前：10 140731570250952 Good 2514606714688
	函数内修改前：10 140731570250952 Good 2514606714688
	函数内修改后：**20 140731570251272 GoodJob 2514605960544**
	函数外调用后：10 140731570250952 Good 2514606714688

2．实参是可变对象（如列表、字典、可变集合等）

当可变对象作为实参传递给函数时，传递的是该对象的引用。这意味着函数内部的形参和函数外部的实参指向同一个对象。因此，在函数内部对形参对象内容所做的修改将直接反映到实参上。

需要注意的是，如果在函数内部对形参进行赋值操作，此时形参将指向一个新的对象。之后，形参的修改不再影响原来的实参，因为形参已不再引用原始对象。

例 5-5：定义函数 fun()，演示可变对象作为参数传递的行为。

在 IDLE 编辑器中，新建 5-5.py 文件，输入以下代码并运行。

1	# 定义函数 fun()，演示可变对象作为参数传递的行为
2	def fun(x, y):　# x 和 y 是函数的形参，它们负责接收调用时传入的实参
3	print('函数内修改前：', x, id(x), y, id(y))
4	x[0] = 10　# 修改可变对象 x 的内容，实参 a 会随之变化
5	y = [40, 50]　# 对形参 y 重新赋值，让其指向一个新的列表对象，这不会影响实参 b
6	print('函数内修改后：', x, id(x), y, id(y))
7	
8	a = [1, 2]
9	b = [4, 5]
10	print('函数外调用前：', a, id(a), b, id(b))
11	fun(a, b)　# 调用函数 fun()，实参 a 和 b 分别传递给形参 x 和 y
12	print('函数外调用后：', a, id(a), b, id(b))
Out	函数外调用前：[1, 2] 1959196857792 [4, 5] 1959154596864
	函数内修改前：[1, 2] 1959196857792 [4, 5] 1959154596864
	函数内修改后：[10, 2] 1959196857792 **[40, 50] 1959198419392**
	函数外调用后：[10, 2] 1959196857792 [4, 5] 1959154596864

5.2.2　参数传递方式

Python 提供了多种参数传递方式，包括位置参数、关键字参数、默认值参数和可变长度参数等。

1．位置参数

位置参数是最基本、最常见的参数传递方式，按照参数的位置顺序，将实参依次传递给形参，如例 5-1 至例 5-5 所示。

2．关键字参数

关键字参数允许在调用函数时通过指定参数名来传递实参，这样即使函数有多个参数，也能清楚地知道每个实参对应哪个形参，提高了代码的可读性。关键字参数和位置参数可以混合使用，但需要注意的是，在混合传递参数时，关键字参数必须放在位置参数之后，否则会导致参数传递的逻辑混乱，Python 解释器会抛出异常。

例 5-6：定义一个函数，计算并返回购物车中商品的总价。

在 IDLE 编辑器中，新建 5-6.py 文件，输入以下代码并运行。

1	# 定义函数 total()，接收三个参数：price（商品单价）、count（数量）、discount（折扣）
2	def total(price, count, discount):
3	total = price * count * (1 - discount)　# 根据商品单价、数量和折扣计算总价
4	return total　# 返回计算得到的商品总价
5	
6	res = total(count=3, price=100, discount=0)　# 使用关键字参数，顺序可以任意
7	print(res)　# 打印返回值 res
Out	300
8	res = total(100, discount=0.1, count=3)　# 混合传参，关键字参数必须放在位置参数之后
9	print(res)　# 打印返回值 res
Out	270.0

3．默认值参数

默认值参数（也称为可选参数）允许在函数定义时给某些参数设定默认值。在调用函数时，如果未传递对应的实参，函数就会自动采用这些默认值。默认值参数可以与位置参数、关键字参数一起使用。

例 5-7：定义一个函数，计算并返回购物车中商品的总价，默认无折扣。

在 IDLE 编辑器中，新建 5-7.py 文件，输入以下代码并运行。

1	# 定义函数 total()，接收三个参数：price（商品单价）、count（数量）、discount（折扣）
2	def total(price, count, discount=0):　# discount 为默认值参数，默认值为 0
3	total = price * count * (1 - discount)　# 根据商品单价、数量和折扣计算总价
4	return total　# 返回计算得到的商品总价
5	
6	res = total(100, 3)　# 调用函数 total()，未传递 discount 实参，则使用默认值 0
7	print(res)　# 打印返回值 res
Out	300
8	res = total(100, 3, 0.1)　# 调用函数 total()，传递 discount 实参，则不使用默认值
9	print(res)　# 打印返回值 res
Out	270.0
10	res = total(count=3, price=100)　# 默认值参数可以和位置参数、关键字参数混合使用
11	print(res)　# 打印返回值 res
Out	300

4．可变长度参数

如果函数无法预先确定在调用时会接收到多少个参数，可以使用*args 和**kwargs 来处理可变数量的位置参数和关键字参数。具体而言，*args 用于把所有未在函数参数列表中明确列出的位置参数，收集到一个元组 args 中；**kwargs 用于把所有未在函数参数列表中明确列出的关键字参数，收集到一个字典 kwargs 中，其中字典的键是参数名，值是参数对应的数值。需要注意的是，args 和 kwargs 属于约定俗成的命名方式，实际上可以使用其他名称，只要在参数名前分别加上*和**即可。

例 5-8： 定义一个函数，计算并返回不定数量数字的总和。

在 IDLE 编辑器中，新建 5-8.py 文件，输入以下代码并运行。

1	# 定义函数 add()，接收位置参数 a 和 b、关键字参数 x，以及不定数量的位置参数和关键字参数
2	def add(a, b, *args, x, **kwargs):　# 位置参数在前，关键字参数在后
3	'''文档字符串：用于说明函数的功能和参数的作用
4	计算 a + b + x + args 中所有元素之和 + kwargs 中所有值之和
5	参数：
6	- a: 第一个位置参数
7	- b: 第二个位置参数
8	- *args: 可变数量的位置参数
9	- x: 必须传入的关键字参数
10	- **kwargs: 可变数量的关键字参数
11	'''
12	print(a, b, args, x, kwargs)　# args 为元组，kwargs 为字典
13	return a + b + x + sum(args) + sum(kwargs.values())　# 计算并返回结果
14	
15	print(add(1, 2, 3, 4, x=5, y=7, z=8))
16	print(add(1, 2, 3, 4, 5, x=6, y=7))
Out	1 2 (3, 4) 5 {'y': 7, 'z': 8}
	30
	1 2 (3, 4, 5) 6 {'y': 7}
	28

🔑 5.3　变量的作用域

作用域（Scope）指的是变量、函数等在程序中可见和可访问的区域范围。它规定了变量的有效活动区域，如同为变量划定了特定的"势力范围"，明确界定了在程序的哪些代码区域内，变量能够被程序检测到并加以访问、读取甚至修改。一旦超出这个特定的范围，变量就如同不存在一样，无法被程序所感知和使用。

Python 主要有四种作用域类型，遵循 LEGB 查找顺序，具体包括：

（1）**Local**（局部作用域）：函数或代码块内的作用域。在函数或代码块内定义的变量，仅在该区域内有效，外部无法访问。

（2）**Enclosing**（闭包作用域）：通常出现在嵌套函数中。当一个函数嵌套在另一个函数内部时，内层函数可以访问外层函数定义的变量，但反之则不行。外层函数的作用域就是闭包作用域。

（3）**Global**（全局作用域）：模块层级的作用域。在模块层级（即函数外部）定义的变量和函数属于全局作用域，它们在整个模块中都可以被访问，且对模块内的所有函数可见。

（4）**Built-in**（内建作用域）：指 Python 解释器默认提供的作用域，包含所有的内置函数、异常和常量，例如 print()、len()、range()、ValueError、KeyError 等，随时可调用，无需额外的声明或导入。

例 5-9：演示变量作用域的概念。

在 IDLE 编辑器中，新建 5-9.py 文件，输入以下代码并运行。

```
1   x = 10  # 全局作用域(G)：定义全局变量 x，在整个模块内都可以访问
2   def outer():  # 定义外层函数 outer()
3       y = 20  # 闭包作用域(E)：定义闭包变量 y
4       def inner():  # 定义内层函数 inner()
5           z = 30  # 局部作用域(L)：定义局部变量 z
6           print('Inner:', x, y, z)  # 输出全局变量 x、闭包变量 y、局部变量 z
7
8       inner()  # 调用内层函数 inner()
9       print('Outer:', x, y)  # 输出全局变量 x、闭包变量 y
10
11  outer()  # 调用外层函数 outer()
12  print('Global:', x)  # 输出全局变量 x
```

```
Out  Inner: 10 20 30
     Outer: 10 20
     Global: 10
```

1. 变量查找顺序

在访问某个变量时，Python 会按照 LEGB 顺序依次在局部作用域、闭包作用域、全局作用域和内建作用域中查找该变量，并根据查找到的第一个匹配项确定其作用域，不再继续往后查找；如果在所有作用域中都没有找到该变量，Python 将抛出 NameError 异常。

2. global 和 nonlocal 关键字

- global：用于在函数内部声明变量为全局变量，这样就能在函数内部修改全局变量的值。
- nonlocal：用于在内层函数中声明变量为闭包变量，从而可以在内层函数中修改外层函数定义的变量。

注意：global 和 nonlocal 不能用于函数的形参，意味着无法在函数定义时将形参声明为全局变量或者闭包变量。

例 5-10：演示 global 和 nonlocal 关键字的用法。

在 IDLE 编辑器中，新建 5-10.py 文件，输入以下代码并运行。

```
1   x, y, z = 100, 200, 300  # 定义全局变量 x、y 和 z，在整个模块内都可以访问和修改
2   def outer():
3       global x  # 声明 x 是全局变量，允许在函数 outer()中修改它
```

4	x = 10　# 修改全局变量 x 的值
5	y = 20　# 定义闭包变量 y
6	def inner():
7	nonlocal y　# 声明 y 是函数 outer()中定义的闭包变量，允许在函数 inner()中修改它
8	x = 1　# 定义局部变量 x
9	y = 2　　# 修改闭包变量 y 的值
10	print('Inner:', x, y, z)
11	
12	print('Outer:', x, y, z)　# 输出函数 outer()中的 x、y 和 z
13	inner()　# 调用函数 inner()
14	print('Outer:', x, y, z)
15	
16	print('Global:', x, y, z)　# 输出全局变量 x、y 和 z
17	outer()　# 调用函数 outer()
18	print('Global:', x, y, z)
Out	Global: 100 200 300
	Outer: 10 20 300
	Inner: 1 2 300
	Outer: 10 2 300
	Global: 10 200 300

总结如下。

（1）**引用变量的作用域**：当在某个作用域内仅引用变量的值而不进行赋值操作时，Python 会按照 LEGB（**L**ocal、**E**nclosing、**G**lobal、**B**uilt-in）的查找顺序，来确定该变量的作用域。

（2）**赋值操作时的变量作用域**：若在某个作用域内对变量进行赋值操作，则该变量会被视为在当前作用域内定义的，除非在赋值前通过 global 关键字声明为全局变量，或者通过 nonlocal 关键字声明为外层函数的闭包变量。

（3）**同名变量的作用域**：当局部变量、闭包变量和全局变量同名时，Python 会按照 LEGB 查找顺序逐域查找该变量，并根据查找到的第一个匹配项确定其作用域。

🔑 5.4　递归函数的定义和使用

递归（Recursion）指的是在一个函数的执行过程中，该函数直接或间接地调用自身的过程。递归通常用于解决可以被分解成若干个规模较小、结构相似的子问题的任务，通过这种方式，复杂问题能够以一种简洁且优雅的方式得到解决。

递归函数的一般结构如下：

```
def recursive_function(参数):
    if 基准条件:  # 当满足基准条件时，停止递归并返回结果
        return 返回值
    else:  # 递归过程：将当前问题分解为一个或多个更小的子问题，并递归调用自身
```

	return recursive_function(较小规模的子问题)

递归函数主要由两个关键部分构成：

（1）基准条件（Base Case）：也被称为终止条件，这是递归过程能够停止的关键条件，其存在的意义在于避免出现无限递归的情况，确保程序的正常运行。当问题经过一系列的递归分解，简化到了一个最简单、最基本的情况（即基准情形或基例）时，基准条件就会成立。此时，递归过程不再深入，而是直接返回一个预先确定的结果。

（2）递归关系（Recursive Relation）：这是递归函数的核心逻辑部分，通过将原始问题逐步拆解为规模更小的子问题，利用递归调用自身来处理这些子问题。每一次递归调用，都要确保所处理的子问题在规模上比原问题更小，并且逐步逼近基准条件。这样，随着递归的不断进行，最终必然会满足基准条件，使得递归过程得以终止。

阶乘是一个经典的递归问题，其定义如下：

$$n!=n\times(n-1)\times(n-2)\times\cdots\times1 \text{ 且 } 0!=1$$

其递归定义如下：

$$n! = \begin{cases} n\times(n-1)! & \text{当 } n\geq2 \\ 1 & \text{当 } n=0\text{或}n=1 \end{cases}$$

例 5-11：定义一个函数，计算并返回一个整数的阶乘。

在 IDLE 编辑器中，新建 5-11.py 文件，输入以下代码并运行。

```
1  def factorial(n):
2      if n <= 1:  # 基准条件：当 n≤1 时返回 1，递归终止
3          return 1
4      else:
5          return n * factorial(n - 1)   # 递归调用
6
7  print(factorial(5))   # 输出 5 的阶乘
Out 120
```

斐波那契数列（Fibonacci sequence），又称黄金分割数列，因数学家莱昂纳多·斐波那契（Leonardo Fibonacci）以兔子繁殖为例子而引入，故又称"兔子数列"，其数值为：0、1、1、2、3、5、8、13、21、34、……

斐波那契数列也是一个经典的递归问题，其递归定义如下：

$$F(n) = \begin{cases} F(n-1)+F(n-2) & \text{当 } n\geq2 \\ 1 & \text{当 } n=1 \\ 0 & \text{当 } n=0 \end{cases}$$

例 5-12：定义一个函数，计算并返回斐波那契数列中第 n 项的值，n 从 0 开始计数。

在 IDLE 编辑器中，新建 5-12.py 文件，输入以下代码并运行。

```
1  def fibonacci(n):
2      if n == 0:  # 基准条件：当 n=0 时返回 0
3          return 0
4      elif n == 1:  # 基准条件：当 n=1 时返回 1
```

5	return 1
6	else:
7	return fibonacci(n - 1) + fibonacci(n - 2)　　# 递归调用
8	
9	print(fibonacci(6))　　# 输出斐波那契数列第 6 项的值
Out	8

🔑 5.5　lambda 表达式

Python 支持使用 lambda 表达式（也称为 lambda 函数）来创建匿名函数。lambda 表达式通常用于编写简短的单行函数，无须使用 def 关键字来定义常规的具名函数。由于 lambda 函数没有名称，通常通过将其赋值给变量或者作为实参传递给其他函数（如 map()、filter()、sorted()等）来使用。其语法格式如下：

> lambda 参数: 表达式

其中，lambda 关键字后面可以跟零个或多个参数，并且参数在冒号（:）前指定；lambda 函数体只能包含一个表达式，不允许有多个语句或复杂的逻辑，也不能使用 return 语句，该函数的返回值就是冒号后面表达式的计算结果。

例 5-13：演示 lambda 函数的用法。

在 IDLE 编辑器中，新建 5-13.py 文件，输入以下代码并运行。

1	# 定义一个简单的 lambda 函数，计算两个数的和
2	add = lambda x, y: x + y　　# 将 lambda 函数赋值给变量 add，之后可通过 add()调用该函数
3	print(add(2, 3))
4	num = [1, 2, 3, 4, 5]　　# 初始化数字列表
5	# 使用 map()函数将 lambda 函数应用到 num 列表中的每个元素，计算每个元素的平方值
6	print(list(map(lambda x: x**2, num)))
7	# 使用 filter()函数筛选出 num 列表中的偶数元素
8	print(list(filter(lambda x: x % 2 == 0, num)))
9	# lambda 函数常用于自定义排序规则
10	points = [(1, 2), (3, 4), (5, 0), (2, 1)]
11	points.sort(key=lambda x: x[0], reverse=True)　　# 根据列表中各元组第一个元素的值降序排序
12	print(points)
13	points.sort(key=lambda x: x[1])　　# 根据列表中各元组第二个元素的值升序排序
14	print(points)
Out	5
	[1, 4, 9, 16, 25]
	[2, 4]
	[(5, 0), (3, 4), (2, 1), (1, 2)]
	[(5, 0), (2, 1), (1, 2), (3, 4)]

5.6　模块和库的导入与使用

模块和库是 Python 中常见且重要的概念。模块通常是一个 Python 源代码文件（.py 文件）或已编译的字节码文件（如.pyc 文件），其中可以包含函数、类或变量的定义。库一般指的是多个模块的集合，除了模块外，还可能包含数据文件、配置文件或其他资源。包是一个包含多个模块的文件夹，并且该文件夹中至少有一个名为__init__.py 的文件，以此来标识该目录是一个 Python 包。包还能包含子包，进而形成层级结构。

在 Python 中，模块和库可以进一步划分为内置模块、标准库和第三方库。内置模块是 Python 解释器的组成部分，会随着解释器一同安装，用户无需额外安装。标准库是 Python 官方提供的、随解释器一起安装的模块集合。而第三方库由开发者社区或第三方开发，一般不包含在 Python 的默认安装中，用户可以借助包管理工具（如 pip）来安装这些库。

5.6.1　内置模块和标准库

Python 官方标准安装包自带了大量的内置模块和标准库，它们提供了丰富多样的功能，涵盖了字符串处理、文件操作、系统功能、数学运算等多个领域。这使得 Python 在处理各类任务时更加高效和灵活，开发者能够直接利用这些模块实现复杂功能，无需额外安装第三方库。

内置模块是 Python 解释器的一部分，提供了诸如 math、random、time、tkinter、turtle 等基本模块。这些模块的源代码部分已被编译成 C 扩展模块，但用户仍然可以查看大部分模块的源代码。

标准库是 Python 官方提供的一系列模块和包，包含了更为复杂的功能和工具，例如文件处理、网络编程、数据解析等。这些模块和包通常存放在 Python 安装路径下的 Lib 文件夹中，用户可以自由查看和使用。

常见的内置模块包括：

（1）math：提供了丰富的数学函数，比如绝对值（abs）、平方根（sqrt）、最大公约数（gcd）、阶乘（factorial）、幂运算（pow）以及三角函数（如 sin、cos、tan）等，还包括常数圆周率 π 和自然对数的底数 e。

（2）random：用于生成伪随机数，支持多种生成方式，如生成随机浮点数（random）、从序列中随机选择元素（choice）、打乱序列顺序（shuffle）、生成随机样本（sample）等。

（3）time：用于时间处理，提供了获取时间戳（time）、设置延时（sleep）等功能，便于进行各种时间相关的操作，同时支持格式化时间（strftime）和解析时间字符串（strptime）。

（4）tkinter：Python 的标准图形用户界面（GUI）库，专门用于创建桌面应用程序，提供了丰富的控件以及事件处理机制，适合开发从简单到中等复杂度的图形界面应用。

（5）turtle：一个有趣且易于上手的绘图库，能够模拟海龟在屏幕上移动并绘制图形，非常适合用于编程教学以及图形化编程实践。

（6）csv：用于读写 CSV 文件，提供了简单的接口来处理表格型数据，在数据存储和交换领域应用广泛。

（7）datetime：用于处理日期和时间，支持时间的创建、格式化、计算以及比较等操作，能够轻松地进行日期运算（比如加减天数）和时间戳转换。

（8）hashlib：提供了多种安全哈希和消息摘要算法，如 MD5、SHA-1、SHA-256 等，常用于数据完整性验证、密码存储等场景。

（9）json：用于处理 JSON（JavaScript Object Notation）数据，支持 JSON 的编码和解码操作，在 Web 服务和数据交换中应用十分普遍。

（10）os：用于与操作系统进行交互，支持文件和目录操作（例如创建、删除文件）、环境变量、进程管理等功能。

（11）pickle：用于对象的序列化和反序列化，可以将 Python 对象保存到文件中，或者从文件中读取对象，常用于数据持久化和对象传输。

（12）re：提供了正则表达式支持，用于对复杂字符串进行模式匹配和处理，支持字符串查找、替换、分割等操作。

（13）socket：用于网络编程，提供了底层的网络接口，包括对 TCP/IP 协议的支持，广泛应用于客户端和服务器之间的通信。

（14）sqlite3：用于操作 SQLite 数据库的接口，支持轻量级的数据库操作，适合小型嵌入式应用和快速原型开发。

（15）statistics：提供了统计学相关函数，比如均值（mean）、中位数（median）、方差（variance）、标准差（stdev）等，适用于数据分析和统计计算。

（16）urllib：用于处理 URL，包括打开和读取网页、解析 URL（如 urlparse）、处理 HTTP 请求等功能，常用于 Web 编程。

（17）zlib：用于数据压缩和解压缩，支持多种压缩格式（如 ZIP），适用于文件存储、数据传输中的压缩操作。

其中，前五个模块是计算机等级考试二级 Python 语言程序设计考试大纲要求掌握的内容。有关内置模块和标准库的完整清单，可以通过官方在线帮助文档进行查看（https://docs.python.org/zh-cn/3.12/library/index.html）。

5.6.2　扩展库及其安装

扩展库，也被称为第三方库，是由开发者社区或者第三方开发并共享的库，旨在拓展 Python 的功能边界。这些库可以借助包管理工具（如 pip）便捷地进行安装，涵盖了极为广泛的应用领域。以下是一些常见领域及其代表性的库：

1．数据分析与科学计算

有关数据分析与科学计算的库主要如下。

（1）NumPy：作为一款强大的数学库，它提供了对多维数组和矩阵运算的支持，能够实现高性能的数值计算。它是众多其他科学计算库（如 Pandas、scikit-learn 等）的基础。

（2）Pandas：拥有高效的数据结构（如 DataFrame），专门用于处理表格型数据。它是数据分析、数据清洗和数据处理的核心工具。

2. 机器学习与人工智能

有关机器学习与人工智能的库主要如下。

（1）scikit-learn：简单且高效的机器学习库，内置了多种算法（如回归、分类、聚类），尤其适用于中小型数据集的机器学习任务。

（2）TensorFlow 和 PyTorch：二者均为主流的深度学习框架。TensorFlow 由 Google 公司开发，在大规模机器学习应用中表现出色；PyTorch 则由 Facebook 公司开发，凭借其动态计算图以及高度的灵活性，受到了众多研究人员和开发者的青睐。

3. Web 开发

有关 Web 开发的库主要如下。

（1）Flask：轻量级的 Web 框架，非常适合开发小型应用和微服务。其核心设计理念是简单、易扩展。

（2）Django：作为功能丰富的 Web 框架，Django 适合于大规模项目的开发。它提供了完整的 MVC 框架、数据库模型、模板系统等一系列组件。

4. 数据可视化

有关数据可视化的库主要如下。

（1）Matplotlib：最常用的 Python 可视化库，可以生成各种类型的静态、动态以及交互式图表。

（2）Seaborn：基于 Matplotlib 的高级数据可视化库，它提供了更多精美的图表样式和简便的接口，特别适用于统计图表的绘制。

5. 网络编程

有关网络编程的库主要如下。

（1）Requests：一款非常流行的 HTTP 库，它简化了 HTTP 请求的发送过程，能够轻松地处理 GET、POST 等各类请求。

（2）BeautifulSoup：作为 HTML 和 XML 解析库，它常用于网页抓取，能够方便快捷地从网页中提取所需数据。

6. 自动化与爬虫

有关自动化与爬虫的库主要如下。

（1）Selenium：浏览器自动化测试工具，广泛应用于自动化测试和爬虫应用，能够实现与浏览器的交互操作。

（2）Scrapy：高效且灵活的网页爬虫框架，适用于构建大型的爬虫应用，具有强大的网页抓取和数据处理功能。

7. 自然语言处理

有关自然语言处理的库主要如下。

（1）jieba：一款非常流行的中文分词库，广泛应用于中文文本处理，支持精确模式、全模式和搜索引擎模式等多种分词方法。

（2）SnowNLP：作为中文自然语言处理库，它提供了情感分析、文本分类、拼音转换等实用功能。

这些第三方库极大地拓展了 Python 的功能范畴，使其能够胜任从数据分析到人工智能、从 Web 开发到自动化等各种各样的任务。Python 拥有极为丰富的生态系统，开发者可以根据自身需求，选择合适的工具和框架，并通过包管理工具 pip 轻松安装所需的库。

常用的 pip 命令及其功能描述如表 5-1 所示。

表 5-1　常用的 **pip** 命令及其功能描述

pip 命令	功能描述
pip install package-name	在线安装指定的包
pip install package-name==version	在线安装指定版本的包（version 为版本号）
pip install --upgrade package-name	更新已安装的包
pip uninstall package-name	卸载指定的包
pip uninstall package-name==version	卸载指定版本的包（version 为版本号）
pip download package-name	下载指定的包但不安装
pip list	列出当前环境中已安装的所有包
pip show package-name	查看指定包的详细信息
pip install -r requirements.txt	根据 requirements.txt 文件安装其中列出的包
pip freeze > requirements.txt	将当前环境中已安装的包及其版本信息写入 requirements.txt 文件

步骤：首先打开终端（在 Windows 系统中的命令提示符或 PowerShell，在 macOS 和 Linux 系统中的终端），然后输入相应的 pip 命令。例如，要安装 jieba，可以在终端中输入 pip install jieba 命令进行在线安装，如图 5-1 所示。

图 5-1　安装 **jieba** 扩展库

安装完成后，可以通过运行 pip list 命令查看已安装的包及其版本信息。

默认情况下，pip 会访问 https://pypi.python.org/simple/ 来安装包，但由于网络不稳定，访问速度可能较慢。为了解决这一问题，可以指定国内的镜像源来提高安装速度和稳定性。以下是一些常用的国内镜像源。

- 清华大学镜像：https://pypi.tuna.tsinghua.edu.cn/simple。
- 阿里云镜像：https://mirrors.aliyun.com/pypi/simple/。
- 中国科学技术大学镜像：https://pypi.mirrors.ustc.edu.cn/simple/。

例如，希望通过指定国内镜像源来安装 jieba，可以在终端中输入以下命令：

pip install jieba -i https://pypi.tuna.tsinghua.edu.cn/simple

5.6.3 模块的导入与使用

在 Python 中，模块导入是实现代码组织和重用的核心机制。通过导入模块，程序可以访问其他文件或库中定义的函数、类和变量，从而提高代码的可维护性、可复用性和可扩展性。以下是几种常见的模块导入方式及其使用方法：

1. 导入整个模块

语法格式如下：

```
import 模块名 [as 别名]
```

这种导入方式会将整个模块引入到当前代码环境中。导入后，可以通过模块名来访问模块内所定义的函数、类、变量等各种对象。在使用模块中的对象时，需要采用"模块名.对象"的形式进行调用。如果模块名较长或不便于频繁书写，可以为模块指定一个别名，以便在后续代码中更加方便、简洁地使用该模块。

例 5-14：导入整个模块示例。

```
1 >>> import math    # 导入 math 标准库，它提供了数学相关函数
2 >>> a = math.sqrt(15)   # 调用 math 库的 sqrt()函数计算 15 的平方根
3 >>> print(a)
4 Out 3.872983346207417
5 >>> import math as m   # 导入 math 标准库，并为其指定别名 m
6 >>> b = m.sqrt(15)   # 使用别名 m 调用 sqrt()函数计算 15 的平方根
7 >>> print(b)
8 Out 3.872983346207417
```

2. 导入模块中的特定对象

语法格式如下：

```
from 模块名 import 对象 [as 别名]
```

该方式是从模块中选取并导入特定的函数、类、变量等对象。通过这种导入方式，在后续代码中可以直接使用所导入的对象，而无须每次都添加模块名作为前缀。同时，为了方便后续使用，还可以为导入的对象指定一个别名。

例 5-15：导入模块中的特定对象示例。

```
1 >>> from math import sqrt, pi   # 导入 math 库中的 sqrt()函数和 pi 变量
2 >>> a = sqrt(15)   # 无需模块名作为前缀直接调用 sqrt()函数计算 15 的平方根
3 >>> print(a, pi)
4 Out 3.872983346207417 3.141592653589793
5 >>> from math import sqrt as root   # 导入 math 库中的 sqrt()函数，并为其指定别名 root
```

6	>>>	b = root(15)　 # 使用函数别名 root()计算 15 的平方根
7	>>>	print(b)
8	Out	3.872983346207417

3．导入模块中的所有对象

语法格式如下：

```
from  模块名 import *
```

这种导入方式能够一次性将模块中的所有对象都导入到当前代码环境中。然而，通常不建议使用该方式，主要原因有两点：

第一，可能引发命名冲突。如果从模块中导入的函数与 Python 的内置函数同名，那么内置函数将无法被访问。此外，当导入多个模块，且这些模块中存在同名函数时，只有最后导入的模块中的同名函数会生效，之前导入模块中的同名函数会被覆盖。这会导致代码的运行行为变得不可预测，增加代码理解和维护的难度。

第二，降低代码的可读性。使用这种导入方式时，很难区分哪些函数是自定义的，哪些是从模块中导入的。尤其是当模块较大或者导入的对象较多时，代码的逻辑会变得难以理解。因此，为了提高代码的清晰度和可维护性，建议显式导入需要使用的对象。

例 5-16：导入模块中的所有对象示例。

1	>>>	from math import *
2	>>>	a = gcd(12, 16)　 # 求 12 和 16 的最大公约数
3	>>>	print(a)
4	Out	4
5	>>>	b = pow(2, 3)　 # 求 2 的 3 次方
6	>>>	print(b)
7	Out	8.0
8	>>>	print(pi, e)　 # 输出圆周率 π 和自然对数的底数 e
9	Out	3.141592653589793 2.718281828459045

4．导入模块中的子模块

语法格式如下：

```
import 模块名.子模块名 [as 别名]
```

这种导入方式用于将模块中的子模块引入到当前代码环境中。同样地，为了简化使用，可以为导入的子模块指定一个别名。

例 5-17：导入模块中的子模块示例。

1	>>>	import os.path　 # 导入 os 模块中的 path 子模块
2	>>>	print(os.path.isfile(r'c:\windows\notepad.exe'))　 # 检查给定路径是否为文件
3	Out	True
4	>>>	import os.path as path　 # 为 os.path 子模块指定别名 path
5	>>>	print(path.isfile(r'c:\notepad.exe'))　 # 检查给定路径是否为文件

6	Out	False

5.6.4　模块的创建

如前所述，Python 模块是一个包含函数、类或变量定义的源代码文件。所以，创建模块实际上就是创建一个扩展名为.py 的 Python 文件，然后在其中编写函数、类或变量的定义。

例 5-18：创建一个名为 mymodule.py 的模块，包含两个变量（name 和 age）和三个函数：info()输出个人信息；isprime(n)判断数字 n 是否为素数；nar(n)判断数字 n 是否为阿姆斯特朗数（阿姆斯特朗数，也称为自恋数或自幂数，是指一个 n 位数（n≥3），其每个数字的 n 次幂之和等于它本身）。创建完该模块后，将文件保存或复制到 Python 的搜索路径下（如 Python 安装目录中的...\Lib 文件夹）。

步骤 1：在 IDLE 编辑器中，新建 mymodule.py 文件，然后输入以下代码并运行。

```
1   name = 'Bob'   # 定义常量或全局变量
2   age = 20
3
4   def info():   # 定义函数 info()：输出姓名和年龄信息
5       print('Name: {}, Age: {}'.format(name, age))
6
7   def isprime(n):   # 定义函数 isprime()：判断整数 n 是否为素数，若是返回 True，否则返回 False
8       if n <= 1:   # 判断 n 是否小于或等于 1
9           return False   # 若是，则它不是素数，返回 False
10      # 只需要检查到 √n，因为一个大于 √n 的因子必定会与一个小于 √n 的因子配对
11      for i in range(2, int(n**0.5) + 1):   # i 从 2 开始遍历到 √n
12          if n % i == 0:
13              return False   # 如果 n 能被 i 整除，说明 n 不是素数，返回 False
14      return True   # 若没有找到任何因子，说明 n 是素数，返回 True
15
16  def nar(n):   # 定义函数 nar()：判断整数 n 是否为阿姆斯特朗数，若是返回 True，否则返回 False
17      digits = [int(d) for d in str(n)]   # 使用列表推导式提取 n 的各位数字
18      p = len(digits)   # 计算 n 的位数
19      return sum(d ** p for d in digits) == n   # 判断 n 的各位数字的位数次方和是否等于 n
20
21  if __name__ == '__main__':   # 该文件作为主程序运行时，__name__变量的值为'__main__'
22      print('该文件作为主程序运行')
23  elif __name__ == 'mymodule':   # 该文件作为模块被导入时，__name__变量的值为模块名称
24      print('该文件作为模块被导入到其他程序中运行')
Out 该文件作为主程序运行
```

步骤 2：将文件保存或复制到 Python 的任意一个搜索路径下，例如安装目录中的...\Lib 文件夹。可以在 IDLE Shell 窗口中输入以下语句查询当前的搜索路径：

```
1  >>> import sys   # 导入 sys 标准库
```

2	>>>	print(sys.path)
3	Out	[''',
		'C:\\Users\\chenz\\AppData\\Local\\Programs\\Python\\Python312\\Lib\\idlelib',
		'C:\\Users\\chenz\\AppData\\Local\\Programs\\Python\\Python312\\python312.zip',
		'C:\\Users\\chenz\\AppData\\Local\\Programs\\Python\\Python312\\DLLs',
		'C:\\Users\\chenz\\AppData\\Local\\Programs\\Python\\Python312\\Lib',
		'C:\\Users\\chenz\\AppData\\Local\\Programs\\Python\\Python312',
		'C:\\Users\\chenz\\AppData\\Roaming\\Python\\Python312\\site-packages',
		'C:\\Users\\chenz\\AppData\\Local\\Programs\\Python\\Python312\\Lib\\site-packages']

例 5-19：导入自定义的 mymodule 模块，并完成以下任务：①输出个人信息；②输出区间[1, 500]内的最大素数；③按升序输出所有三位数的阿姆斯特朗数，数字之间用空格分隔。

在 IDLE 编辑器中，新建 5-19.py 文件，然后输入以下代码并运行。

1	import mymodule # 导入自定义的 mymodule 模块
2	mymodule.info() # 调用函数 info()，输出个人信息
3	for i in range(500, 0, -1): # 从 500 到 1 逐个判断是否为素数
4	if mymodule.isprime(i): # 调用函数 isprime()判断 i 是否为素数，如果是则返回 True
5	print(i) # 说明 i 是素数，输出 i
6	break # 找到最大素数后跳出循环
7	for i in range(100, 1000): # 遍历所有的三位整数
8	if mymodule.nar(i): # 调用函数 nar()判断 i 是否为阿姆斯特朗数，如果是则返回 True
9	print(i, end=' ') # 则 i 是阿姆斯特朗数，输出 i，输出后不换行而是输出一个空格
Out	该文件作为模块被导入其他程序中运行
	Name: Bob, Age: 20
	499
	153 370 371 407

模块中__name__属性的作用

在 Python 中，每个模块既可以在开发环境或命令提示符中直接运行，也能作为模块被导入到其他程序中，从而实现代码复用。在程序运行时，每个 Python 文件都有一个特殊的属性__name__，它能够区分模块是被直接执行，还是被导入。当模块作为独立程序运行时，__name__的值会被设置为'__main__'；而当模块被导入时，__name__的值则是模块的名称(例如，'mymodule')。

以例 5-18 为例，使用 import mymodule 导入该模块时，程序会输出："该文件作为模块被导入到其他程序中运行……"。如果直接运行 mymodule.py，则会输出："该文件作为主程序运行"。

结论：当模块被直接执行时，__name__ == '__main__'这个条件为真；而当模块被导入到其他程序中时，该条件为假。

作用：在自定义模块中，可以将特定代码(例如调试代码)放在 if __name__ == '__main__'语句中。这样，当模块被导入到其他程序中时，这些代码不会执行，避免了不必要的副作用，让模块功能更加清晰、可控。

5.6.5 常用的标准库与扩展库

1. math 标准库

math 标准库提供了丰富的数学函数，比如绝对值、平方根、最大公约数、阶乘、幂运算以及三角函数等，还包括常数圆周率 π 和自然对数的底数 e。

常用的 math 库常量或函数及其功能描述如表 5-2 所示。

表 5-2　常用的 **math** 库常量或函数及其功能描述

常量或函数	功能描述	代码示例	结果
pi	圆周率 π，近似值为 3.141592653589793		
e	自然对数的底数 e，近似值为 2.718281828459045		
inf	正无穷大。负无穷大为-math.inf		
pow(x, y)	返回 x 的 y 次幂，即 x^y	math.pow(2, 3) math.pow(2.0, 3.0)	8.0 8.0
sqrt(x)	返回 x 的平方根，即 $\sqrt{x}$	math.sqrt(16) math.sqrt(2)	4.0 1.4142135623730951
fabs(x)	返回 x 的绝对值，即 |x|	math.fabs(−3.14)	3.14

2. random 标准库

random 标准库用于生成伪随机数，支持多种生成方式，如生成随机浮点数、从序列中随机选择元素、打乱序列顺序、生成随机样本等。

常用的 random 库函数及其功能描述如表 5-3 所示。

表 5-3　常用的 **random** 库函数及其功能描述

函数	功能描述
seed(a=None)	设置随机数生成器的种子。设定相同的种子，可以确保每次运行程序时生成相同的随机数序列，从而保证结果可重复
random()	返回[0.0, 1.0)内的随机浮点数
randint(a, b)	返回[a, b]内的随机整数，包含 a 和 b
sample(population, k)	从序列 population 中随机选取 k 个不重复的元素，并以列表形式返回
randrange([start,] stop=None[, step=1])	返回[start, stop)内、步长为 step 的随机整数。start 默认值为 0，step 默认值为 1
choice(seq)	从非空序列 seq（如列表、元组、字符串等）中随机选择并返回一个元素
shuffle(x)	原地打乱列表 x 中元素的顺序
getrandbits(k)	返回一个 k 比特长度的随机整数
uniform(a, b)	返回[a, b](b≥a)或[b, a](a≥b)内的随机浮点数

例 5-20：random 标准库的基本用法。

```
1 >>> import random    # 导入 random 标准库
2 >>> random.seed(153)   # 设置随机数生成器的种子为 153
3 >>> print(random.random())   # 输出[0.0, 1.0)内的随机浮点数
```

4	Out	0.9933676756211455
5	>>>	print(random.randint(0, 9))　# 输出[0, 9]内的随机整数
6	Out	1
7	>>>	print(random.randrange(0, 100, 4))　# 输出[0, 100)内、步长为 4 的随机整数
8	Out	4
9	>>>	print(random.uniform(1, 10))　# 输出[1, 10]内的随机浮点数
10	Out	3.3400937045536945
11	>>>	print(random.choice(range(100)))　# 从[0, 100)内随机选择一个数字
12	Out	53
13	>>>	print(random.sample(range(100), 3))　# 从[0, 100)内随机选择 3 个不同的数字
14	Out	[74, 72, 76]
15	>>>	ls = [1, 2, 3, 4, 5, 6]
16	>>>	random.shuffle(ls)　# 打乱列表顺序并输出
17	>>>	print(ls)
18	Out	[6, 2, 1, 4, 3, 5]
19	>>>	el = random.choice(ls)　# 从打乱后的列表中随机选择一个元素
20	>>>	print(el)
21	Out	5
22	>>>	print(random.random())　# 再次输出[0.0, 1.0)内的随机浮点数
23	Out	0.5972197122882635

　　例 5-21：编写程序实现以下功能：基于 26 个小写字母（a～z）和数字 0～9，使用用户输入的数字作为随机数生成器的种子，随机生成 10 个 8 位密码，并将每个密码单独打印在一行。

　　在 IDLE 编辑器中，新建 5-21.py 文件，输入以下代码并运行。

1	import random　# 导入 random 标准库
2	ls = []　# 定义候选字符集，包括 26 个小写字母和 10 个数字
3	for i in range(26):
4	ls.append(chr(ord('a') + i))　# 将 26 个英文小写字母加入候选字符集
5	for i in range(10):
6	ls.append(chr(ord('0') + i))　# 将 10 个阿拉伯数字加入候选字符集
7	s = int(input())　# 获取用户输入的数字
8	random.seed(s)　# 设置随机数生成器的种子
9	for i in range(10):　# 生成并打印 10 个 8 位密码
10	print(''.join(random.sample(ls, 8)))　# 从字符集中随机选择 8 个字符，拼接成密码
In	125
Out	potlwe7j
	aej40udy
	qsk5l1pe
	dr1bl7fc
	d1fy3uqb
	4mhx1y70
	a1pv5ysh

z6r3tqlc
gd1qlot7
l2w0k37j

例 5-22：编写程序实现以下功能：已知字典 pdict 中存有多组不同的人名及对应的电话号码。用户输入姓名后，程序将查找该姓名对应的用户信息。如果找到，程序将生成一个范围在 1000 到 9999 之间的四位数字验证码，并输出该用户的姓名、电话号码和验证码；如果未找到，程序将提示："对不起，您输入的用户信息不存在。"

在 IDLE 编辑器中，新建 5-22.py 文件，输入以下代码并运行。

1	import random　# 导入 random 标准库
2	random.seed(2)　# 设置随机数生成器的种子
3	pdict = {'Alice': '123456789', 'Bob': '234567891', 'Eve': '345678912'}
4	name = input()　# 获取用户输入的姓名
5	if name in pdict:　# 根据姓名查找用户信息。如果找到，输出用户的姓名、电话号码及验证码
6	print('{} {} {}'.format(name, pdict.get(name), random.randint(1000, 9999)))
7	else:
8	print('对不起，您输入的用户信息不存在。')　# 如果查找的姓名不存在，输出提示信息
In	Eve
Out	Eve 345678912 1926

3. turtle 标准库

海龟绘图，一个有趣且易于上手的绘图库，能够模拟海龟在屏幕上移动并绘制图形。常用的 turtle 库函数及其功能描述如表 5-4 所示。

表 5-4　常用的 turtle 库函数及其功能描述

函数类型	函数	功能描述
基本控制	Screen()	创建一个用于显示图形的窗口，可以设置背景色、尺寸等
	Turtle()	创建一个 Turtle 对象，可用于各种绘图操作
	done()	结束当前绘图并保持窗口打开，通常在绘图代码的最后使用
绘图控制	forward(distance)或 fd(distance)	向前移动指定距离（单位为像素）
	backward(distance)或 bk(distance)	向后移动指定距离（单位为像素）
	left(angle)或 lt(angle)	向左转动指定角度（单位为度）
	right(angle)或 rt(angle)	向右转动指定角度（单位为度）
	penup()或 pu()或 up()	提起画笔，海龟移动时不绘制轨迹
	pendown()或 pd()或 down()	放下画笔，海龟移动时绘制轨迹
颜色和样式控制	color(pencolor, fillcolor)	设置画笔颜色和填充颜色，可以传入颜色名称或 RGB 元组
	pencolor(color)	设置画笔颜色，可以传入颜色名称或 RGB 元组
	fillcolor(color)	设置填充颜色，通常与 begin_fill()和 end_fill()配合使用，绘制填充区域
	pensize(size)或 width(size)	设置画笔粗细（单位为像素）

续表

函数类型	函数	功能描述
图形绘制	circle(radius, extent=None, steps=None)	绘制圆形，radius 为圆的半径，extent 控制绘制角度范围，steps 用于绘制多边形
	goto(x, y)或 setposition(x, y)或 setpos(x, y)	移动到指定坐标(x, y)
	dot(size, color)	绘制圆点，可指定大小和颜色
路径控制	begin_fill()	开始填充封闭的形状
	end_fill()	结束填充
其他控制	speed(speed)	设置海龟速度，speed 取值范围从 0 到 10，0 为最快
	setheading(angle)或 seth(angle)	设置前进方向（单位为度）
	hideturtle()或 ht()	隐藏海龟形象
	showturtle()或 st()	显示海龟形象

例 **5-23**：绘制五角星。

在 IDLE 编辑器中，新建 5-23.py 文件，输入以下代码并运行。

1	import turtle as t　# 导入 turtle 标准库，并为其指定别名 t，方便后续使用
2	
3	t.color('red', 'green')　# 设置画笔颜色为红色，填充颜色为绿色
4	t.begin_fill()　# 开始填充封闭的形状
5	for i in range(5):　# 重复执行 5 次，绘制五角星
6	t.fd(200)　# 向前移动 200 像素
7	t.rt(144)　# 向右转动 144°，确保绘制出五角星的角度
8	t.end_fill()　# 结束填充，完成图形绘制
Out	

例 **5-24**：绘制边长为 200 像素的等边三角形。

在 IDLE 编辑器中，新建 5-24.py 文件，输入以下代码并运行。

1	import turtle as t　# 导入 turtle 标准库，并为其指定别名 t，方便后续使用
2	
3	for i in range(3):　# 绘制等边三角形的 3 条边
4	t.seth(i * 120)　# 设置前进方向为 i * 120°，参考正东方向为 0°
5	t.fd(200)　# 向前移动 200 像素
Out	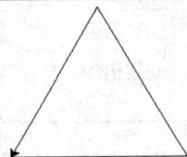

例 5-25：绘制边长为 40 像素的正十二边形。

在 IDLE 编辑器中，新建 5-25.py 文件，输入以下代码并运行。

1	import turtle　# 导入 turtle 标准库
2	turtle.pensize(2)　# 设置画笔粗细为 2 像素
3	d = 0　# 初始化前进方向
4	for i in range(12):　# 绘制正十二边形的 12 条边
5	turtle.fd(40)　# 向前移动 40 像素
6	d += 360 / 12
7	turtle.seth(d)　# 设置前进方向为 d°，参考正东方向为 0°
Out	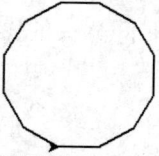

例 5-26：编写程序，使用 turtle 库绘制三个彩色圆圈。圆的颜色按顺序从列表 color 中获取，圆心位于坐标(0, 0)，半径从里到外依次为 10 像素、30 像素和 60 像素。

在 IDLE 编辑器中，新建 5-26.py 文件，输入以下代码并运行。

1	import turtle as t　# 导入 turtle 标准库，并为其指定别名 t，方便后续使用
2	
3	color = ['red', 'green', 'blue']　# 初始化颜色列表
4	rs = [10, 30, 60]　# 初始化半径列表
5	for i in range(3):　# 绘制三个彩色的圆
6	t.penup()　# 提起画笔
7	t.goto(0, -rs[i])　# 移动到指定坐标(0, -rs[i])
8	t.pendown()　# 放下画笔
9	t.pencolor(color[i])　# 设置画笔颜色
10	t.circle(rs[i])　# 绘制圆形。半径为正，逆时针画圆；半径为负，顺时针画圆
11	t.done()　# 结束当前绘图并保持窗口打开
Out	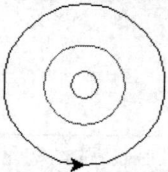

例 5-27：编写程序，绘制一个边长为 200 像素的正方形，并在其四个顶点处绘制一个圆。

在 IDLE 编辑器中，新建 5-27.py 文件，输入以下代码并运行。

1	import turtle　# 导入 turtle 标准库
2	
3	turtle.pensize(2)　# 设置画笔粗细为 2 像素
4	for i in range(4):　# 绘制正方形的 4 条边
5	turtle.fd(200)　# 向前移动 200 像素

6	turtle.left(90) # 向左转动 90°
7	turtle.left(-45) # 向右转动 45°
8	turtle.circle(100 * pow(2, 0.5)) # 绘制圆形，半径为100 × $\sqrt{2}$ 像素
Out	

4. time 标准库

用于时间处理，提供了获取时间戳、设置延时等功能，便于进行各种时间相关的操作，同时支持格式化时间和解析时间字符串。

常用的 time 库函数及其功能描述如表 5-5 所示。

表 5-5　常用的 **time** 库函数及其功能描述

函数	功能描述
time()	返回当前的时间戳，即自 1970 年 1 月 1 日 0 时 0 分 0 秒（UTC）起至当前时刻所经过的秒数（浮点型）
localtime([seconds])	返回指定时间戳（默认为当前时间）对应的本地时间，格式为结构化时间元组
gmtime([secs])	返回指定时间戳（默认为当前时间）对应的 UTC 时间，格式为结构化时间元组
mktime(t)	返回结构化时间元组 t 对应的时间戳
sleep(seconds)	使程序暂停指定秒数，暂停期间程序不执行其他操作
strftime(format[, t])	根据指定的时间格式，返回结构化时间元组 t 所对应的格式化时间字符串 ● %Y：四位数年份（如 2024） ● %m：两位数月份（01～12） ● %d：日期（01～31） ● %H：小时（00～23） ● %M：分钟（00～59） ● %S：秒（00～59） ● %a：星期几的缩写（如 Sun） ● %A：星期几的全称（如 Sunday） ● %b：月份的缩写（如 Jan） ● %B：月份的全称（如 January）
strptime(string, format)	根据指定的时间格式，解析格式化时间字符串 string 并返回对应的结构化时间元组
ctime(seconds)	返回指定时间戳对应的格式化时间字符串
perf_counter()	返回高精度计时器的值，单位为秒。通常用于性能测试或测量代码的执行时间
process_time()	返回当前进程实际占用的 CPU 时间，不包含睡眠时间，单位为秒
thread_time()	返回当前线程实际占用的 CPU 时间，不包含睡眠时间，单位为秒

例 5-28：**time** 标准库的基本用法。

| 1 | >>> | import time   # 导入 time 标准库 |

2	>>>	timestamp = time.time()　# 获取当前时间戳
3	>>>	print(timestamp)
4	Out	1734265893.4781923
5	>>>	time.sleep(2)　# 程序暂停 2 秒
6	>>>	local_time = time.localtime()　# 获取当前本地时间
7	>>>	print(local_time)
8	Out	time.struct_time(tm_year=2024, tm_mon=12, tm_mday=15, tm_hour=20, tm_min=32, tm_sec=44, tm_wday=6, tm_yday=350, tm_isdst=0)
9	>>>	timestamp = time.mktime(local_time)　# 将本地时间转换为时间戳
10	>>>	print(timestamp)
11	Out	1734266171.0
12	>>>	formatted_time = time.strftime("%Y-%m-%d %H:%M:%S", local_time)　# 格式化本地时间
13	>>>	print(formatted_time)
14	Out	2024-12-15 20:33:46
15	>>>	utc_time = time.gmtime()　# 获取当前 UTC 时间
16	>>>	print(utc_time)
17	Out	time.struct_time(tm_year=2024, tm_mon=12, tm_mday=15, tm_hour=12, tm_min=34, tm_sec=35, tm_wday=6, tm_yday=350, tm_isdst=0)

5．jieba 扩展库

函数原型：

```
jieba.lcut(text, cut_all=False, HMM=True)
```

参数说明：

- text：待分词的文本。
- cut_all：是否采用全模式分词。默认值为 False，表示采用精确模式分词，这种模式能精准地将文本切分成词语，适用于对分词准确性要求较高的场景。若设置为 True，则采用全模式分词，会尽可能地切分出文本中的所有词语，适用于搜索引擎等场景，但可能会产生重叠或不准确的词汇。
- HMM：是否启用隐马尔可夫模型（HMM）进行新词识别。默认值为 True，即启用 HMM 模型来识别文本中未在词典中出现的新词。若设置为 False，则不启用该模型进行新词识别。

返回值：返回一个列表，列表中的元素为切分好的词语。

例 5-29：jieba 扩展库的基本用法。

在 IDLE 编辑器中，新建 5-29.py 文件，输入以下代码并运行。

1	import jieba　# 导入 jieba 扩展库，用于中文分词
2	txt = '新冠疫情不再是全球突发卫生事件'　# 原始文本
3	a = jieba.lcut(txt)　# 使用精确模式进行分词，启用 HMM 模型，'新冠' 会被识别为一个词
4	print(a)
5	b = jieba.lcut(txt, cut_all=True)　# 使用全模式进行分词，尽可能切分出所有可能的词语
6	print(b)

7	c = jieba.lcut(txt, HMM=False) # 使用精确模式进行分词，但禁用 HMM 模型
8	print(c) # 此时，可能将'新冠'拆分为'新'和'冠'，因为词典中可能没有包含'新冠'词条
Out	['新冠', '疫情', '不再', '是', '全球', '突发', '卫生事件']
	['新', '冠', '疫情', '不再', '是', '全球', '突发', '卫生', '卫生事件', '生事', '事件']
	['新', '冠', '疫情', '不再', '是', '全球', '突发', '卫生事件']

例 5-30：编写程序，从键盘输入一段不含标点符号和空格的中文文本，并将其存储在变量 s 中。使用 jieba 库对文本进行分词，计算中文字符总数和中文词语数量，并输出每个词语的平均长度，结果保留一位小数。

在 IDLE 编辑器中，新建 5-30.py 文件，输入以下代码并运行。

1	import jieba # 导入 jieba 扩展库，用于中文分词
2	s = input() # 获取用户输入的文本
3	n = len(s) # 计算中文字符数
4	m = len(jieba.lcut(s)) # 使用 jieba 进行分词，计算中文词语数
5	print('中文字符数为{}，中文词语数为{}。'.format(n, m))
6	print('{:.1f}'.format(n / m)) # 计算每个词语的平均长度，保留 1 位小数
In	吃葡萄不吐葡萄皮
Out	中文字符数为 8，中文词语数为 5。
	1.6

🔑 本章习题

5.1　以下关于函数的描述，错误的是（　　　）（多选题）。

　　A．函数是一种功能抽象

　　B．使用函数的目的只是为了增加代码复用

　　C．函数名可以是任何有效的 Python 标识符

　　D．使用函数后，代码的编程难度和维护难度都降低了

　　E．函数是一段具有特定功能的、可重用的语句组，对函数的使用不需要了解函数内部实现原理，只要了解函数的输入输出方式即可

　　F．Python 使用 del 保留字定义一个函数

5.2　以下关于函数的描述，正确的是（　　　）。

　　A．函数的全局变量是列表类型的时候，函数内部不可以直接引用该全局变量

　　B．如果函数内部定义了跟外部的全局变量同名的组合数据类型的变量，则函数内部引用的变量不确定

　　C．Python 的函数里引用一个组合数据类型变量，就会创建一个该类型对象

　　D．函数的简单数据类型全局变量在函数内部使用的时候，需要再显式声明为全局变量

5.3　以下关于函数参数传递的描述，错误的是（　　　）。

　　A．定义函数的时候，可选参数必须写在非可选参数的后面

　　B．函数的实参位置可变，需要形参定义和实参调用时都要给出名称

C．调用函数时，可变数量参数被当做元组类型传递到函数中

D．Python 支持可变数量的参数，实参用"*参数名"表示

5.4　以下关于函数参数和返回值的描述，正确的是（　　　）。

A．采用名称传参的时候，实参的顺序需要和形参的顺序一致

B．可选参数传递指的是没有传入对应参数值的时候，就不使用该参数

C．函数能同时返回多个参数值，需要形成一个列表来返回

D．Python 支持按照位置传参也支持名称传参，但不支持地址传参

5.5　以下关于 Python 函数使用的描述，错误的是（　　　）。

A．函数定义是使用函数的第一步

B．函数被调用后才能执行

C．函数执行结束后，程序执行流程会自动返回到函数被调用的语句之后

D．Python 程序里一定要有一个主函数

5.6　以下程序的执行结果是（　　　）。

```
def test(b=2, a=4):
    global z
    z += a * b
    return z
z = 10
print(z, test())
```

A．18 None 　　　　　　　　　　B．10 18

C．UnboundLocalError 　　　　　　D．18 18

5.7　关于以下程序输出的两个值的描述，正确的是（　　　）。

```
da = [1, 2, 3]
print(id(da))
def getda(st):
    fa = da.copy()
    print(id(fa))
getda(da)
```

A．两个值相等 　　　　　　　　B．每次执行的结果不确定

C．首次不相等 　　　　　　　　D．两个值不相等

5.8　以下程序的执行结果是（　　　）。

```
fr = []
def myf(frame):
    fa = ['12', '23']
    fr = fa
myf(fr)
print(fr)
```

A．['12', '23'] 　　B．'12', '23' 　　C．12 23 　　　　D．[]

5.9　以下程序的执行结果是（　　　）。

```
img1 = [12, 34, 56, 78]
img2 = [1, 2, 3, 4, 5]
def displ():
    print(img1)
def modi():
    img1 = img2
modi()
displ()
```

A．([1, 2, 3, 4, 5])　　　　　　　　B．[12, 34, 56, 78]

C．([12, 34, 56, 78])　　　　　　　D．[1, 2, 3, 4, 5]

5.10　以下程序的执行结果是（　　　）。

```
def calu(x=3, y=2, z=10):
    return (x ** y * z)
h = 2
w = 3
print(calu(h, w))
```

A．90　　　　　　B．70　　　　　　C．60　　　　　　D．80

5.11　以下程序的执行结果是（　　　）。

```
def hub(ss, x=2.0, y=4.0):
    ss += x * y
ss = 10
print(ss, hub(ss, 3))
```

A．22.0 None　　B．10 None　　C．22 None　　　D．10.0 22.0

5.12　以下程序的执行结果是（　　　）。

```
def hub(x=2.0, y=4.0):
    global ss
    ss += x * y
ss = 10
hub(3)
print(ss)
```

A．22.0　　　　　B．10　　　　　　C．22　　　　　　D．10.0

5.13　以下程序的执行结果是（　　　）。

```
ab = 4
def myab(ab, xy):
    ab = pow(ab, xy)
    print(ab, end=' ')
myab(ab, 2)
```

```
    print(ab)
```

    A．4 4   B．16 16   C．4 16   D．16 4

5.14 以下程序的执行结果是（   ）。

```
for i in range(3):
    for s in 'abcd':
        if s == 'c':
            break
        print(s, end='')
```

    A．abcabcabc   B．aaabbbccc   C．aaabbb   D．ababab

5.15 以下程序的执行结果是（   ）。

```
for i in 'CHINA':
    for k in range(2):
        print(i, end='')
        if i == 'N':
            break
```

    A．CCHHIINNAA   B．CCHHIIN

    C．CCHHIINN   D．CCHHIINAA

5.16 以下程序的执行结果是（   ）。

```
s = 0
def fun(num):
    try:
        s += num
        return s
    except:
        return 0
    return 5
print(fun(2))
```

    A．0   B．UnboundLocalError

    C．2   D．5

5.17 以下关于 Python 内置库、标准库和第三方库的描述，正确的是（   ）。

    A．第三方库需要单独安装才能使用

    B．内置库里的函数不需要 import 就可以调用

    C．第三方库有三种安装方式，最常用的是 pip 工具

    D．标准库跟第三方库发布方法不一样，是跟 Python 安装包一起发布的

5.18 导入模块的方式错误的是（   ）。

    A．import m from mo   B．from mo import *

    C．import mo as m   D．import mo

5.19 下列可以导入 Python 模块的语句是（   ）。

　　A．import module　　　　　　　　B．input module

　　C．print module　　　　　　　　D．def module

5.20　以下不属于 Python 的 pip 工具命令的选项是（　　　）。

　　A．show　　　　B．install　　　　C．download　　　D．get

5.21　以下关于 random 库的描述，正确的是（　　　）。

　　A．设定相同种子，每次调用随机函数生成的随机数不相同

　　B．通过 from random import *引入 random 随机库的部分函数

　　C．uniform(0, 1)与 uniform(0.0, 1.0)的输出结果不同，前者输出随机整数，后者输出
　　　随机小数

　　D．randint(a, b)是生成一个[a, b]之间的整数

5.22　以下关于随机运算函数库的描述，错误的是（　　　）。

　　A．random 库里提供的不同类型的随机数函数是基于 random.random()函数扩展的

　　B．伪随机数是计算机按一定算法产生的、可预见的数，所以是"伪"随机数

　　C．Python 内置的 random 库主要用于产生各种伪随机数序列

　　D．uniform(a, b)生成一个[a, b]之间的随机整数

5.23　random 库的 seed(a)函数的作用是（　　　）。

　　A．生成一个[0.0, 1.0)的随机小数

　　B．生成一个 k 比特长度的随机整数

　　C．设置初始化随机数种子 a

　　D．生成一个随机整数

5.24　以下程序不可能的输出结果是（　　　）。

```
from random import *
print(round(random(), 2))
```

　　A．0.47　　　　B．0.54　　　　C．0.27　　　　D．1.87

5.25　以下程序不可能的输出结果是（　　　）。

```
from random import *
print(sample({1, 2, 3, 4, 5}, 2))
```

　　A．[5, 1]　　　　B．[1, 2]　　　　C．[4, 2]　　　　D．[1, 2, 3]

5.26　以下程序不可能的输出结果是（　　　）。

```
from random import *
x = [30, 45, 50, 90]
print(choice(x))
```

　　A．30　　　　B．45　　　　C．90　　　　D．55

5.27　以下程序不可能的输出结果是（　　　）。

```
import random as r
ls1 = [12, 34, 56, 78]
r.shuffle(ls1)
```

```
print(ls1)
```

    A．[12, 78, 56, 34]   B．[56, 12, 78, 34]

    C．[12, 34, 56, 78]   D．[12, 78, 34, 56]

5.28 如果当前时间是 2024 年 5 月 1 日 10 点 10 分 9 秒,则下面代码的输出结果是(   )。

```
import time
print(time.strftime("%Y=%m-%d@%H>%M>%S", time.gmtime()))
```

    A．2024=05-01@10>10>09   B．2024=5-1 10>10>9

    C．True@True   D．2024=5-1@10>10>9

5.29 以下不是程序输出结果的选项是 (   )。

```
import time
t = time.gmtime()
print(time.strftime("%Y-%m-%d %H:%M:%S", t))
```

    A．系统当前的日期   B．系统当前的时间

    C．系统出错   D．系统当前日期与时间

5.30 以下选项中是 Python 中文分词的第三方库的是 (   )。

    A．jieba   B．itchat   C．time   D．turtle

5.31 以下关于模块说法错误的是 (   )。

    A．一个 xx.py 就是一个模块

    B．任何一个普通的 xx.py 文件都可以作为模块导入

    C．模块文件的扩展名不一定是.py

    D．运行时会从指定的目录搜索导入的模块,如果没有,会抛出异常

5.32 编写一个函数,输出所有四位数的阿姆斯特朗数。阿姆斯特朗数是指一个 n 位数(n≥3),它的每个位上数字的 n 次幂之和等于它本身。

5.33 编写一个函数,模拟一个简单的计算器,支持加法、减法、乘法和除法。

5.34 编写一个函数,接收两个有序列表,合并并返回一个新的有序列表。

5.35 编写一个函数,去除列表中的重复元素,返回一个新的列表。

第6章

文件操作

CHAPTER *6*

本章学习目标:

- 熟练掌握内置函数 open()和文件对象 close()方法的用法;
- 熟练掌握文件的读取和写入操作;
- 理解字符串编码格式对文本文件操作的影响;
- 了解并掌握 with 上下文管理语句的用法;
- 熟练掌握 CSV 文件的读写方法。

6.1　文件的基本概念

文件是存储在各种存储设备（如磁盘、U 盘、光盘、网盘、云盘等）上的数据集合，可以包含任意形式的数据内容。根据数据的组织形式，文件一般分为两种类型：文本文件和二进制文件。

文本文件由特定编码的字符构成，常见的编码格式有 GBK（每个汉字一般占用 2 个字节）和 UTF-8（每个汉字一般占用 3 个字节）。这些文件按照统一的格式进行读写和展示。文本文件可以通过文本编辑器（如记事本、UltraEdit 等）创建、修改和查看。虽然文本文件在磁盘上以二进制形式存储，但在读取时，操作系统会根据指定的编码格式进行解码，将其转换为可读的字符串，方便用户理解。这个过程对用户是透明的。常见的文本文件格式有.txt、.log、.ini 等。

二进制文件以字节（byte）为单位存储信息，每个字节由 8 个二进制位（bit，0 或 1）组成。与文本文件不同，二进制文件没有统一的编码或解码格式，其内部数据的组织方式通常与文件的具体用途密切相关，并且遵循特定的标准或协议（如 JPEG、MP4、ZIP 等）。这些协议规定了数据的存储结构与方式。例如，JPEG 用于存储压缩图像数据及相关元数据；MP4 用于存储视频内容，包含音视频流和时间戳等信息；ZIP 则通过压缩算法存储多个文件。简而言之，二进制文件可视为按照特定格式组织的字节流，而非简单的编码字符串。

常见的二进制文件包括：

- 图像文件：如.jpg、.png、.gif、.bmp、.tiff、.webp 等，用于存储静态图像数据。
- 视频文件：如.mp4、.avi、.mkv、.mov、.flv 等，用于存储视频内容。
- 音频文件：如.mp3、.wav、.flac、.aac 等，用于存储音频数据。
- 可执行文件：如.exe、.dll 等，用于存储计算机程序的可执行指令。
- 压缩文件：如.zip、.rar、.tar 等，用于将多个文件压缩成单一文件，便于存储或传输。
- 固件和驱动程序：如.bin、.rom、.img、.ko 等，常用于存储设备固件或硬件驱动程序。
- 游戏文件：如.sav、.dat、.pak 等，常用于存储游戏数据、存档或游戏资源。
- 数据库文件：如.db、.mdf、.accdb、.dbf 等，用于存储结构化数据。
- 文档文件：如.docx、.xlsx、.pptx、.pdf 等，尽管这些文件常用于文字处理，但实际存储的是二进制数据。

二进制文件通常无法直接用文本编辑器查看或编辑，需要专门的软件工具进行解析和处理。

文本文件与二进制文件的主要区别在于编码方式。文本文件采用特定的编码格式，内容可通过编码和解码转换为可读字符串；而二进制文件以字节流形式存储，不能直接作为字符串读取。

例 6-1：演示文本文件和二进制文件的区别。假设 D 盘根目录下已有一个名为 hello.txt 的文本文件，内容为"大家好"。分别以文本模式和二进制模式打开该文件，读取内容并输出。

在 IDLE 编辑器中，新建 6-1.py 文件，输入以下代码并运行。

1	f = open(r'D:\hello.txt', 'rt', encoding='utf-8')　# 以只读文本模式打开文件，返回文件对象 f
2	print(f.readline())　# 读取并输出文件的第一行内容
3	f.close()　# 关闭文件
Out	大家好
4	f = open(r'D:\hello.txt', 'rb')　# 以只读二进制模式打开文件，返回文件对象 f
5	print(f.readline())　# 以二进制格式读取并输出文件的第一行内容
6	f.close()　# 关闭文件
Out	b'\xe5\xa4\xa7\xe5\xae\xb6\xe5\xa5\xbd'

在以文本模式打开文件时，文件内容会根据指定的编码格式（如 UTF-8）进行解码，转换为可读的字符串。而在以二进制模式打开文件时，文件内容则以字节流的形式直接读取。

需要注意的是，在 UTF-8 编码中，一个汉字通常由 3 个字节表示，而在 GBK 编码中，一个汉字占用 2 个字节；英文字符一般占用 1 个字节。

此外，在某些操作系统或文本编辑器中，用 UTF-8 编码新建的文本文件可能会在文件开头包含一个字节顺序标记（Byte Order Mark，BOM），其值为\xef\xbb\xbf。BOM 是一种特殊的字节序列，虽然在 UTF-8 编码中并非必须，但它可以用于标识文件的编码格式。在 UTF-8 编码中，BOM 的主要作用是指示该文件使用 UTF-8 编码，但它不会影响文本的内容。在 UTF-16 或 UTF-32 编码中，BOM 则常被用于标识字节序（大端或小端）。

🔑 6.2　文件的基本操作

Python 文件操作的基本流程可以简化为：打开文件→读写文件→关闭文件。

6.2.1　文件的打开与关闭

open()是 Python 的内置函数，用于打开指定文件，并返回一个文件对象。通过该文件对象，可以对文件进行读写操作。

函数原型：

```
open(file, mode='r', buffering=-1, encoding=None, newline=None, …)
```

参数说明：

- file：要打开文件的文件名，可以是相对路径或绝对路径。例如'data.txt'或 r'D:\PyEg\data.txt'。
- mode：文件打开模式，指定文件的访问方式。
- buffering：用于控制文件的缓冲策略。默认值–1 表示使用默认缓冲策略；0 表示无缓冲（适用于二进制文件）；正整数表示缓冲区大小。
- encoding：指定文件的编码格式，通常用于文本文件。常见的编码有'utf-8'和'gbk'。
- newline：控制如何处理文件中的行结束符。默认情况下，Python 会根据操作系统自动转换换行符。当设置为空字符串""时，行结束符不会被转换，原样读取。

常见的文件打开模式及其功能描述如表 6-1 所示。

表 6-1　常见的文件打开模式及其功能描述

文件打开模式	功能描述
r	只读模式（默认模式）。若文件不存在，则抛出 FileNotFoundError 异常
w	覆盖写模式。若文件不存在，创建新文件；若文件已存在，则覆盖原文件
a	追加写模式。若文件不存在，创建新文件；若文件已存在，则在原文件末尾追加新内容
x	创建写模式。直接创建新文件，若文件已存在，则抛出 FileExistsError 异常
b	二进制模式。通常与 r、w、a、x 等模式组合使用，用于处理二进制文件（例如，'rb'或'wb'）
t	文本模式（默认模式）。通常与 r、w、a、x 等模式组合使用，用于处理文本文件
+	读写模式。通常与 r、w、a、x 等模式组合使用，在原功能基础上增加同时读写功能

在完成文件操作后，应使用文件对象的 close()方法关闭文件。其调用方式如下：

文件对象.**close**()

调用 close()方法时，文件缓冲区中的数据将被写入文件，并且文件会被关闭，释放文件对象所占用的资源。关闭文件后，无法再进行读写操作。

例 6-2：使用常规的 open()函数和文件对象的 close()方法打开和关闭文件。首先，在 D 盘根目录下创建名为 hello.txt 的文本文件，并写入内容"大家好"。然后，以文本模式打开该文件，读取内容并输出。

在 IDLE 编辑器中，新建 6-2.py 文件，输入以下代码并运行。

```
1  # 以文本模式打开文件进行写入，编码为'utf-8'，并返回文件对象 f
2  f = open(r'D:\hello.txt', 'wt', encoding='utf-8')
3  f.write('大家好')  # 向文件中写入内容'大家好'
4  f.close()  # 关闭文件
5  # 以文本模式打开文件进行读取，编码为'utf-8'，并返回文件对象 f
6  f = open(r'D:\hello.txt', 'rt', encoding='utf-8')
7  print(f.readline())  # 读取并输出文件的第一行内容
8  f.close()  # 关闭文件
Out 大家好
```

在实际开发中，进行文件读写操作时，应优先使用 with 语句来自动管理文件的打开与关闭。with 语句能够确保在退出代码块时，无论因何种原因，文件都会被自动且正确地关闭，从而释放相关资源，避免资源泄漏。其语法格式如下：

with open(file, mode='r', buffering=-1, encoding=None, ...) **as f:**
　　# 在此块内通过文件对象 f 进行文件的读写操作

例 6-3：使用 with 语句自动管理文件的打开和关闭，避免手动调用 close()方法。

在 IDLE 编辑器中，新建 6-3.py 文件，输入以下代码并运行。

```
1  # 以文本模式打开文件进行写入，编码为'utf-8'，并返回文件对象 f
```

2	with open(r'D:\hello.txt', 'wt', encoding='utf-8') as f:　# 使用 with 语句自动管理文件
3	f.write('大家好')　# 向文件中写入内容'大家好'
4	# 以文本模式打开文件进行读取，编码为'utf-8'，并返回文件对象 f
5	with open(r'D:\hello.txt', 'rt', encoding='utf-8') as f:
6	print(f.readline())　# 读取并输出文件的第一行内容
Out	大家好

6.2.2　文件的读写

1. 文件的读取

在 Python 中，读取文件内容常用的方法包括：读取整个文件、按行读取以及按指定的字符数（或字节数）读取。

常见的文件读取方法及其功能描述如表 6-2 所示。

表 6-2　常见的文件读取方法及其功能描述

文件读取方法	功能描述
readline([size=-1])	从文件中读取一行内容（包含换行符'\n'）。如果指定了一个非负数的 size 参数，则对于文本文件，最多读取该行的前 size 个字符；对于二进制文件，则最多读取该行的前 size 个字节
readlines()	从文件中读取所有行，并将每一行的内容（包含换行符'\n'）作为一个元素存储到列表中，最终返回这个包含所有行内容的列表
read([size=-1])	从文件中读取并返回 size 个字符（针对文本文件）或 size 个字节（针对二进制文件）。如果 size 参数缺省，则默认会读取文件的全部内容

例 6-4：演示文本文件的读取操作。假设 D 盘根目录下有一个名为 study.txt 的文本文件，内容为两行诗句"书山有路勤为径，学海无涯苦作舟。"

在 IDLE 编辑器中，新建 6-4.py 文件，输入以下代码并运行。

1	# 使用 with 语句打开文件，确保文件操作完成后正确关闭
2	with open(r'D:\study.txt', 'rt', encoding='utf-8') as f:
3	content = f.read()　# 读取文件的全部内容
4	print(content, end='')　# 使用 end=''，防止 print 输出后自动换行
Out	书山有路勤为径， 学海无涯苦作舟。
5	with open(r'D:\study.txt', 'rt', encoding='utf-8') as f:
6	content = f.read(13)　# 从文件中读取前 13 个字符（包含换行符在内）
7	print(content)
Out	书山有路勤为径， 学海无涯
8	with open(r'D:\study.txt', 'rt', encoding='utf-8') as f:
9	lines = f.readlines()　# 读取文件的所有行，返回一个包含每行内容（含换行符）的列表
10	print(lines)　# 输出存储了所有行内容的列表
11	for line in lines:　# 遍历每一行并输出

12	print(line, end='')　# 使用 end=''，防止 print 输出后自动换行
Out	['书山有路勤为径，\n', '学海无涯苦作舟。\n'] 书山有路勤为径， 学海无涯苦作舟。
13	with open(r'D:\study.txt', 'rt', encoding='utf-8') as f:
14	for line in f:　# 逐行读取文件内容并输出
15	print(line, end='')　# 使用 end=''，防止 print 输出后自动换行
Out	书山有路勤为径， 学海无涯苦作舟。

2. 文件的写入

常见的文件写入方法及其功能描述如表 6-3 所示。

表 6-3　常见的文件写入方法及其功能描述

文件写入方法	功能描述
write(s)	将字符串或字节串 s 写入文件中。对于文本文件，传入的 s 应为字符串；对于二进制文件，s 应为字节串。有关字符串与字节串之间的转换，请参考 2.3.3 节
writelines(seq)	将序列 seq 中的所有字符串写入文本文件中。此方法不会自动为每个字符串添加换行符'\n'。若希望每个字符串写入后单独占一行，需要确保每个字符串本身是以换行符'\n'结尾的
seek(offset[, whence])	改变文件的读写指针位置。whence 用于指定参考基准：0 表示以文件开头为基准；1 表示以当前指针位置为基准；2 表示以文件末尾为基准，默认值为 0。offset 表示相对于参考基准的偏移量（单位为字节）

例 6-5： 演示文本文件的写入操作。打开 D 盘根目录下的 study.txt 文件，在文件末尾添加两行诗句"宝剑锋从磨砺出，梅花香自苦寒来"。

在 IDLE 编辑器中，新建 6-5.py 文件，输入以下代码并运行。

1	with open(r'D:\study.txt', 'a', encoding='utf-8') as f:　# 以追加模式打开文本文件
2	f.write('宝剑锋从磨砺出，\n')　# 在文件末尾追加一行文本
3	f.writelines(['梅花香自苦寒来。\n'])　# 在文件末尾追加列表中的所有字符串
4	with open(r'D:\study.txt', 'rt', encoding='utf-8') as f:　# 以只读模式打开文本文件
5	content = f.read()　# 读取文件的全部内容
6	print(content, end='')　# 输出文件内容，使用 end=''，防止 print 输出后自动换行
Out	书山有路勤为径， 学海无涯苦作舟。 宝剑锋从磨砺出， 梅花香自苦寒来。

例 6-6： 演示二进制文件的读写操作。

pickle 是 Python 标准库中一个十分实用的模块，它提供了 dump()和 load()函数。其中，dump()函数用于将数据进行序列化操作，也就是把数据转换为字节流的形式，然后将其写入文件；而 load()函数则用于从二进制文件中读取数据，并对这些数据进行反序列化处理，将其恢复为原始的 Python 对象。

pickle 模块功能强大，几乎支持对所有 Python 对象进行序列化和反序列化操作，如数字、字符串、列表、元组、字典、用户自定义的类实例等。通过使用 pickle 模块，开发者可以方便地实现数据的持久化存储以及对象状态的保存与恢复。

在 IDLE 编辑器中，新建 6-6.py 文件，输入以下代码并运行。

1	import pickle　# 导入 pickle 模块
2	
3	a = 100　# 定义多种不同类型的待序列化的数据
4	b = 3.14
5	c = 3+4j
6	d = [1, 2, 3, 4, 5]
7	e = {'Name': 'Bob', 'Age': 20}
8	data = (a, b, c, d, e)　# 将所有定义的数据放入一个元组中，方便统一进行序列化操作
9	with open('binary.bin', 'wb') as f:　# 以二进制写入模式创建文件
10	pickle.dump(len(data), f)　# 写入数据的个数，便于反序列化时读取
11	for item in data:　# 遍历元组中的每个数据项
12	pickle.dump(item, f)　# 将其序列化后依次写入文件
13	with open('binary.bin', 'rb') as f:　# 以二进制只读模式打开文件
14	n = pickle.load(f)　# 读取数据的个数
15	for i in range(n):　# 根据读取到的数据个数，循环相应次数
16	print(pickle.load(f))　# 反序列化并输出每个数据项
Out	100
	3.14
	(3+4j)
	[1, 2, 3, 4, 5]
	{'Name': 'Bob', 'Age': 20}

6.2.3　文件的其他操作

例 6-7：文件操作中的异常处理机制。

在 IDLE 编辑器中，新建 6-7.py 文件，输入以下代码并运行。

1	# 使用 try-except 语句捕获并处理文件操作时可能出现的异常
2	try:
3	with open('nothing.txt', 'rt', encoding='utf-8') as f:　# 以只读模式打开文本文件
4	content = f.read()　# 读取文件的全部内容
5	print(content, end='')　# 输出文件内容，并避免额外换行
6	except FileNotFoundError:　# 若文件不存在，捕获此异常
7	print('File not found.')　# 提示文件不存在
8	except Exception as e:　# 捕获其他类型的异常
9	print('Exception:' + str(e))　# 输出具体的异常信息
Out	File not found.

例 6-8：检查文件是否存在。

在 IDLE 编辑器中，新建 6-8.py 文件，输入以下代码并运行。

1	# os 模块用于与操作系统进行交互，具备文件和目录操作、执行系统命令、获取系统信息等功能
2	import os　 # 导入 os 模块
3	
4	if os.path.exists(r'D:\study.txt'):　 # 检查指定路径的文件 D:\study.txt 是否存在
5	print('File exists.')
6	else:
7	print('File not found.')
Out	File exists.

例 6-9：获取文件的大小。

在 IDLE 编辑器中，新建 6-9.py 文件，输入以下代码并运行。

1	import os　 # 导入 os 模块
2	
3	if os.path.exists(r'D:\study.txt'):　 # 检查指定路径的文件 D:\study.txt 是否存在
4	size = os.path.getsize(r'D:\study.txt')　 # 获取文件的大小（单位为字节）
5	print('File size:', size, 'bytes')
Out	File size: 104 bytes

例 6-10：删除指定文件。

在 IDLE 编辑器中，新建 6-10.py 文件，输入以下代码并运行。

1	import os　 # 导入 os 模块
2	
3	if os.path.exists(r'D:\study.txt'):　 # 检查指定路径的文件 D:\study.txt 是否存在
4	os.remove(r'D:\study.txt')　 # 如果文件存在，则删除该文件
5	print('File removed successfully.')
Out	File removed successfully.

6.3　CSV 文件的读写

　　CSV（Comma-Separated Values，逗号分隔值）是一种被广泛采用的文件格式，专门用于存储表格数据，通常以.csv 作为文件扩展名。在 CSV 格式中，数据以行为单位进行组织，每一行代表一条记录，不同字段之间通过逗号进行分隔，字段的排列顺序对应表格中的列。

　　CSV 文件具有简洁且易于理解的显著特点。正因如此，它常被应用于数据交换、导入导出以及数据备份等多种场景。由于其简单性和良好的跨平台特性，CSV 格式在电子表格软件、数据库导出以及数据分析等众多领域都备受青睐。

　　CSV 文件的主要优点如下。

　　（1）易于查看和编辑：CSV 文件本质上是纯文本格式，用户可以借助任何文本编辑器（如记事本或 VSCode）轻松地打开和编辑，操作简单直观。

　　（2）广泛支持：几乎所有主流的数据分析工具（如 Excel、Google Sheets）以及常用的编程语言（如 Python、R），都对 CSV 格式提供了良好的支持。

（3）兼容性强：由于 CSV 是纯文本形式，它可以在不同的操作系统和应用程序之间实现无缝传输，不受平台限制。

在 Python 中，处理 CSV 文件有多种选择。既可以使用 Python 内置的 csv 模块，也可以使用功能更为强大、处理效率更高的 Pandas 库来完成相关操作。

6.3.1　一维数据的读写

一维数据，指的是只具有一个维度的数据集合，通常呈现为线性的序列形式。数学上，它可以视为由多个元素构成的数组或列表，每个元素都代表着一个独立的数据点。一维数据常见于以下应用场景。

（1）时间序列数据：如股票价格的波动、温度随时间的变化等，通常表示为按时间顺序排列的数据。例如，一组温度数据[20.5, 21.3, 22.1, 19.8]，每个值都对应着一个特定时间点的温度值。

（2）单个特征的多个观测值：如一组人的身高数据，可以表示为[170, 175, 180, 160]。这里的每个元素都代表着一次观测值，集合中的元素之间不存在复杂的关联关系。

在 Python 中，最常见的一维数据结构当属列表（list）。可以利用 Python 中的 csv 模块，将一维数据保存为 CSV 文件，在这种情况下，每个数据点会对应 CSV 文件中的一行。在读取时，只需逐行读取，每行内容即为一个数据元素。此外，NumPy 库的 array 和 Pandas 库的 Series 也是处理一维数据的常用工具，前者通常用于数值计算任务，而后者则更适合处理带有索引的数据。

例 6-11：将一维数据写入 CSV 文件。

在 IDLE 编辑器中，新建 6-11.py 文件，输入以下代码并运行。

1	import csv　# 导入 csv 模块，用于处理 CSV 文件的读写操作
2	
3	data = ['1', '2', '3', '4', '5']　# 定义一个一维数据列表
4	with open(r'D:\data.csv', mode='w', newline='') as f:
5	writer = csv.writer(f)　# 创建一个 CSV 写入器对象，用于将数据写入文件
6	for item in data:　# 遍历列表中的每个元素
7	writer.writerow(item)　# 将每个元素作为一行写入 CSV 文件
8	print('File saved successfully.')　# 在 D 盘根目录下将生成 data.csv 文件，可用记事本打开查看
Out	File saved successfully.
文件内容	1 2 3 4 5

例 6-12：从 CSV 文件中读取一维数据。

在 IDLE 编辑器中，新建 6-12.py 文件，输入以下代码并运行。

1	import csv　# 导入 csv 模块，用于处理 CSV 文件的读写操作

2	
3	# 假设该 CSV 文件中每行只有一个值
4	with open(r'D:\data.csv', mode='r', newline='') as f:
5	reader = csv.reader(f)　# 创建一个 CSV 读取器对象，对于读取文件中的数据
6	data = [row[0] for row in reader]　# 使用列表推导式将每行的第一个元素提取到列表中
7	print(data)　# 输出读取到的所有数据，此时文件指针已移至文件末尾
8	f.seek(0)　# 把文件指针重置到文件开头，以便重新读取文件内容
9	for row in reader:　# 再次遍历 CSV 文件中的每一行数据
10	print(row[0])　# 假设每行只有一个数据项，输出该数据项
Out	['1', '2', '3', '4', '5']
	1
	2
	3
	4
	5

例 6-13：使用 NumPy 创建一维数组。

首先，打开命令提示符，输入 pip install numpy -i https://pypi.tuna.tsinghua.edu.cn/simple 安装 numpy 扩展库。

然后，在 IDLE 编辑器中，新建 6-13.py 文件，输入以下代码并运行。

1	import numpy as np　# 导入 numpy 扩展库，并为其指定别名 np，方便后续使用
2	
3	data = np.array([20.5, 21.3, 22.1, 19.8])　# 创建一个一维的 numpy 数组
4	print(data, type(data))
Out	[20.5 21.3 22.1 19.8] <class 'numpy.ndarray'>

例 6-14：使用 Pandas 创建 Series 对象。

首先，打开命令提示符，输入 pip install pandas -i https://pypi.tuna.tsinghua.edu.cn/simple 安装 pandas 扩展库。

然后，在 IDLE 编辑器中，新建 6-14.py 文件，输入以下代码并运行。

1	import pandas as pd　# 导入 pandas 扩展库，并为其指定别名 pd，方便后续使用
2	
3	data = pd.Series([170, 175, 180, 164, 166], index=['A', 'B', 'C', 'D', 'E'])
4	print(data, type(data))
5	print(data.max(), data.min(), data.mean())　# 计算最大值、最小值和平均值
6	print(data.median())　# 计算中位数，用于衡量数据集的中间水平
7	print(data.std())　# 计算标准差，用于衡量一组数据的离散程度
Out	A　　　　170
	B　　　　175
	C　　　　180
	D　　　　164
	E　　　　166

```
dtype: int64 <class 'pandas.core.series.Series'>
180 164 171.0
170.0
6.557438524302
```

一维数据结构简单，这使得它在实际应用中较为常见，是数据分析和处理的基础组成部分。尤其是在数据清洗、特征提取和统计分析等环节，一维数据都发挥着重要的作用。

6.3.2　二维数据的读写

二维数据，指的是在二维空间中进行组织的数据，通常以矩阵或表格的形式呈现。在这种数据结构中，每一行代表一个数据点（如一个观测样本或实例）；而每个数据点又包含多个变量（如不同的特征或属性）。常见的二维数据形式主要有表格数据、矩阵数据和坐标数据这三种类型。

1. 表格数据

每一行代表一个数据点，每一列对应一个特征。例如，学生成绩表中，每行表示一位学生的信息，每列分别记录该学生的姓名、学号、成绩等具体信息。表格数据被广泛应用于结构化信息的存储和管理，支持数值、文本、日期等不同类型的数据。表格数据的常见应用有统计分析、数据汇总和可视化展示。比如，可以分析学生成绩的平均值、方差，或者对成绩进行排序、分组等。此外，数据清洗和缺失值处理也是表格数据处理中常见的任务。

2. 矩阵数据

矩阵数据是表格数据的一种数学化表示，特别适用于处理数值型数据。矩阵由行和列构成，行通常代表样本，列则代表每个样本的特征或属性。例如，在机器学习领域，训练数据集通常以矩阵的形式存储，每行表示一个样本，每列代表一个特征。此外，图像数据也是以矩阵形式存储的，矩阵的每个元素表示一个像素的颜色值。矩阵运算（如乘法、转置、求逆等）是许多机器学习算法和优化算法的核心，被广泛应用于图像处理、自然语言处理等多个领域。

3. 坐标数据

除了表格和矩阵数据外，二维数据还常常被用来表示空间中的坐标点。例如，在地理信息系统（GIS）中，二维坐标（x, y）用于表示地理位置，其中 x 和 y 分别是水平和垂直坐标。坐标数据广泛应用于地图制作、物体跟踪、机器人导航等领域。通过分析坐标数据，可以绘制物体的运动轨迹，或者分析某一地区的建筑分布情况。随着人工智能技术的迅猛发展，坐标数据在无人驾驶、无人机飞行、GPS 定位和增强虚拟现实等领域的应用也日益增多。

总的来说，二维数据在各种领域都有广泛的应用，不仅在传统的统计分析中扮演着重要角色，而且在人工智能、机器学习等现代技术中也发挥着不可或缺的作用。

在 Python 中，二维数据通常采用嵌套列表的方式来表示。其中，外层列表代表矩阵的行，内层列表代表每一行中的列。例如，一个 3×3 矩阵的二维数据可以表示为：

```
data = [[1, 2, 3], [4, 5, 6], [7, 8, 9]]
```

在这个例子中，data 是一个包含三个子列表的外层列表，每个子列表都表示矩阵的一行。

例 6-15：将二维数据写入 CSV 文件。

在 IDLE 编辑器中，新建 6-15.py 文件，输入以下代码并运行。

1	import csv　# 导入 csv 模块
2	
3	data = [　# 定义待写入 CSV 文件的二维数据
4	['Alice', 18, 'New York'],
5	['Bob', 20, 'Los Angeles'],
6	['Eve', 25, 'Chicago']
7	]
8	# 以写入模式打开 CSV 文件，如果文件不存在，则新建文件
9	with open(r'D:\data.csv', mode='w', newline='', encoding='utf-8') as f:
10	writer = csv.writer(f)　# 创建一个 CSV 写入器对象
11	writer.writerows(data)　# 将 data 中的每个子列表作为一行写入 CSV 文件
12	print('File saved successfully.')　# 在 D 盘根目录下将生成 data.csv 文件，可用记事本打开查看
Out	File saved successfully.
文件内容	Alice,18,New York Bob,20,Los Angeles Eve,25,Chicago

例 6-16：从 CSV 文件中读取二维数据。

在 IDLE 编辑器中，新建 6-16.py 文件，输入以下代码并运行。

1	import csv　# 导入 csv 模块
2	
3	# 假设该 CSV 文件中每行有多个值
4	with open(r'D:\data.csv', mode='r', newline='') as f:
5	reader = csv.reader(f)　# 创建一个 CSV 读取器对象
6	data = [row for row in reader]　# 使用列表推导式将每行的数据提取到 data 列表中
7	print(data)　# 输出读取到的所有数据，此时文件指针已移至文件末尾
8	f.seek(0)　# 把文件指针重置到文件开头，以便重新读取文件内容
9	for row in reader:　# 再次遍历 CSV 文件中的每一行数据
10	print(row[0], row[1], row[2])　# 假设每行有三个数据项，输出这三个数据项
Out	[['Alice', '18', 'New York'], ['Bob', '20', 'Los Angeles'], ['Eve', '25', 'Chicago']] Alice 18 New York Bob 20 Los Angeles Eve25 Chicago

二维数据还可以通过列表嵌套字典的方式表示，此时外层列表表示每一行，内层字典则对应该行的字段名和值。对于这种以字典格式存储的数据，可以使用 Python 标准库中的

csv.DictWriter 类进行处理，通过 fieldnames 参数来指定列名的顺序。

例 6-17：将带字段名的二维数据写入 CSV 文件。

在 IDLE 编辑器中，新建 6-17.py 文件，输入以下代码并运行。

1	import csv　# 导入 csv 模块
2	
3	fns = ['Name', 'Age', 'City']　# 字段名
4	# 定义待写入 CSV 文件的二维数据，外层列表代表行，内层字典包含字段名和对应的值
5	data = [
6	{'Name': 'Alice', 'Age': 18, 'City': 'New York'},
7	{'Name': 'Bob', 'Age': 20, 'City': 'Los Angeles'},
8	{'Name': 'Eve', 'Age': 25, 'City': 'Chicago'}
9	]
10	# 以写入模式打开 CSV 文件，如果文件不存在，则新建文件
11	with open(r'D:\data.csv', mode='w', newline='', encoding='utf-8') as f:
12	writer = csv.DictWriter(f, fieldnames=fns)　# 创建一个 CSV 字典写入器对象
13	writer.writeheader()　# 向 CSV 文件写入表头（即字段名）
14	writer.writerows(data)　# 将 data 中的每个字典作为一行写入 CSV 文件
15	print('File saved successfully.')　# 在 D 盘根目录下将生成 data.csv 文件，可用记事本打开查看
Out	File saved successfully.
文件内容	Name,Age,City Alice,18,New York Bob,20,Los Angeles Eve,25,Chicago

例 6-18：从 CSV 文件中读取带字段名的二维数据。

在 IDLE 编辑器中，新建 6-18.py 文件，输入以下代码并运行。

1	import csv
2	
3	# 读取二维数据，第一行为表头（即字段名），其余每行包含对应字段的值
4	with open(r'D:\data.csv', mode='r', newline='') as f:
5	reader = csv.reader(f)　# 创建一个 CSV 读取器对象
6	fns = next(reader)　# 使用 next()函数读取第一行数据，将其作为字段名
7	data = []　# 初始化一个空列表，用于存储转换后的数据
8	for row in reader:　# 遍历 CSV 文件中除第一行外的每一行数据
9	data.append({fns[i]: row[i] for i in range(3)})　# 使用字典推导式生成字典
10	print(data)
Out	[{'Name': 'Alice', 'Age': '18', 'City': 'New York'}, {'Name': 'Bob', 'Age': '20', 'City': 'Los Angeles'}, {'Name': 'Eve', 'Age': '25', 'City': 'Chicago'}]

NumPy 是一个功能强大的科学计算库，它提供了 ndarray 对象来表示多维数组，能够非常高效地处理二维数据。使用 NumPy 处理二维数据，不仅运算速度更快，而且还支持更为复杂的矩阵运算。

例 6-19：使用 NumPy 创建二维数组。

在 IDLE 编辑器中，新建 6-19.py 文件，输入以下代码并运行。

```
1  import numpy as np   # 导入 numpy 扩展库，并为其指定别名 np，方便后续使用
2
3  matrix = np.array([[1, 2, 3], [4, 5, 6], [7, 8, 9]])   # 创建一个二维的 numpy 数组
4  print(matrix, type(matrix))
Out [[1 2 3]
    [4 5 6]
    [7 8 9]] <class 'numpy.ndarray'>
```

二维数据在数据科学与数据分析中占据着核心地位，被广泛应用于表格处理、机器学习、图像处理和空间数据分析等领域。借助 Python 中的嵌套列表或者 NumPy 数组等工具，可以高效地对二维数据进行存储、处理和分析，从而完成各种复杂的任务。

6.4 经典案例解析

大约两千多年前，希腊天文学家希巴克斯首次命名了十二星座，分别是水瓶座、双鱼座、白羊座、金牛座、双子座、巨蟹座、狮子座、处女座、天秤座、天蝎座、射手座和摩羯座。

请在 D 盘根目录下创建一个名为 SunSign.csv 的 CSV 文件，内容如下：

```
序号,星座,开始月日,结束月日,Unicode
1,水瓶座,120,218,9810
2,双鱼座,219,320,9811
3,白羊座,321,419,9800
4,金牛座,420,520,9801
5,双子座,521,621,9802
6,巨蟹座,622,722,9803
7,狮子座,723,822,9804
8,处女座,823,922,9805
9,天秤座,923,1023,9806
10,天蝎座,1024,1122,9807
11,射手座,1123,1221,9808
12,摩羯座,1222,119,9809
```

注：以第一行数据为例，120 表示 1 月 20 日，218 表示 2 月 18 日，而 9810 是水瓶座符号的 Unicode 码点。

例 6-20：根据星座名称查询出生日期范围。要求：从 CSV 文件中读取数据，获取用户输入，并根据用户输入的星座名称输出其符号及出生日期范围。

参考输入示例格式如下：

```
请输入星座中文名称（例如，双子座）：双子座
```

参考输出示例格式如下：

	双子座(Ⅱ)的生日位于 521-621 之间
1	fi = open(r'D:\SunSign.csv', 'r', encoding='utf-8')　# 以只读模式打开 CSV 文件
2	s = input('请输入星座中文名称（例如，双子座）: ')　# 提示用户输入星座的中文名称
3	for line in fi.readlines():　# 逐行遍历 CSV 文件的内容
4	if s in line:　# 检查用户输入的星座名称是否存在于当前行
5	ls = line.strip().split(',')　# 去除当前行首尾的空白符，并以逗号分割成列表
6	print('{}({})的生日位于{}-{}之间'.format(ls[1], chr(int(ls[4])), ls[2], ls[3]))
7	fi.close()　# 关闭已打开的文件
In	请输入星座中文名称（例如，双子座）: 双子座
Out	双子座(Ⅱ)的生日位于 521-621 之间

例 6-21：根据星座序号查询星座信息。要求：从 CSV 文件中读取数据，获取用户输入。用户输入一组范围为 1-12 的整数作为序号，序号间以空格分隔，并以回车结束。屏幕输出这些序号对应星座的名称、符号及出生日期范围，每个星座的信息显示在一行。完成后，重新回到输入序号的状态。

参考输入示例格式如下：

请输入星座序号（例如，5）: 5 10

参考输出示例格式如下：

双子座(Ⅱ)的生日是 5 月 21 日至 6 月 21 日之间 天蝎座(♏)的生日是 10 月 24 日至 11 月 22 日之间

1	fi = open(r'D:\SunSign.csv', 'r', encoding='utf-8')　# 以只读模式打开 CSV 文件
2	lines = fi.readlines()　# 读取文件中的所有行并存储在 lines 列表中
3	while True:
4	s = input('请输入星座序号（例如，5）: ')　# 提示用户输入星座序号
5	for n in s.split():　# 遍历用户输入的每个星座序号
6	ls = lines[int(n)].strip().split(',')　# 根据输入的序号获取对应行的星座信息
7	print('{}({})的生日是{}月{}日至{}月{}日之间'.format(ls[1], chr(int(ls[4])), ls[2][:-2], ls[2][-2:], ls[3][:-2], ls[3][-2:]))
8	fi.close()　# 关闭已打开的文件
In	请输入星座序号（例如，5）: 5 10
Out	双子座(Ⅱ)的生日是 5 月 21 日至 6 月 21 日之间 天蝎座(♏)的生日是 10 月 24 日至 11 月 22 日之间

例 6-22：根据星座序号查询星座信息，并对无效序号给出错误提示。要求：在例 6-21 的基础上，对每个输入的序号进行合法性检查。如果输入的数字不合法，输出"输入星座编号有误！"，然后继续输出后续信息，并重新回到输入序号的状态。

参考输入和输出示例格式如下：

请输入星座序号（例如，5）: 5 14 11

参考输入和输出示例格式如下：

双子座(♊)的生日是 5 月 21 日至 6 月 21 日之间

输入星座编号有误！

射手座(♐)的生日是 11 月 23 日至 12 月 21 日之间

1	fi = open(r'D:\SunSign.csv', 'r', encoding='utf-8') # 以只读模式打开 CSV 文件
2	lines = fi.readlines() # 读取文件中的所有行并存储在 lines 列表中
3	while True:
4	s = input('请输入星座序号（例如 5）: ') # 提示用户输入星座序号
5	for n in s.split(): # 遍历用户输入的每个星座序号
6	if int(n) < 1 or int(n) > 12: # 检查输入的星座序号是否在有效范围内
7	print('输入星座编号有误! ') # 如果输入的星座序号无效，输出错误提示信息
8	continue # 跳过本次循环的后续代码，继续处理下一个星座序号
9	ls = lines[int(n)].strip().split(',') # 根据有效的输入序号获取对应的星座信息
10	print('{}({})的生日是 {} 月 {} 日至 {} 月 {} 日之间 '.format(ls[1], chr(int(ls[4])), ls[2][:-2], ls[2][-2:], ls[3][:-2], ls[3][-2:]))
11	fi.close() # 关闭已打开的文件
In	请输入星座序号（例如 5）: 5 14 11
Out	双子座(♊)的生日是 5 月 21 日至 6 月 21 日之间 输入星座编号有误！ 射手座(♐)的生日是 11 月 23 日至 12 月 21 日之间

🔑 本章习题

6.1　以下关于文件的描述，错误的是（　　）。

　　A．二进制文件和文本文件的操作步骤都是"打开→操作→关闭"

　　B．open()函数打开文件之后，文件的内容并没有在内存中

　　C．open()函数只能打开一个已经存在的文件

　　D．文件读写之后，要调用 close()方法才能确保文件被保存在磁盘中了

6.2　以下关于文件的描述，错误的是（　　）。

　　A．open()函数的参数处理模式'b'表示以二进制数据处理文件

　　B．open()函数的参数处理模式'+'表示可以对文件进行读和写操作

　　C．readline()方法表示读取文件的下一行，返回一个字符串

　　D．open()函数的参数处理模式'a'表示追加方式打开文件，删除已有内容

6.3　以下关于文件的描述，错误的选项是（　　）。

　　A．readlines()方法读入文件内容后返回一个列表，元素划分依据是文本文件中的换行符

　　B．read()方法一次性读入文本文件的全部内容后，返回一个字符串

　　C．readline()方法读入文本文件的一行，返回一个字符串

　　D．二进制文件和文本文件都是可以用文本编辑器编辑的文件

6.4　关于 Python 对文件的处理，以下选项中描述错误的是（　　）。

　　A．Python 通过解释器内置的 open()函数打开一个文件

　　B．当文件以文本方式打开时，读写按照字节流方式

　　C．文件使用结束后要用 close()方法关闭，释放文件的使用授权

　　D．Python 能够以文本和二进制两种方式处理文件

6.5　关于数据组织的维度，以下选项中描述错误的是（　　）。

　　A．一维数据采用线性方式组织，对应于数学中的数组和集合等概念

　　B．二维数据采用表格方式组织，对应于数学中的矩阵

　　C．高维数据有键值对类型的数据构成，采用对象方式组织

　　D．数据组织存在维度，字典类型用于表示一维和二维数据

6.6　以下关于数据维度的描述，错误的是（　　）。

　　A．采用列表表示一维数据，不同数据类型的元素是可以的

　　B．JSON 格式可以表示比二维数据还复杂的高维数据

　　C．二维数据可以看成是一维数据的组合形式

　　D．字典不可以表示二维以上的高维数据

6.7　以下选项中不是 Python 中文件操作的相关方法是（　　）。

　　A．open()　　　　　B．load()　　　　　C．read()　　　　　D．write()

6.8　以下选项中不是 Python 对文件的写操作方法的是（　　）。

　　A．writelines()　　B．write()和 seek()　　C．writetext()　　D．write()

6.9　文件 book.txt 在当前程序所在目录内，其内容是一段文本：book，下面代码的输出结果是（　　）。

```
txt = open('book.txt', 'r')
print(txt)
txt.close()
```

　　A．book.txt　　　　B．txt　　　　　C．book　　　　　D．以上答案都不对

6.10　以下程序的输出结果是（　　）。

```
fo = open('text.txt', 'w+')
x,y ='this is a test', 'hello'
fo.write('{}+{}\n'.format(x, y))
print(fo.read())
fo.close()
```

　　A．this is a test hello　　　　　　B．this is a test

　　C．this is a test,hello.　　　　　　D．this is a test+hello

6.11　文件 dat.txt 里的内容如下：

```
QQ&Wechat
Google&Baidu
```

　　以下程序的输出结果是（　　）。

```
fo = open('dat.txt', 'r')
fo.seek(2)
print(fo.read(8))
fo.close()
```

  A．Wechat   B．&Wechat G   C．Wechat Go   D．&Wechat

6.12 有一个文件记录了 1000 个人的高考成绩总分，每一行信息长度是 20 个字节，要想只读取最后 10 行的内容，不可能用到的方法是（ ）。

  A．seek()   B．readline()   C．open()   D．read()

6.13 以下程序输出到文件 text.csv 里的结果是（ ）。

```
fo = open('text.csv', 'w')
x = [90, 87, 93]
z = []
for y in x:
    z.append(str(y))
fo.write(','.join(z))
fo.close()
```

  A．[90,87,93]   B．90,87,93   C．'[90,87,93]'   D．'90,87,93'

6.14 假设当前目录下有一个名为 score.txt 的文本文件，文件中记录了某班学生的学号（第 1 列）、语文成绩（第 2 列）和数学成绩（第 3 列），各列数据之间以空格分隔。请编写程序完成以下要求。

  （1）计算并输出该班学生的语文成绩和数学成绩的平均分（保留一位小数）。

  （2）找出该班中两门课程成绩均不及格（即＜60 分）的学生，并输出这些学生的学号、语文成绩和数学成绩。

  （3）找出该班中两门课程的平均成绩达到优秀水平（即≥90 分）的学生，并输出这些学生的学号、语文成绩、数学成绩及其平均成绩。

6.15 假设 D 盘根目录下有一个名为 sensor.txt 的文件，该文件包含公司职员随身佩戴的位置传感器采集的数据，具体内容如下：

```
2025/1/25 0:05,vawelon001,1,1
2025/1/25 0:20,earpa001,1,1
2025/1/25 2:26,earpa001,1,6
2025/1/25 7:11,earpa001,1,1
2025/1/25 8:02,earpa001,1,6
2025/1/25 9:22,earpa001,1,6
```

  注：第一列是传感器获取数据的时间，第二列是传感器的编号，第三列是传感器所在的楼层，第四列是传感器所在的位置区域编号。

  （1）读入 sensor.txt 文件中的数据，提取出传感器编号为 earpa001 的所有数据，将结果输出保存到 D:\earpa001.txt 文件。输出文件格式要求：原数据文件中的每行记录写入新文件中，行尾无空格，无空行。参考格式如下：

```
2025/1/25 0:20,earpa001,1,1
2025/1/25 2:26,earpa001,1,6
……
```

请根据以下编程模板进行修改，用代码替换横线部分，可以修改给定代码。

```
fi = open(r'D:\sensor.txt', 'r', encoding='utf-8')   # 以只读模式打开 D:\sensor.txt 文件
fo = open(_____)   # 以写入模式打开 D:\earpa001.txt 文件
for line in _____:   # 逐行遍历源数据文件的内容
    if 'earpa001' in line:   # 检查当前行是否包含传感器编号 earpa001
        fo.write(line)   # 若包含，则将该行内容写入目标文件
fi.close()   # 关闭源文件
fo.close()   # 关闭目标文件
```

（2）读入 D:\earpa001.txt 文件中的数据，统计 earpa001 对应的职员在各楼层和区域出现的次数，按照次数从高到低，保存到 D:\earpa001_count.txt 文件，每一条记录一行，位置信息和出现的次数之间用英文半角逗号隔开，行尾无空格，无空行。参考格式如下：

```
1-6,3
1-1,2
```

含义如下：

第 1 行 "1-6,3" 中 1-6 表示 1 楼 6 号区域，3 表示出现 3 次；

第 2 行 "1-1,2" 中 1-1 表示 1 楼 1 号区域，2 表示出现 2 次。

请根据以下编程模板进行修改，用代码替换横线部分，可以修改给定代码。

```
fi = open(_____)   # 以只读模式打开 D:\earpa001.txt 文件
fo = open(r'D:\earpa001_count.txt', 'w', encoding='utf-8')   # 以写入模式打开 D:\earpa001_count.txt 文件
d = {}   # 初始化一个空字典，用于存储各楼层区域的出现次数，键为"楼层-区域"，值为出现次数
for line in _____:   # 逐行遍历 D:\earpa001.txt 文件的内容
    sen = line.strip().split(',')   # 去除当前行首尾的空白符，并以逗号分割成列表
    # 创建或更新字典中的该键值对。键由楼层 sen[2]和区域 sen[3]拼接而成，值为出现次数
    d[sen[2] + '-' + sen[3]] = _____   # 使用 d.get()方法获取当前楼层区域的计数
ls = list(d.items())   # 将字典 d 转换为列表，列表中的每个元素是一个元组，形式为(键，值)
ls.sort(_____)   # 根据元组的第二个元素（即出现次数）对列表进行降序排序
for i in ls:   # 遍历排序后的列表
    fo.write('{},{}\n'.format(i[0], i[1]))   # 将每项按照"楼层-区域,出现次数"的格式写入目标文件
fi.close()   # 关闭源文件
fo.close()   # 关闭目标文件
```

6.16 假设 D 盘根目录下有一个名为 bpr.txt 的文件，文件内容记录了某人一段时间内的血压测量数据，具体内容如下：

```
2024/7/2 6:00,140,82,136,90,69
2024/7/2 15:28,154,88,155,85,63
2024/7/3 6:30,131,82,139,74,61
```

```
2024/7/3 16:49,145,84,139,85,73
2024/7/4 5:03,152,87,131,85,63
```

注：第一列为测量时间，第二列为左臂高压，第三列为左臂低压，第四列为右臂高压，第五列为右臂低压，第六列为心率。

编写程序，实现以下功能。

（1）使用字典和列表进行数据分析，生成并输出左臂与右臂血压情况对比表，表格应包含以下五个项目：高压最大值、低压最大值、高低压差的平均值、高压平均值、低压平均值，请注意每行三列对齐。

（2）根据上述五个项目的比较结果，输出以下结论：如果左臂有超过 50%的项目值高于右臂，则输出"结论：左臂血压偏高"；如果右臂有超过 50%的项目值高于左臂，则输出"结论：右臂血压偏高"；否则，输出"结论：左臂血压与右臂血压相当"。此外，计算并输出心率的平均值。

第 7 章

面向对象编程

CHAPTER **7**

本章学习目标:

- 了解面向对象编程的基本概念;
- 熟练掌握类的定义与实例化;
- 熟练掌握类的公有成员与私有成员的用法;
- 了解类的特殊内置方法;
- 熟练掌握类的封装、继承和多态;
- 了解 GUI 程序设计以及 Tkinter 库的基本用法。

🔑 7.1　基本概念

程序设计方法主要分为两大类：面向过程编程（Procedure Oriented Programming，POP）和面向对象编程（Object Oriented Programming，OOP）。

1. 面向过程编程

面向过程编程的核心思想是将程序分解为一系列的过程或函数，每个过程负责完成特定的任务。程序按照顺序依次执行这些过程，任务之间的耦合度较低，适合处理相对简单、任务目标明确且流程呈线性的问题，如数据处理、算法实现等。

其主要特点如下。

（1）函数和过程的组织：通过函数或过程来组织和管理代码，每个函数实现一项特定的功能。

（2）顺序执行：程序按照从上到下的顺序逐步执行，流程控制简单直观。

（3）任务分解：通过将复杂的任务分解成多个小的函数来加以实现。

2. 面向对象编程

面向对象编程的核心思想，是模拟现实世界中各类对象及其相互之间的交互，将程序组织为一组具有属性（数据）和方法（行为）的"对象"。通过对象之间的交互来完成任务，在程序设计时，重点关注的是如何组织和设计对象，以及厘清它们之间的关系，适用于构建复杂的、可扩展的、需要长期维护或多次迭代更新的系统。

其主要特点如下。

（1）对象和类的设计：类是对对象的高度抽象概括，它定义了对象的属性和行为。对象是类的具体实例，通过对类的实例化来创建具体的对象。

（2）封装：将对象的属性（数据）和方法（行为）封装在一起，隐藏对象内部的实现细节，只对外暴露必要的接口，供外部访问和调用。

（3）继承：子类可以继承父类的属性和方法，从而实现代码的复用。

（4）多态：同一个方法在不同的对象上可以表现出不同的行为，提高了程序的灵活性和可扩展性。

尽管面向对象编程在设计理念上更加抽象，侧重于模拟现实世界的对象和交互，但从计算机底层的实现原理来看，面向对象编程仍然依赖于面向过程的计算模型。在底层实现过程中，对象的方法调用通过一系列的内存操作、绑定机制、参数传递和返回值处理等步骤，最终转化为对具体过程或函数的调用，实现了面向对象编程中对象之间的交互和行为的执行。面向对象编程通过封装、抽象等机制将这些底层过程组织和管理起来，使得程序更加灵活且易于维护。

在实际的开发工作中两者常常是结合使用的。例如，在实现一些简单的功能或算法时，采用面向过程编程能够使代码更加简洁、直观；在组织和管理复杂系统时，采用面向对象编程可以使系统结构清晰，便于扩展和维护。Python、C++、Java 等编程语言同时支持这两种编程范式，开发者可以根据具体的问题和需求灵活选择合适的方法。

　　Python 是一种面向对象的解释型高级编程语言，它完美地支持封装、继承和多态等面向对象的基本特性。在 Python 中，允许对基类方法进行覆盖和重写，这使得程序设计更加灵活和高效。

🔑 7.2　类的定义与实例化

　　类是面向对象编程的核心概念之一，它就像是用于创建对象（实例）的蓝图或模板。类定义了对象所具有的属性（数据）和能够执行的方法（行为），并通过实例化这一过程来创建具体的对象。类不仅能封装数据，还能提供对这些数据进行操作的行为。

7.2.1　类的定义

　　类的定义通常包括属性（用于描述对象的数据）和方法（用于描述对象的行为），以及一些特殊的内置方法。例如，假设我们定义"人类"这个类，它所包含的属性可以包括姓名、年龄、性别、肤色、血型、遗传特征等；而用于描述人类行为的方法可以包括进食、呼吸、睡眠、运动等。基于"人类"这个类，我们可以创建出多个具体的"人"（即"人类"的实例），每个实例都拥有自己的属性和行为。

　　类的定义基本语法如下。

```
class 类名[(基类)]:
    var = value    # 类属性：在类内部定义的变量，为该类的所有实例共享
    def __init__(self, param1, param2):    # 类的初始化方法
        self.param1 = param1    # self.param1 和 self.param2 为实例属性，存储每个实例独有的数据
        self.param2 = param2
    def func(self):    # 类方法：用于定义实例的行为
        pass
    def __str__(self):    # 特殊方法示例
        return '{ } - { }'.format(self.param1, self.param2)
```

　　详细说明如下。

　　（1）**class 关键字**：使用 class 关键字来定义类，类名通常采用首字母大写的驼峰命名法。基类是可选的，通过继承基类可扩展类的功能，但对于简单的类定义，基类可以省略不写。

　　（2）**类属性与实例属性**：类属性是在类内部定义的变量，它们为类的所有实例所共享。可通过类名修改类属性，并且这种修改会影响该类创建的所有实例；而实例属性则是在 __init__()方法中通过 self 参数进行初始化，为每个实例独立拥有的数据，其修改互不影响。

　　（3）**类方法**：类方法用于定义实例的行为，方法内部至少有一个参数，通常约定为 self，代表当前实例本身。在类方法的内部，可以通过 self 参数来访问和修改实例的属性，以及调用实例方法。

　　（4）**__init__()方法**：__init__()是类的初始化方法，通常在创建实例时会被自动调用。

它用于初始化实例属性，并根据传入的参数为实例属性赋值。

（5）**特殊方法**：Python 的类有许多特殊方法，通常以双下画线开头和结尾，如 __str__()、__repr__()等。这些方法用于自定义类的行为，通常会在特定的场景下被 Python 自动调用。例如，__str__()方法用于定义输出实例时的字符串表示，方便用户在调试过程中查看对象状态。

例 7-1：创建 Person 类，类属性包括 species 和 count，实例属性包括 name、age 和 sex，类方法为 talk()。

在 IDLE 编辑器中，新建 person.py 文件，输入以下代码并保存。

```
1  class Person:
2      species = '智人'  # 类属性：所有实例共享的物种信息
3      count = 0  # 类属性：记录已创建的 Person 对象数量
4      def __init__(self, name, age, sex):  # 初始化实例方法：name、age 和 sex 为方法形参
5          self.name = name  # 实例属性：存储姓名
6          self.age = age  # 实例属性：存储年龄
7          self.sex = sex  # 实例属性：存储性别
8          Person.count += 1  # 每创建一个实例，类属性 count 加 1
9      def talk(self):  # 类方法：用于描述对象的行为，如自我介绍，输出姓名、性别和年龄
10         print('我是{}，{}，{}岁。'.format(self.name, self.sex, self.age))
11     def __del__(self):  # 析构方法：实例被销毁时调用
12         Person.count -= 1  # 每销毁一个实例，类属性 count 减 1
```

类属性是所有实例共享的属性，通常与类本身的特征相关，并且所有实例的类属性的值都相同。在例 7-1 中，species（物种）和 count（计数器）就是类属性。species 代表人类的共有特征，因此所有 Person 实例的物种都是相同的；count 则用来统计已经创建了多少个 Person 实例，以跟踪对象的数量。

实例属性则是每个实例所独有的属性，每个实例的实例属性值可以各不相同。例如，name（姓名）、age（年龄）、sex（性别）等都是实例属性，因为每个人的姓名、年龄和性别都可能不同。

例 7-2：在例 7-1 的基础上，使用内置函数 dir()查看类的属性和方法。

```
1 >>> from person import Person  # 从 person 模块中导入 Person 类
2 >>> dir(Person)  # 返回对象的所有属性和方法的名称列表
3 Out ['__class__', '__del__', '__delattr__', '__dict__', '__dir__', '__doc__', '__eq__', '__firstlineno__',
    '__format__', '__ge__', '__getattribute__', '__getstate__', '__gt__', '__hash__', '__init__',
    '__init_subclass__', '__le__', '__lt__', '__module__', '__ne__', '__new__', '__reduce__', '__reduce_ex__',
    '__repr__', '__setattr__', '__sizeof__', '__static_attributes__', '__str__', '__subclasshook__', '__weakref__',
    'count', 'species', 'talk']
```

7.2.2　类的实例化

对象是类的实例（instance），它是由类创建而来的。例如，生活在地球上的每个人都可以看作"人类"这个类的具体对象，他们都具备该类所定义的属性和行为。因此，类 Person 可以被视为一个模板，通过它可以不断地生成多个对象（也称为实例）。而将类用于创建对

象的这个过程，称为类的实例化。

当调用一个类时，Python 会自动执行类的__init__()方法，并返回一个新对象。这个新对象是该类的实例，它具有类中定义的全部属性和方法。

例 7-3：在例 7-1 的基础上，创建 Person 类的三个对象 alice、bob 和 eve，并输出他们的姓名、年龄和性别。

在 IDLE 编辑器中，新建 7-3.py 文件，输入以下代码并运行。

```
1   from person import Person    # 导入 Person 类
2
3   alice = Person('Alice', 18, '女')    # 创建对象 alice，小括号内的实参传递给类的 __init__()方法
4   print(alice.name, alice.age, alice.sex)    # 访问对象 alice 的属性
5   alice.talk()    # 调用对象 alice 的方法
6   bob = Person('Bob', 20, '男')    # 创建对象 bob
7   print(bob.name, bob.age, bob.sex)
8   bob.talk()
9   eve = Person('Eve', 25, '男')    # 创建对象 eve
10  print(eve.name, eve.age, eve.sex)
11  eve.talk()
12  print('总共创建了 {}个 Person 对象'.format(Person.count))
```

```
Out  Alice 18  女
     我是 Alice，女，18 岁。
     Bob 20  男
     我是 Bob，男，20 岁。
     Eve 25  男
     我是 Eve，男，25 岁。
     总共创建了 3 个 Person 对象
```

🔑 7.3 类的成员

7.3.1 公有成员和私有成员

在 Python 中，类的成员（包括变量和方法）可以根据访问权限的不同划分为公有成员和私有成员。

公有成员是可以在类的外部直接访问的成员。它们没有访问限制，通常用于提供类的公共接口，供外部调用。公有成员可以通过对象直接访问，形式为"对象.公有成员"。

私有成员则是仅供类内部使用的成员，外部无法对其直接访问。它们通常用于封装类的内部状态或行为，从而避免外部代码对其进行直接修改或访问。在 Python 中，通过在成员名前添加双下画线（例如__age）来实现对私有成员的封装。实际上，Python 借助名称重整机制（name mangling），将私有成员的名称修改为"_类名__私有成员"的形式，以此来"隐藏"私有成员，使其不易被外部直接访问到。不过，需要注意的是，这并非一种严格意义上的访问控制机制，外部仍然可以通过"对象名._类名__私有成员"的方式来访问私有成

员，但并不建议这样做，因为这可能会破坏类的封装性，违背类最初的设计意图。

　　尽管 Python 不像某些编程语言（如 Java 或 C++）那样具备强制的访问权限控制机制，但开发者仍应当遵循良好的编码习惯，尽量避免直接访问私有成员，以保持类的封装性和灵活性。

　　例 7-4：类的公有成员和私有成员示例。

　　在 IDLE 编辑器中，新建 7-4.py 文件，输入以下代码并运行。

1	class Person:
2	def __init__(self, name, age, sex):
3	self.name = name　　# 公有成员变量，可在类的外部直接访问
4	self.__age = age　# 私有成员变量，只能在类的内部访问
5	self._sex = sex　# 伪私有成员变量，本质上是公有成员变量，应避免从外部访问
6	def __show_age(self):　# 私有成员方法，仅在类内部使用，用于增强封装性
7	print('{}岁'.format(self.__age))　# 类内部可以自由访问私有成员变量
8	def show_age(self):　# 公有成员方法，可在类的外部直接调用
9	self.__show_age()　# 类内部可以自由调用私有成员方法
10	
11	alice = Person('Alice', 18, '女')　# 创建 Person 类的对象 alice
12	print(alice.name)　# 访问 alice 的公有成员变量 name
13	print(alice._sex)　# 访问 alice 的伪私有成员变量 _sex
14	alice.show_age()　# 调用 alice 的公有成员方法 show_age()
15	print(alice._Person__age)　# 通过名称重整机制访问私有成员，虽可行但不建议在外部使用
16	print(alice.__age)　# 尝试直接访问类的私有成员变量，会抛出 AttributeError 异常
17	alice.__show_age()　# 尝试直接调用类的私有成员方法，会抛出 AttributeError 异常
Out	Alice
	女
	18 岁
	18
	Traceback (most recent call last):
	File "D:\PyEg\7-4.py", line 16, in \<module\>
	print(alice.__age)
	AttributeError: 'Person' object has no attribute '__age'

　　在 Python 中，以单下画线（_）开头的成员意味着该成员主要是供类内部使用的，通常不应该由外部直接进行访问。但需要明确的是，这仅仅是一种约定俗成的规范，Python 解释器并不会对其施加任何限制，也就是说，带有单下画线前缀的成员本质上仍然是公有的，外部代码仍然可以对它们进行访问。

7.3.2　类的特殊内置方法

　　在 Python 中，类的内置特殊方法（也称为"魔术方法"或"双下方法"）是指那些以双下画线（__）开头和结尾的方法。这些方法为 Python 提供了灵活的方式来控制类的行为，特别是在操作符重载、属性访问、迭代和上下文管理等方面。通过这些魔术方法，开发者可以让自定义的对象表现得如同 Python 的内建类型一样。例如，通过重载__add__()方法，就可以实现自定义对象之间的加法操作。

以下是一些常见的内置特殊方法。

1. __init__(self, ...)

类的初始化方法，用于初始化对象。当创建一个对象时，Python 会自动调用该方法，它能够接收传入的参数，并将这些参数赋值给对象的属性。

2. __del__(self)

类的析构方法，会在对象被销毁时自动调用。通常会在对象被垃圾回收时触发，主要用于执行一些清理工作。一般情况下，无需重定义此方法，因为 Python 自身已具备自动的内存管理和垃圾回收机制。只有在对象销毁时需要执行特定的操作时，才需要重定义该方法。

例 7-5：演示类的初始化方法和析构方法。

在 IDLE 编辑器中，新建 7-5.py 文件，输入以下代码并运行。

1	class Person:
2	def __init__(self, name, age):　# 初始化方法，用于初始化对象的属性
3	self.name = name
4	self.age = age
5	print('对象创建成功')
6	def __del__(self):　# 析构方法，会在对象被销毁时自动调用
7	print('对象删除成功')
8	def talk(self):　# 公有成员方法，用于输出对象的姓名
9	print('我是{}'.format(self.name))
10	
11	alice = Person('Alice', 18)　# 创建 Person 类的一个对象（实例）alice
12	alice.talk()　# 调用对象 alice 的 talk()方法
13	del alice　# 显式删除对象 alice，这会自动触发析构方法
Out	对象创建成功 我是 Alice 对象删除成功

3. __str__(self)

用于定义对象的字符串表示。当对象被转换为字符串时（例如通过调用 str()函数或 print()函数），该方法会返回一个易于普通用户阅读的字符串，旨在提供一种用户友好、可读性较强的对象表示形式。

当使用 print()函数输出对象时，如果没有定义__str__()方法，则会调用__repr__()方法。如果__repr__()方法也未定义，Python 将返回一个包含对象内存地址的默认字符串表示。

例 7-6：演示在未定义__str__()方法时，调用 print()函数输出对象。

在 IDLE 编辑器中，新建 7-6.py 文件，输入以下代码并运行。

1	class Person:
2	def __init__(self, name, age):　# 初始化方法，用于初始化对象的属性
3	self.name = name
4	self.age = age
5	
6	alice = Person('Alice', 18)　# 创建 Person 类的一个对象 alice
7	print(alice)　# 若未定义__str__()方法和__repr__()方法，调用 print(对象)会返回对象的内存地址
Out	<__main__.Person object at 0x00000279E503E7B0>

例 7-7：演示自定义__str__()方法时，调用 print()函数输出对象。

在 IDLE 编辑器中，新建 7-7.py 文件，输入以下代码并运行。

1	class Person:
2	def __init__(self, name, age):　# 初始化方法，用于初始化对象的属性
3	self.name = name
4	self.age = age
5	def __str__(self):　# 定义对象的字符串表示
6	return '我是{}，{}岁'.format(self.name, self.age)
7	
8	alice = Person('Alice', 18)　# 创建 Person 类的一个对象 alice
9	print(alice)　# 自定义__str__()方法后，调用 print(对象)会输出易于普通用户阅读的字符串
Out	我是 Alice，18 岁

4. __repr__(self)

用于定义对象的官方字符串表示，通常用于调试和日志记录等场合。当调用 repr()函数或者在交互式命令行窗口中输出对象时，Python 会自动调用此方法。其目的是返回一个尽可能清晰且明确的字符串表示，通常应该包含足够的信息，以便开发人员在调试时快速了解对象的状态。

例 7-8：演示自定义__repr__()方法时，调用 print()函数输出对象。

在 IDLE 编辑器中，新建 7-8.py 文件，输入以下代码并运行。

1	class Person:
2	def __init__(self, name, age):　# 初始化方法，用于初始化对象的属性
3	self.name = name
4	self.age = age
5	def __repr__(self):　# 定义对象的官方字符串表示
6	return "Person(name='{}', age='{}')".format(self.name, self.age)
7	
8	alice = Person('Alice', 18)　# 创建 Person 类的一个对象 alice
9	print(repr(alice))　# 调用 repr()函数时，会自动触发__repr__()方法
10	print(alice)　# 调用 print(对象)函数时，若未定义__str__()方法，则会调用__repr__()方法
Out	Person(name='Alice', age='18')
	Person(name='Alice', age='18')

__repr__()方法与__str__()方法的主要区别：

（1）__repr__()：为开发者提供准确且无歧义的对象描述，通常用于调试或开发过程中查看对象的状态。

（2）__str__()：为普通用户提供易于理解的对象描述，注重可读性，简洁明了，通常用于终端输出或面向用户的交互。

（3）当调用 str(对象)函数或 print(对象)函数时，如果一个类定义了__repr__()方法，但没有定义__str__()方法，则会默认采用__repr__()方法的返回值。

5. 其他内置特殊方法

（1）__new__(cls, *args, **kwargs)：类的构造方法，属于静态方法（第一个参数是类本身 cls），用于创建并返回一个新的对象实例。__init__()方法是在__new__()方法之后才触发的，用于初始化对象，比如设置对象的属性等。尽管__init__()方法在很多场合也被通俗地称作构造方法，但从严格意义上来说，__new__()方法才是名副其实的构造方法。

（2）__eq__(self,…)：用于比较两个对象是否相等。使用==运算符时，Python 会自动调用此方法，并返回一个布尔值（True 或 False）。类似地，__lt__()（小于）、__gt__()（大于）、__le__()（小于或等于）、__ge__()（大于或等于）、__ne__()（不等于）等方法，也同样用于自定义对象的比较操作，分别对应于<、>、<=、>=、!=这些运算符。

（3）__getitem__()、__setitem__()、__delitem__()：这三个方法用于自定义对象，使得对象能够像字典一样支持通过索引来进行访问、赋值和删除操作。例如，当使用 obj[key] 访问对象时，会调用__getitem__()方法；当使用 obj[key] = value 进行赋值时，会调用__setitem__()方法；当使用 del obj[key]删除数据项时，会调用__delitem__()方法。

（4）__getattribute__()、__setattr__()、__delattr__()：这三个方法用于对象属性的访问、设置和删除操作。当通过点号（.）来访问、设置或删除属性时，Python 会调用这些方法。__getattribute__()方法会在访问对象的任何属性时触发（无论该属性是否实际存在），__setattr__()方法会在设置属性时触发，__delattr__()方法会在删除属性时触发。

（5）__getattr__()：当访问对象中不存在的属性时，Python 会调用此方法。如果该方法未定义，则会抛出 AttributeError 异常。

（6）__call__(self, *args, **kwargs)：使对象的实例能够像函数一样可以被调用。当在程序中进行"对象()"这样的调用操作时，Python 就会调用此方法。

例 7-9：演示其他内置特殊方法的使用。

在 IDLE 编辑器中，新建 7-9.py 文件，输入以下代码并运行。

```
1  class Custom:
2      def __init__(self, data):   # 初始化方法，用于初始化对象的属性
3          self.data = data   # 将传入的 data 赋值给实例属性 data
4      def __eq__(self, other):   # 实现比较运算符==，用于判断两个对象是否相等
5          return self.data == other.data   # 比较两个 Custom 对象的 data 属性是否相等
6      def __gt__(self, other):   # 实现比较运算符>，用于判断当前对象是否大于另一个对象
7          return len(self.data) > len(other.data)   # 自定义比较规则：比较对象的 data 长度
8      def __getitem__(self, key):   # 实现索引操作[]，用于访问指定 key 对应的值
```

9	return self.data[key]　# 返回 data 字典中指定 key 的值
10	def __setitem__(self, key, value):　# 实现索引操作[]，用于设置指定 key 对应的值
11	self.data[key] = value　# 将 value 赋值给 data 字典中指定的 key
12	def __delitem__(self, key):　# 实现删除操作 del，用于删除指定 key 及其对应的值
13	del self.data[key]　# 从 data 字典中删除指定 key 及其对应的值
14	def __getattr__(self, name):　# 捕获访问不存在的属性时的行为
15	return '属性{}不存在'.format(name)　# 返回一个自定义的错误信息
16	def __call__(self, *args, **kwargs):　# 使对象像函数一样可调用
17	return sum(args) + sum(kwargs.values())　# 返回 args 和 kwargs 中数值的总和
18	
19	a = Custom({'x': 1, 'y': 2})　# 创建 Custom 类的两个对象 a 和 b，会触发__init__()方法
20	b = Custom({'x': 1, 'y': 2})
21	print('两个对象是否相等? ', a == b)　# 比较两个对象是否相等，会触发__eq__()方法
22	print('访问数据项: ', a['x'])　# 访问对象中指定键的值，会触发__getitem__()方法
23	a['z'] = 3　# 设置对象中指定键的值，会触发__setitem__()方法
24	print('a 大于 b? ', a > b)　# 比较两个对象大小，会触发__gt__()方法
25	del a['x']　# 删除对象中指定键的数据项，会触发__delitem__()方法
26	print(a.data)
27	print(a.XYZ)　# 访问对象中不存在的属性，会触发__getattr__()方法
28	print(a(1, 2, 3, x=10, y=20))　# 像函数一样调用对象，会触发__call__()方法
Out	两个对象是否相等?　True 访问数据项:　1 a 大于 b?　True {'y': 2, 'z': 3} 属性 XYZ 不存在 36

7.4　类的封装、继承和多态

封装、继承和多态是面向对象编程的三大核心特性，它们对于实现程序的模块化和代码重用，以及提高代码的可读性、可扩展性和可维护性至关重要。

7.4.1　类的封装

封装（Encapsulation）是将对象的属性（数据）和操作这些属性的方法（行为）组合成一个独立的类，并限制外部代码直接访问对象的内部数据。外部只能通过类所提供的公有方法与类的实例进行交互，而不能直接修改内部数据。封装可以有效地隐藏内部的实现细节，从而保护了数据的完整性，提高代码的安全性和可维护性。

例 7-10：演示类的封装。

在 IDLE 编辑器中，新建 7-10.py 文件，输入以下代码并运行。

| 1 | class Person: |

2	def __init__(self, name, age):　# 初始化方法，用于初始化对象的属性
3	self.__name = name　# 私有属性，外部无法直接访问
4	self.__age = age　# 私有属性
5	def getname(self):　# 公有方法，提供获取姓名的接口
6	return self.__name　# 返回私有属性__name 的值
7	def setname(self, name):　# 公有方法，提供修改姓名的接口
8	self.__name = name　# 修改私有属性__name 的值
9	
10	p = Person('Alice', 18)　# 创建 Person 类的一个对象 p
11	print(p.getname())　# 通过公有方法间接访问私有属性__name
12	p.setname('Bob')　# 修改姓名
13	print(p.getname())　# 输出修改后的姓名
Out	Alice
	Bob

在例 7-10 中，__name 和__age 是对象的私有属性（以双下画线开头），外部无法直接访问。不过，通过公有的 getname()方法和 setname()方法，外部就可以间接地访问和修改它们。

封装的主要优点如下。

（1）数据隐藏：封装通过限制对类私有属性的直接访问，有效防止外部代码直接修改对象的状态，避免了数据的不一致性以及被错误修改的风险。

（2）接口与实现分离：封装将对象的实现细节隐藏在类的内部，仅对外暴露必要的接口以供调用。类的使用者无需关心具体的实现过程，只需通过类的公有方法进行相关操作即可。

（3）提高安全性和可维护性：通过封装，可以控制数据的有效性和合法性。比如，使用 setName()方法时，可以对传入的姓名进行验证，确保其有效性和合法性，从而提高系统的安全性，同时也便于系统的维护和扩展。

7.4.2　类的继承

继承（Inheritance）是面向对象编程中的一种重要机制，它允许一个类（子类，也称为派生类）继承另一个类（父类，也称为基类）的属性（数据）和方法（行为）。通过继承，子类不仅可以复用父类的代码，还可以在父类的基础上扩展新的功能，或者重写父类的方法，从而实现更加灵活和个性化的行为，以满足特定的需求。

例 7-11：演示类的继承。

在 IDLE 编辑器中，新建 7-11.py 文件，输入以下代码并运行。

1	class Person:　# Person 类继承自 object 类，object 类是所有类的基类
2	species = '智人'　# 类属性
3	def talk(self):　# 公有方法
4	print('会讲话')
5	def breathe(self):　# 公有方法

6	print('会呼吸')
7	
8	class Foodie(Person):　# Foodie 类继承自 Person 类，会继承 Person 类的所有属性和方法
9	def eat(self):　# Foodie 类新增的公有方法
10	print('特能吃')
11	
12	print(Person.__base__.__name__)　# 输出 Father 类的直接父类的名称
13	print(Foodie.__base__.__name__)　# 输出 Foodie 类的直接父类的名称
14	me = Foodie()　# 创建 Foodie 类的实例 me
15	me.talk()　# 调用继承自 Person 类的 talk()方法
16	me.breathe()　# 调用继承自 Person 类的 breathe()方法
17	print(me.species)　# 访问继承自 Person 类的 species 属性
18	me.eat()　# 调用 Foodie 类扩展的 eat()方法
Out	object Person 会讲话 会呼吸 智人 特能吃

　　由此可见，继承是一个从一般到特殊的过程。父类提供了基本的功能或模板，通常代表着通用的行为；子类通过继承父类的属性和方法，可以在此基础上进行个性化定制或功能扩展，代表着具体的行为。继承构建了一种层次化的模型，这种层次结构既有利于代码的重用，又能提供更高的灵活性。

　　继承的主要优点如下。

　　（1）代码重用：子类可以直接继承父类的属性和方法，无需重复定义，大大减少了代码冗余，有效提高了开发效率。

　　（2）易于扩展：子类可以在不改动父类代码的前提下扩展功能，避免破坏原有功能，保持系统的稳定性。

　　（3）层次关系：继承在类与类之间建立起了层次关系，契合现实世界的分类结构。例如，"吃货"是"人类"的一个子类，它继承了"人类"的基本特征（如"会讲话""会呼吸"），并且还可以根据自身的特点（如"特能吃"）进一步扩展功能。

　　例 7-12：演示多继承。在多继承中，子类会按照类定义时的顺序，依次继承多个父类的所有属性和方法。如果多个父类存在同名的属性或方法，子类会优先继承排序靠前的父类的该同名属性或方法。

　　在 IDLE 编辑器中，新建 7-12.py 文件，输入以下代码并运行。

1	class Single():
2	def talk(self):　# 公有方法
3	print('我是单眼皮')
4	
5	class Double():

6	def talk(self): # 公有方法
7	print('我是双眼皮')
8	
9	# 如果继承的多个父类存在同名方法，子类优先会继承排序靠前的父类的该同名方法
10	class Foodie(Single, Double): # Foodie 类会继承排序靠前的 Single 类的 talk()方法
11	pass # 依次继承多个父类的所有属性和方法。pass 语句用于占位，使类结构完整
12	
13	class Traveler(Double, Single): # Traveler 类会继承排序靠前的 Double 类的 talk()方法
14	pass # 依次继承多个父类的所有属性和方法。pass 语句用于占位，使类结构完整
15	
16	me = Foodie() # 创建 Foodie 类的实例 me
17	me.talk() # 调用继承自 Single 类的 talk()方法
18	bro = Traveler() # 创建 Traveler 类的实例 bro
19	bro.talk() # 调用继承自 Double 类的 talk()方法
Out	我是单眼皮 我是双眼皮

例 7-13：演示初始化方法 __init__(self,…) 的继承关系。

在 IDLE 编辑器中，新建 7-13.py 文件，输入以下代码并运行。

1	class Person:
2	def __init__(self, name): # 初始化方法，用于初始化对象的属性
3	self.name = name
4	
5	class P1(Person): # 情况 1：子类未重写 __init__()方法
6	pass # 自动继承 Person 类的 __init__()方法
7	
8	class P2(Person): # 情况 2：子类重写了 __init__()方法，但未提供初始化逻辑
9	def __init__(self, name):
10	pass # pass 只是占位符，并无实际的初始化逻辑
11	
12	class P3(Person): # 情况 3-1，子类重写了 __init__()方法，并使用 super()调用父类的 __init__()方法
13	def __init__(self, name):
14	super(P3, self).__init__(name) # 使用 super()调用父类的 __init__()方法
15	
16	class P4(Person): # 情况 3-2，子类重写了 __init__()方法，并显式调用父类的 __init__()方法
17	def __init__(self, name):
18	Person.__init__(self, name) # 显式使用父类名调用父类的 __init__()方法
19	
20	p1 = P1('小黑') # 创建 P1 的实例 p1，自动继承父类的 __init__()方法
21	print(f'我是{p1.name}')
22	p3 = P3('小蓝') # 创建 P3 的实例 p3，使用 super()调用父类的 __init__()方法
23	print(f'我是{p3.name}')
24	p4 = P4('小灰') # 创建 P4 的实例 p4，显式调用父类的 __init__()方法

25	print(f'我是{p4.name}')
26	p2 = P2('小白')　# 创建 P2 的实例 p2，重写的__init__()方法无初始化逻辑，因此 p2 对象没有 name 属性
27	print(f'我是{p2.name}')　# 访问 p2.name 时会抛出 AttributeError 异常
Out	我是小黑
	我是小蓝
	我是小灰
	Traceback (most recent call last):
	File "D:\PyEg\7-13.py", line 27, in <module>
	print(f'我是{p2.name}')
	AttributeError: 'P2' object has no attribute 'name'

7.4.3　类的多态

多态（Polymorphism）同样是面向对象编程的核心特性之一，它允许不同类型的对象在调用相同的方法时，能够根据对象自身的类型自动执行不同的行为。就像"龙生九子，各有不同"，每个子类对象都能根据自身的特点展现出不同的行为，从而提高代码的灵活性和可扩展性。

多态通常是在继承的基础上实现的，子类通过重写父类的方法，以改变或增强其功能。方法重写（Overriding）指的是子类重新定义父类已有的方法。当子类对象调用该方法时，执行的是子类中重新定义的实现，而非父类的实现。这就使得不同类型的对象在调用同一方法时，能够表现出各自独特的行为。

例 7-14：演示类的多态。

在 IDLE 编辑器中，新建 7-14.py 文件，输入以下代码并运行。

1	class Person:
2	def talk(self):　# 公有方法
3	print('我会讲话')
4	
5	class Chinese(Person):　# 继承自 Person 类
6	def talk(self):　# 重写 talk()方法
7	print('我是中国人')
8	
9	class English(Person):　# 继承自 Person 类
10	def talk(self):　# 重写 talk()方法
11	print('I am English')
12	
13	class Japanese(Person):　# 继承自 Person 类
14	def talk(self):　# 重写 talk()方法
15	print('私は日本人です')
16	
17	chn = Chinese()　# 创建 Chinese 类的实例 chn
18	eng = English()　# 创建 English 类的实例 eng

19	jpn = Japanese() # 创建 Japanese 类的实例 jpn
20	chn.talk() # 调用 Chinese 类中重写的 talk()方法
21	eng.talk() # 调用 English 类中重写的 talk()方法
22	jpn.talk() # 调用 Japanese 类中重写的 talk()方法
Out	我是中国人
	I am English
	私は日本人です

🔑 7.5 GUI 程序设计和 Tkinter 库入门

GUI（Graphic User Interface，图形用户界面）程序借助图形界面元素，如窗口、按钮、文本框等，来实现与用户的交互。相较于命令行界面（CLI，Command Line Interface），GUI 程序采用事件驱动模型来处理用户输入，提供了更加直观、便捷的用户体验。

主要组成部分如下。

（1）窗口（Window）：窗口是 GUI 程序的基础框架，通常包含标题栏、边框、菜单栏等，用于容纳其他控件，并管理这些控件的大小、位置等属性。窗口是程序的主要界面，用户与程序的交互便从这里开始。

（2）控件（Widgets）：控件是用户与程序进行交互的界面元素，常见的有按钮、标签、文本框、复选框、单选按钮等。它们是 GUI 的核心部分，用户通过操作这些控件来执行各种任务。例如，按钮（Button）用于触发特定操作，标签（Label）用于显示静态文本内容，文本框（Entry）允许用户输入文本数据，复选框（Checkbutton）用于选择或取消选择某个选项，单选按钮（Radiobutton）则用于在多个选项中做出单一选择。

（3）事件驱动（Event-driven）：在 GUI 程序中，程序并非按照顺序逐行执行，而是处于等待状态，等待用户输入或操作，如单击按钮、输入文本、移动鼠标等。一旦用户触发了某个事件，程序就会立即做出响应并执行相应的操作。例如，当用户单击一个按钮时，该按钮就会触发"单击"事件，随后程序就会执行与该事件绑定的方法，例如打印用户输入的文本。相较于传统的顺序执行模式，事件驱动的方式更加灵活高效。

在 Python 中，Tkinter 是最常用的 GUI 库之一。它基于 Tcl/Tk 实现，并且作为 Python 标准库的一部分，使用起来十分方便。Tkinter 采用面向对象的方式来组织和管理控件，每个控件都是类的实例。开发者通过创建控件对象，并设置其属性和方法，就能够控制控件的外观和行为，从而快速搭建起用户界面。此外，Tkinter 还提供了多种布局管理方式，如 pack、grid、place 等，以便开发者控制控件的位置和排列。

例 7-15：创建一个窗口并添加一个按钮控件。

在 IDLE 编辑器中，新建 7-15.py 文件，输入以下代码并运行。

1	import tkinter as tk # 导入 Tkinter 库，并将其重命名为 tk，方便后续使用
2	
3	win = tk.Tk() # 创建一个 Tkinter 顶层窗口对象，这是整个 GUI 程序的主窗口
4	win.title('Tkinter Example') # 设置主窗口的标题
5	win.geometry('300x100') # 设置主窗口的初始大小为 300×100 像素

6	#创建一个按钮控件，它是 Button 类的实例，绑定了单击事件，单击按钮时会打印'Button Clicked'
7	btn = tk.Button(win, text='Click Me', command=lambda: print('Button Clicked'))
8	btn.pack(pady=20)　# 使用 pack 布局管理器将按钮添加到主窗口，设置按钮的上下内边距为 20 像素
9	win.mainloop()　# 启动主事件循环，使窗口保持显示并等待用户交互
Out	

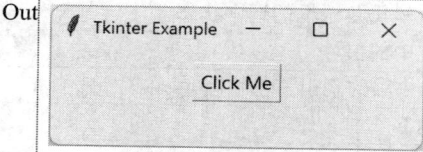

Tkinter 中的面向对象编程理念如下。

（1）窗口和控件是对象：

- 基本控件：按钮（Button）、标签（Label）、消息（Message）、文本（Text）等。
- 输入控件：文本框（Entry）、列表框（Listbox）、单选按钮（Radiobutton）、复选框（Checkbutton）、范围（Scale）、数值调整（Spinbox）等。
- 容器控件：框架（Frame）、画布（Canvas）、顶级窗口（Toplevel）等。
- 辅助控件：滚动条（Scrollbar）、菜单（Menu）、菜单按钮（Menubutton）等。

这些都是 Tkinter 库中定义的控件类。通过实例化这些类，就可以创建相应的控件对象。

（2）控件对象的标准属性：这些控件对象具备一些常见的标准属性，例如：

- 尺寸（Dimension）：控件的宽度和高度。
- 颜色（Color）：控件的背景色、前景色等。例如，使用 bg='Blue'可以设置按钮的背景色。
- 字体（Font）：控件中文字的字体样式。例如，font=('Consolas', 12)可用于设置字体和字号。
- 锚点（Anchor）：文本或控件相对于父容器的位置。例如，anchor='center'能使文本居中。
- 样式（Relief）：控件的边框样式，常见的有平面、凸起、凹陷等。
- 位图（Bitmap）：控件中显示的图形位图。
- 光标（Cursor）：控件的鼠标指针样式。

（3）事件绑定：Tkinter 中的事件，如鼠标单击、键盘输入等，是通过事件绑定机制与控件对象相关联的。通过控件的 bind()方法或 command 参数，如 command=lambda: print('Button Clicked')，就能将事件与控件的行为（方法）进行关联，使得控件能够及时响应用户的交互操作。

（4）继承：继承是面向对象编程的核心特性之一。在 Tkinter 中，开发者可以通过继承基础控件类来创建自定义控件，从而为其添加更多的功能。例如，通过继承 tk.Button 类，可以创建一个自定义按钮，并为其定义独特的事件处理逻辑或者外观样式。

例 7-16：创建一个窗口 win，窗口内包含一个按钮 btn 和一个标签 lbl。定义按钮的单击事件 click，在按钮被单击时，标签上显示文本"Hello, Python!"，并弹出一个信息对话框，内容为"这是一个提示对话框"。

在 IDLE 编辑器中，新建 7-16.py 文件，输入以下代码并运行。

```python
1   import tkinter as tk    # 导入 Tkinter 库，并将其重命名为 tk，方便后续使用
2
3   def on_btn_click():    # 定义回调函数，用于处理按钮被单击的事件
4       print('文本框内容:', ent.get())    # 获取文本框内容，并在 IDLE Shell 控制台输出
5       print('复选框状态:', '选中' if chk_var.get() else '未选中')    # 输出复选框的选中状态
6       print('单选按钮选中项:', rad_var.get())    # 输出单选按钮选中的值
7       print('列表框选中项:', lbx.curselection())    # 输出列表框选中项的索引
8       lbl.config(text='Hello, Python!')    # 更新标签显示的文本内容
9
10  win = tk.Tk()    # 创建主窗口对象
11  win.title('我的第一个 Tkinter 程序')    # 设置主窗口的标题
12  win.geometry('300x250')    # 设置主窗口的初始大小为 300×250 像素
13  # 创建一个标签对象，显示文本'Hello, Tkinter!'
14  lbl = tk.Label(win, text='Hello, Tkinter!', fg='blue')
15  lbl.pack()    # 使用 pack 布局管理器将标签添加到主窗口
16  # 创建一个按钮，按钮文本为'单击我'，点击时调用 on_btn_click()函数
17  btn = tk.Button(win, text='单击我', command=on_btn_click)    # 使用 command 参数简化事件绑定
18  btn.pack(pady=5)    # 使用 pack 布局管理器将按钮添加到主窗口
19  ent = tk.Entry(win)    # 创建文本输入框
20  ent.pack()    # pack 布局管理器添加的组件默认是垂直堆叠排列的
21  chk_var = tk.IntVar()    # 创建一个整型变量，用于存储复选框的状态
22  chkbtn = tk.Checkbutton(win, text='选择我', variable=chk_var)    # 创建复选框
23  chkbtn.pack()
24  rad_var = tk.StringVar()    # 创建一个字符串变量，用于存储单选按钮的值
25  rbtn1 = tk.Radiobutton(win, text='是', variable=rad_var, value='是')    # 创建单选按钮
26  rbtn1.pack()
27  rbtn2 = tk.Radiobutton(win, text='否', variable=rad_var, value='否')    # 创建单选按钮
28  rbtn2.pack()
29  rad_var.set('否')    # 设置默认选中的单选按钮值为'否'
30  lbx = tk.Listbox(win, width=30, height=3)    # 创建列表框
31  lbx.pack()
32  lbx.insert(tk.END, '读书')    # 向列表框末尾插入'读书'选项
33  lbx.insert(tk.END, '运动')
34  lbx.insert(tk.END, '吃饭')
35  win.mainloop()    # 启动主事件循环，使窗口保持显示并等待用户交互
```

Out
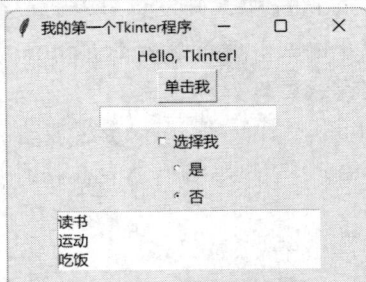

例 7-17：简易的待办事项管理器。

在 IDLE 编辑器中，新建 7-17.py 文件，输入以下代码并运行。

```
1   import tkinter as tk   # 导入 tkinter 库，并将其重命名为 tk，方便后续使用
2   from tkinter import messagebox   # 导入 tkinter 库中的 messagebox 模块
3
4   def add_task():   # 定义函数，用于将任务添加到待办事项列表
5       task = ent.get()   # 获取文本输入框中的内容，返回一个字符串
6       if task:   # 若输入内容不为空
7           lbx.insert(tk.END, task)   # 则将任务添加到列表框的末尾
8           ent.delete(0, tk.END)   # 同时清空文本输入框
9       else:   # 否则，弹出警告对话框，提示用户输入任务内容
10          messagebox.showwarning('警告', '请输入任务内容！')
11
12  def rmv_task():   # 定义函数，用于删除选中的任务
13      sel_idx = lbx.curselection()   # 获取当前选中任务的索引
14      if sel_idx:   # 若有任务被选中
15          lbx.delete(sel_idx)   # 则删除选中的任务
16      else:   # 否则，弹出警告对话框，提示用户选择待删除的任务
17          messagebox.showwarning('警告', '请选择一个任务删除！')
18
19  win = tk.Tk()   # 创建主窗口对象
20  win.title('待办事项列表')   # 设置主窗口的标题
21  # 设置主窗口的大小为 300×200 像素，并将其放置在(250, 150)位置
22  win.geometry('300x200+250+150')
23  ent = tk.Entry(win, width=18)   # 创建文本输入框，用于输入待办任务
24  ent.place(x=160, y=10)   # 使用 place 布局管理器将输入框放置在主窗口的(160, 10)位置
25  addbtn = tk.Button(win, text='添加任务', command=add_task)   # 创建"添加任务"按钮
26  addbtn.place(x=200, y=50)   # 使用 place 布局管理器将按钮放置在主窗口的(200, 50)位置
27  rmvbtn = tk.Button(win, text='删除任务', command=rmv_task)   # 创建"删除任务"按钮
28  rmvbtn.place(x=200, y=100)
29  lbx = tk.Listbox(win)   # 创建待办事项列表框，用于显示所有待办任务
30  lbx.place(x=5, y=10)
31  win.mainloop()   # 启动主事件循环，使窗口保持显示并等待用户交互
```

Out

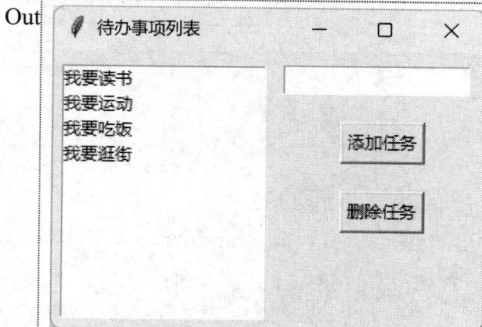

　　使用 PyInstaller 将 Python 文件打包成 EXE 可执行文件的基本步骤如下。

　　（1）安装 PyInstaller：打开命令提示符窗口，输入以下命令安装 PyInstaller：pip install pyinstaller

　　（2）切换到 Python 文件所在目录：在命令提示符中，切换到需要打包的 Python 文件所在的目录。例如 cd D:\PyEg。

　　（3）使用 PyInstaller 打包：输入以下命令开始打包：D:\PyEg>pyinstaller -F -w 7-17.py，其中，-F 参数表示将所有内容打包成一个独立的 EXE 文件；-w 参数表示让程序运行时不显示命令行窗口，该参数适用于 GUI 程序。

　　（4）查看输出文件：打包完成后，检查 dist 目录下生成的 7-17.exe 文件，双击该文件即可运行程序。

本章习题

7.1　关于面向过程和面向对象，下列说法错误的是（　　　）。
　　A．面向过程和面向对象都是解决问题的一种思路
　　B．面向过程是基于面向对象的
　　C．面向过程强调的是解决问题的步骤
　　D．面向对象强调的是解决问题的对象

7.2　关于类和对象的关系，下列描述正确的是（　　　）。
　　A．类是面向对象的核心
　　B．类是现实中事物的个体
　　C．对象是根据类创建的，并且一个类只能对应一个对象
　　D．对象描述的是现实的个体，它是类的实例

7.3　构造方法是类的一个特殊方法，Python 中它的名称为（　　　）。
　　A．与类同名　　　　B．construct　　　　C．init　　　　　D．__init__

7.4　构造方法的作用是（　　　）。
　　A．一般成员方法　　B．类的初始化　　　C．对象的初始化　　D．对象的建立

7.5　类中的实例方法的第一个参数表示当前实例化的对象本身，通常约定为（　　　）。
　　A．self　　　　　　B．me　　　　　　　C．this　　　　　　D．与类同名

7.6　关于面向对象的继承，以下选项中描述正确的是（　　　）。
　　A．继承是指一组对象所具有的相似性质
　　B．继承是指类之间共享属性和操作的机制
　　C．继承是指各对象之间的共同性质
　　D．继承是指一个对象具有另一个对象的性质

7.7　以下选项中使 Python 脚本程序转变为可执行程序的第三方库的是（　　　）。
　　A．pygame　　　　B．PyQt5　　　　　C．PyInstaller　　　D．random

7.8　用 PyInstaller 工具把 Python 源文件打包成一个独立的可执行文件，使用的参数是（　　　）。

A. -D　　　　　　　B. -L　　　　　　　C. -i　　　　　　　D. -F

7.9　面向对象编程的三个核心特性是_____、_____和_____。

7.10　（判断题）Python 是面向对象的解释型高级动态编程语言,完全支持面向对象。（　　）

7.11　（判断题）在 Python 中定义类时，如果某个成员名称前有两个下画线则表示是私有成员。（　　）

7.12　（判断题）Python 中的一切都是对象。（　　）

7.13　（判断题）在类定义的外部没有任何办法可以访问对象的私有成员。（　　）

7.14　（判断题）类中所有实例方法的第一个参数用来表示对象本身，在类的外部通过对象调用实例方法时不需要显式地为该参数传值。（　　）

7.15　（判断题）在面向对象程序设计中，函数和方法是完全一样的，都必须为所有参数进行传值。（　　）

7.16　（判断题）如果在子类中没有定义初始化方法，会自动继承基类的初始化方法，使用子类定义对象时自动调用基类的初始化方法。（　　）

7.17　（判断题）如果在子类中定义了初始化方法，使用子类定义对象时不会自动调用基类的初始化方法。（　　）

7.18　编写一个学生类（Student），包含学号、姓名、成绩，能够通过方法显示学生的个人信息和成绩。

7.19　编写一个银行账户类（BankAccount），支持存款、取款和查询余额功能。

7.20　编写一个 Car 类，能够设置车的品牌、型号，计算车的行驶距离。

7.21　创建一个 Animal 基类和一个 Dog 子类,要求 Dog 类有一个 bark()方法,能够输出"汪汪汪"。

7.22　创建一个 Shape 类，要求其派生类 Rectangle 和 Circle 能计算其面积。

7.23　设计并实现一个图形用户界面（GUI）程序，提供加减乘除四则运算功能。

第 *8* 章

Python与人工智能

CHAPTER *8*

本章学习目标:

- 掌握人工智能的基本概念和分类;
- 了解人工智能的起源、发展历程及重要里程碑;
- 了解人工智能的三大主要流派及其特点;
- 了解人工智能的主要研究方向和当前的研究热点;
- 认识 Python 在人工智能领域的广泛应用;
- 熟悉常用的 Python 人工智能扩展库,并掌握基本用法;
- 理解人工智能应用案例的工作原理。

8.1　人工智能概述

人工智能（Artificial Intelligence，AI）是一门致力于研究和开发能够模拟、扩展甚至超越人类智能的理论、方法、技术及应用系统的科学。其核心目标是赋予机器智能，使其具备多种能力，例如：会听（语音识别、机器翻译等）、会看（图像识别、文字识别等）、会说（语音合成、人机对话等）、会思考（人机对弈、定理证明等）、会学习（机器学习、知识表示等）、会行动（机器人、自动驾驶汽车等）。

根据智能水平的不同，人工智能通常可以分为以下几类。

1. 狭义人工智能

狭义人工智能（Narrow AI），也称为弱人工智能，是指专门设计用于执行某一特定任务或一组任务的人工智能系统。这类系统在特定领域内往往表现出较高效能，但其能力仅局限于特定任务，如语音识别、图像识别、机器翻译、推荐系统、自动驾驶等。例如，谷歌的 AlphaGo、语音助手（如 Siri、Alexa）、华为智驾等都属于狭义人工智能的范畴。尽管这些系统在各自的领域中表现突出，但它们缺乏跨领域学习的能力，无法自主解决超出预定任务范围的、未知的或跨领域的问题。

狭义人工智能是当前人工智能发展的主流形式。

2. 通用人工智能

通用人工智能（Artificial General Intelligence），也称为强人工智能，是指具备像人类一样广泛的认知能力和推理能力的人工智能系统，能够理解、学习并执行各种复杂的任务，具有自主推理和跨领域解决问题的能力。它不仅能执行多种复杂的任务，还能灵活地适应不同的环境和情境。然而，目前通用人工智能仍处于理论研究和技术探索阶段，距离实际应用还有很长的路要走。

3. 超人工智能

超人工智能（Superintelligence AI），是指在所有领域（包括创造力、社会智能、解决问题的能力和情感智慧等）都超越人类智力水平的人工智能系统。这类人工智能不仅能够完成人类所能完成的所有任务，还能自我改进，持续提升其智能水平。超人工智能目前仅处于理论阶段，其实现仍然存在着诸多争议和未知的挑战。

超人工智能是通用人工智能的进一步发展阶段，是人工智能领域追求的一种理想状态。

8.1.1　人工智能的起源与发展

人工智能的起源可以追溯到 20 世纪中叶，但其思想和概念的萌芽则远早于此。作为一门学科，人工智能经历了多个发展阶段，从早期的哲学思考逐步发展到现代计算机科学的应用，跨越了多个学科领域，逐渐形成了如今我们所熟知的 AI 体系。这一过程不仅伴随着技术的不断进步，还深受逻辑学、数学、神经科学等领域的启发，体现了人类在模拟和扩展自身认知能力方面的不懈探索与追求。

1. 早期哲学和计算机科学的结合

人工智能的思想可以追溯到古老的哲学传统，尤其是在推理、逻辑和知识表达等领域。古希腊哲学家亚里士多德提出的形式逻辑，特别是三段论（syllogism），为后来的推理和决策系统奠定了理论基础。随着时间的推移，这些逻辑推理和问题求解方法不断演化，逐渐成为计算机科学中的核心问题之一。这些方法不仅推动了智能系统的发展，也为现代人工智能的理论与实践提供了深厚的哲学根基。

1943 年，美国科学家沃伦·麦卡洛克（Warren McCulloch）和沃尔特·皮茨（Walter Pitts）合作提出了历史上首个用于模拟生物神经元行为的数学模型——M-P 神经元模型（McCulloch-Pitts Neuron Model）。这一模型的诞生，标志着计算神经科学与人工智能领域的一个重要里程碑，为后续的人工神经网络研究奠定了基础。

2. 现代人工智能的诞生（20 世纪 50 年代至 60 年代）

1950 年，英国数学家、逻辑学家艾伦·图灵（Alan M. Turing，如图 8-1 所示）发表了具有划时代意义的论文《计算机器与智能》（*Computing Machinery and Intelligence*），提出了著名的"图灵测试"，探讨了机器是否能够表现出类似人类的智能行为，这也标志着人工智能概念的初步形成。

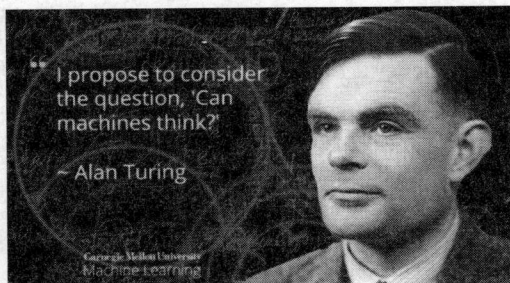

图 8-1 艾伦·图灵

图灵测试的核心思想是，如果一台机器能在与人类对话时，能让人类无法分辨它是机器还是人类，那么这台机器就可以被认为具备类似人类的智能。随着人工智能技术的不断发展，图灵测试成为了评估人工智能系统的一项重要标准。尽管如此，图灵测试也面临着不少学术争议。有学者认为，图灵测试过于关注机器的外部行为表现，而忽视了智能的内在机制和本质。

艾伦·图灵的贡献对计算机科学和人工智能领域产生了深远的影响，他被誉为"计算机科学之父"和"人工智能之父"。为了纪念这位现代计算机科学的奠基者，美国计算机协会（Association for Computing Machinery，ACM）于 1966 年设立了图灵奖（Turing Award），这一奖项也被誉为"计算机科学界的诺贝尔奖"。

1952 年，IBM 科学家亚瑟·塞缪尔（Arthur Samuel）开发了西洋跳棋程序（如图 8-2 所示），并通过该程序展示了机器能够通过自我学习和不断优化策略来提升游戏水平。这一开创性的工作不仅揭示了计算机在特定任务中可能超越人类的潜力，也为机器学习（Machine Learning，ML）的发展奠定了基础。

1956 年，美国达特茅斯学院举办了历史上第一次人工智能研讨会（如图 8-3 所示），会议由约翰·麦卡锡（John McCarthy）、马文·明斯基（Marvin Minsky）、纳撒尼尔·罗切斯特（Nathaniel Rochester）和克劳德·香农（Claude Shannon）等学者组织。在此次研讨会上，麦卡锡首次提出了"人工智能"这一概念，标志着人工智能学科的正式诞生，因此，1956 年也被称为"人工智能的元年"。

图 8-2　塞缪尔正在调试西洋跳棋程序

图 8-3　达特茅斯人工智能研讨会

约翰·麦卡锡的另一重要贡献是发明了 LISP 编程语言，这是一种专门为人工智能研究设计的编程语言，尤其在逻辑推理和符号处理领域得到了广泛应用。与此同时，人工智能的早期研究主要集中在符号推理、问题求解、专家系统和自然语言处理等领域。达特茅斯会议上艾伦·纽厄尔（Allen Newel）和赫伯特·西蒙（Herbert A. Simon）展示的"逻辑理论家"程序（Logic Theorist），通常被认为是第一款能模拟人类推理过程的人工智能程序。

3．知识表示和专家系统的兴起（20 世纪 60 年代至 70 年代）

此后，研究者们在多个领域深入开展理论研究与应用探索，推动了人工智能逐步发展成为解决实际问题的强大工具。

1964 年至 1966 年间，美国麻省理工学院的约瑟夫·魏泽鲍姆（Joseph Weizenbaum）开发了世界上第一个聊天机器人 ELIZA，如图 8-4 所示。ELIZA 通过预设的脚本与用户进行简单的自然语言对话，开创了人机互动的新模式，被认为是现代众多对话式人工智能系统（如 Siri、小爱同学等）的先驱。

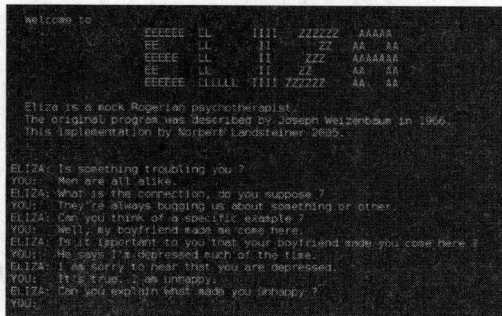

图 8-4　第一个聊天机器人 ELIZA

　　1968 年 12 月，道格・恩格尔巴特（Douglas Engelbart）在美国加州斯坦福研究所（Stanford Research Institute，SRI）举行的电气电子工程师学会（Institute of Electrical and Electronics Engineers，IEEE）会议上，展示了他发明的第一个鼠标原型（如图 8-5 所示），标志着计算机输入设备的一个重要突破。恩格尔巴特也因此被誉为"鼠标之父"。

　　1966 年至 1972 年间，美国斯坦福研究所研制了名为 Shakey 的机器人（如图 8-6 所示），它被广泛认为是世界上首台应用人工智能技术的移动机器人。作为机器人发展史上的重要里程碑，Shakey 不仅展示了机器人在物理环境中移动的能力，还融合了感知、推理与决策等人工智能技术，为后续智能机器人的发展奠定了坚实的基础。

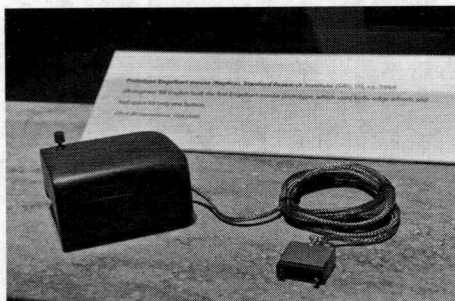

图 8-5　史上第一个鼠标原型　　　　　　图 8-6　首个移动机器人 Shakey

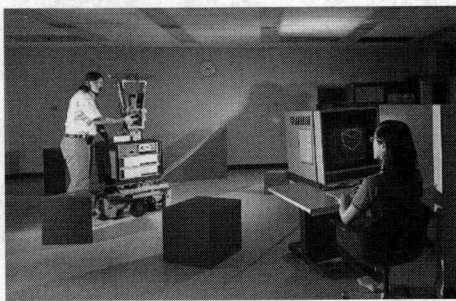

　　进入 20 世纪 70 年代，人工智能的研究逐渐聚焦于知识表示（Knowledge Representation）和专家系统（Expert Systems）。这一时期涌现出了一批具有代表性的系统，比如 MYCIN 和 DENDRAL。

- MYCIN：专为医学领域设计，用于诊断血液感染类疾病，并根据分析结果推荐治疗方案。
- DENDRAL：致力于化学分析，尤其是在分析质谱数据的基础上推断化学分子结构。

这些专家系统通过庞大的规则库和知识库进行推理，模拟人类专家的决策和思维过程，成为当时人工智能研究领域的重要突破之一。

　　与此同时，人工智能研究也逐渐分化为多个子领域，如机器学习、自然语言处理、计算机视觉和机器人学等。

　　尽管人工智能在早期取得了一定的进展，但由于计算能力的局限和对其潜力的过度乐观预期，20 世纪 70 年代末至 80 年代初，人工智能研究迎来了第一次"冬天"。这一时期，许多资助人工智能研究的机构（如英国政府、美国国防部高级研究计划局 DARPA 和美国国家科学委员会（National Research Council，NRC）因对研究进展感到失望，纷纷减少了资金支持。美国国家科学委员会甚至在此期间暂停了对人工智能的大规模资助。

　　但即便是处于低潮的 20 世纪 70 年代，仍有许多新思想、新方法在萌芽和发展。1974 年，保罗・韦伯斯（Paul Werbos）在其博士论文中提出了反向传播算法（Backpropagation，BP）的初步思想，为多层神经网络的训练提供了重要的理论支持。这一算法为后来的深度学习和人工神经网络的快速发展奠定了基础，尤其是在 20 世纪 80 年代，反向传播算法被广泛应用并成为训练多层神经网络的关键技术。

4. 神经网络和深度学习的复兴（20 世纪 80 年代至 90 年代）

1980 年，卡内基梅隆大学为 DEC 公司开发了名为 XCON 的专家系统，旨在自动化和优化 VAX 计算机系统的配置过程。该系统每年为公司节约了约四千万美元的成本。XCON 的成功不仅为后来的专家系统和人工智能应用积累了宝贵经验，也推动了人工智能技术在商业和工业领域的进一步发展。

1981 年，日本启动了第五代计算机项目（Fifth Generation Computer Systems Project，FGCS），旨在通过研发新型计算机硬件和软件技术，推动人工智能的进步。FGCS 项目的核心目标是开发能够进行逻辑推理、知识表示、自然语言处理等复杂任务的计算机系统，这一目标超越了当时主流的计算机技术，特别聚焦于人工智能、专家系统、并行计算以及知识推理领域。该项目的提出和推进，引发了全球范围内对人工智能和计算机科学的广泛关注，尤其是在新型计算机架构和智能计算系统的探索方面。

1982 年，物理学家约翰·霍普菲尔德（John J. Hopfield）提出了 Hopfield 神经网络模型，广泛应用于优化问题、记忆存储以及模式识别等领域。它的提出被认为是神经网络发展的一个重要里程碑，为后来的神经计算、深度学习等研究方向提供了理论基础和新的思路。

1986 年，杰弗里·辛顿（Geoffrey Hinton）和大卫·鲁梅尔哈特（David Rumelhart）提出并推广了适用于多层感知器（MLP）的反向传播算法，为深度神经网络的有效训练提供了理论基础，推动了多层神经网络的发展。辛顿被誉为"深度学习之父"，他的研究对深度神经网络的崛起起到了决定性作用，并为现代人工智能技术，尤其是在语音识别、图像处理和自然语言处理等领域的应用奠定了坚实的基础。

以上两项重要进展重新点燃了人工神经网络研究的热潮，标志着人工神经网络的新一轮复兴。2024 年 10 月 8 日，瑞典皇家科学院将诺贝尔物理学奖授予约翰·霍普菲尔德和杰弗里·辛顿，"以表彰他们为利用人工神经网络进行机器学习做出的基础性发现和发明"，如图 8-7 所示。

1985 年，朱迪亚·珀尔（Judea Pearl）提出了贝叶斯网络（Bayesian Network），这一概念开创了人工智能中基于概率的推理方法。他不仅推动了贝叶斯网络的发展，还因其在因果推理和反事实推理理论方面的创新贡献而广受赞誉。

1986 年，杰弗里·辛顿提出了受限玻尔兹曼机（Restricted Boltzmann Machine，RBM）。RBM

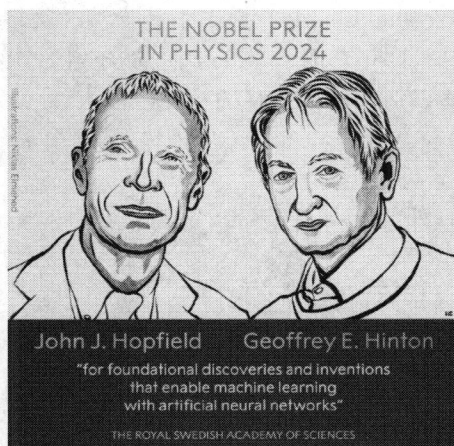

图 8-7　2024 年诺贝尔物理学奖获得者

是一种二分图结构，包含可见单元和隐藏单元。其训练算法通常使用对比散度（Contrastive Divergence，CD）算法，这是一种基于梯度的近似算法。RBM 常用于特征学习，并可作为深度学习网络的一部分应用于降维、分类、回归等任务。

1987 年至 1993 年间，随着专家系统应用规模的不断扩大，其局限性也逐渐显现，如应用领域狭窄、缺乏常识性知识、知识获取困难、推理方法单一、缺乏分布式功能、难以与现有数据库兼容等，进而引发了人工智能的第二次寒冬。

在此期间，尽管人工智能研究的关注度普遍下降，但仍有少数研究者以"众人皆醉我独醒"的姿态，依然坚守在冷板凳上，专注于神经网络的研究。1989 年，法国计算机科学家杨立昆（Yann LeCun）及其团队在 AT&T 贝尔实验室使用卷积神经网络（Convolutional Neural Network，CNN）技术，成功实现了手写数字的自动识别，成为深度学习在实际应用中的早期成功案例。这项工作标志着 CNN 在图像识别领域的重大突破。

20 世纪 90 年代后期，由于互联网技术的飞速发展，加速了人工智能的创新研究，促使人工智能技术进一步走向实用化，人工智能相关的各个领域都取得了长足的进步。

1995 年，贝尔实验室的科琳娜·科尔特斯（Corinna Cortes）和拉基米尔·万普尼克（Vladimir Vapnik）提出了经典的支持向量机算法（Support Vector Machine，SVM），该算法引发了学界的广泛关注。同年，约夫·弗雷德（Yoav Freund）和罗伯特·夏皮雷（Robert Schapire）提出了 AdaBoost（Adaptive Boosting）算法。

图 8-8　卡斯帕罗夫与 IBM 深蓝对弈

1997 年，IBM 深蓝超级计算机战胜了国际象棋世界冠军卡斯帕罗夫，成为首个在标准比赛时限内击败国际象棋世界冠军的计算机系统，如图 8-8 所示。

同年，塞普·霍赫赖特（Sepp Hochreiter）和尤尔根·施米德胡贝（Jürgen Schmidhuber）提出了长短期记忆神经网络（Long Short-Term Memory，LSTM）。

2000 年，图灵奖获得者约书亚·本吉奥（Yoshua Bengio）提出了基于神经网络的概率语言模型。

同年，麻省理工学院的辛西娅·布雷泽尔（Cynthia Breazeal）开发了 Kismet，一种能够识别和模拟情绪的社交机器人。

2005 年，波士顿动力公司推出了名为 BigDog 的四足机器人，如图 8-9 所示。它是一款

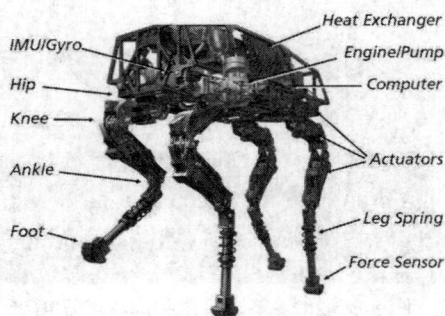

图 8-9　BigDog 四足机器人

具有高度动态平衡能力的大型机器人，专为应对复杂地形设计。BigDog 能够在崎岖不平的地面上行走，甚至在冰雪或沙地等极限环境中，依然保持稳定，展现出卓越的适应能力和稳定性。

2006 年，杰弗里·辛顿及其学生鲁斯兰·萨拉赫丁诺夫（Ruslan Salakhutdinov）正式提出了深度学习（Deeping Learning）的概念，开启了深度学习在学术界和工业界的浪潮。因此，2006 年也被称为"深度学习元年"，杰弗里·辛顿也因此被誉为"深度学习之父"。

同年，英伟达（NVIDIA）公司推出了 CUDA（通用并行计算架构），使得 GPU 开始广泛应用于商业、工业和科学领域的复杂计算。GPU 与深度学习的结合，给模型的训练速度带来了数量级的提升。

5. 人工智能的蓬勃发展（2010 年至今）

随着大数据、云计算、互联网、物联网等信息技术的发展，泛在感知数据和图形处理器等计算平台推动以深度神经网络为代表的人工智能技术飞速发展。人工智能的三大核心要素——算法、算力和数据——不断取得突破，大幅跨越了科学研究与实际应用之间的技术鸿沟，诸如图像分类、语音识别、知识问答、人机对弈、无人驾驶等技术实现了从"不能用、不好用"到"可以用"的突破，迎来了人工智能应用的爆发式增长。

2011 年，IBM 公司开发的人工智能程序 Watson，利用自然语言处理技术参加了美国智力问答节目 *Jeopardy*!，并成功打败了两位著名的人类冠军 Ken Jennings 和 Brad Rutter，赢得了 100 万美元的奖金（该奖金最终捐赠给了慈善机构）。

2012 年，滑铁卢大学的克里斯·艾利亚斯密（Chris Eliasmith）领导的神经科学研究团队创造了名为 Spaun 的虚拟大脑。Spaun 模型具有约 250 万个"神经元"，并能够通过一些经典的智力测试。

同年，亚历克斯·克里热夫斯基（Alex Krizhevsky）和伊利亚·苏茨克维（Ilya Sutskever）在杰弗里·辛顿的指导下开发了 AlexNet 模型（如图 8-10 所示），并在 2012 年 ImageNet 大规模视觉识别挑战赛中大获全胜，以 15.3%的低错误率获得冠军，比第二名低 10.8%。AlexNet 的成功标志着深度学习在计算机视觉领域的应用取得了重大进展，也引发了深度学习和卷积神经网络研究的热潮。

2013 年，Facebook 成立了人工智能实验室，专注于深度学习领域，致力于为用户提供更智能的体验；Google 收购了语音和图像识别公司 DNNResearch，有力地推动了深度学习平台的发展；百度则成立了深度学习研究院，进一步强化在人工智能领域的战略布局。

2014 年，在英国皇家学会举办的"图灵测试"大会上，聊天程序"尤金·古斯特曼"（Eugene Goostman，如图 8-11 所示）通过了图灵测试的评定，成为第一个在此类比赛中被认为通过测试的程序。

图 8-10　辛顿和他指导的两位学生

图 8-11　聊天程序"尤金·古斯特曼"

同年，伊恩·古德费罗（Ian Goodfellow）受博弈论中"二人零和博弈"概念的启发，提出了生成对抗网络（Generative Adversarial Networks，GAN）。这一创新为生成模型领域带来了革命性的突破，并在图像生成、数据增强等多个领域得到广泛应用。

2015 年，Google 开源了其第二代机器学习平台 TensorFlow；剑桥大学成立了剑桥人工智能技术实验室；同年，山姆·阿尔特曼（Sam Altman）、埃隆·马斯克（Elon Musk）和伊利亚·苏茨克维等一群知名人士共同创立了 OpenAI。

2016 年，谷歌提出了联邦学习（Federated Learning）方法，旨在通过多个分散的边缘设备或服务器在本地训练算法，而无需交换数据样本。

2016 年 3 月，DeepMind 开发的人工智能围棋程序 AlphaGo（阿尔法狗）与世界围棋冠军、职业九段选手李世石展开对决，如图 8-12 所示，并以 4:1 的总比分获胜，这一事件震惊了全世界，成为人工智能发展史上的一个重要里程碑。

2017 年，Google 机器翻译团队在人工智能领域的顶级会议 NeurIPS 上发表了具有里程碑意义的论文 *Attention Is All You Need*，提出了一种全新

图 8-12　AlphaGo 与李世石对弈

的神经网络架构——Transformer。该模型的核心创新在于完全基于自注意力机制（Self Attention）来训练自然语言模型，摒弃了传统的循环神经网络和卷积神经网络。如今，Transformer 已成为绝大多数大语言模型的核心架构。

图 8-13　第一部人工智能创作的诗集

同年，AlphaGo 的升级版——AlphaGo Master 以 3:0 的比分完胜当时世界排名第一的职业围棋选手柯洁；微软人工智能"小冰"推出了世界首部由人工智能创作的诗集《阳光失了玻璃窗》，如图 8-13 所示。

2018 年 6 月，OpenAI 发布了第一个大规模生成性预训练模型——GPT-1（Generative Pre-trained Transformer），参数约 1.17 亿个；同年 10 月，谷歌发布了 BERT（Bidirectional Encoder Representations from Transformers）模型，BERT-Large 参数约 3.4 亿个。BERT 和 GPT-1 都采用深度学习和注意力机制，具备强大的自然语理解能力。两者的主要区别在于，BERT 使用双向上下文信息进行训练，而 GPT-1 则仅利用上文（单向）进行训练，专注于"文本生成"。凭借双向编码的优势，BERT 在许多自然语言理解任务中的表现明显优于 GPT-1。

2019 年 2 月，OpenAI 发布了 GPT-2，这是一种比前代 GPT-1 规模更大的模型，拥有 15 亿个参数。GPT-2 生成的文本流畅自然、上下文连贯，迅速引起了广泛关注。该模型在摘要、翻译、问答等多种自然语言处理任务中表现出色，且无需针对特定任务进行微调。值得一提的是，GPT-2 在零样本学习（即无需针对特定任务训练就能执行任务）方面表现优异，进一步推动了这一领域的发展。

2020 年 6 月，OpenAI 推出了 GPT-3，这一模型以惊人的 1750 亿个参数超越了其前身。GPT-3 被视为 AI 的重大突破，能够在各种任务中生成类人文本，从论文写作到代码生成。它还展现了强大的少样本和单样本学习能力，能够在仅有少量示例的情况下适应新任务。GPT-3 的多功能性覆盖了多个领域，包括客户服务、创意写作、编程，甚至游戏设计。通过 GPT-3，OpenAI 为我们如今熟知的对话式 AI——ChatGPT 奠定了基础。

2020 年，最引人注目的科技突破当属 DeepMind 科学家德米斯·哈萨比斯（Demis Hassabis）和约翰·詹珀（John Jumper）开发的 AlphaFold，这一人工智能系统专门用于解

决长期困扰生物学家的蛋白质折叠问题。2021 年，改进版 AlphaFold 2 取得了变革性的突破，甚至被认为成功解决了这一问题，预测精度达到了前所未有的原子级别。到了 2023 年，最新版的 AlphaFold 不仅能够对蛋白质数据库中的几乎所有蛋白质进行高精度预测，甚至还能预测蛋白质折叠之外的其他生物分子结构，如配体（小分子）和核酸等。2024 年 10 月 9 日，他们因在蛋白质结构预测领域的杰出贡献获颁诺贝尔化学奖（如图 8-14 所示），这彰显了人工智能在推动科学创新中的重要作用，也预示着我们正迈入科学发展的新纪元。

图 8-14　2024 年诺贝尔化学奖获得者

2021 年，OpenAI 推出了 DALL-E，并在 2022 年发布了更新版本 DALL-E 2。DALL-E 系列模型主要用于根据文本描述生成图像，能够根据用户提供的文字内容生成全新且富有创意的视觉图像，推动了文本与图像生成技术的发展，并对艺术创作、广告设计等领域产生了深远影响。

2022 年 11 月，ChatGPT 首次亮相。这是一款专为对话交互设计的人工智能，基于 GPT-3.5 架构，能够与用户进行连续对话并保持上下文。发布后的短短五天内，ChatGPT 就迅速吸引了超过一百万用户注册，受到了广泛关注。

2023 年 3 月，OpenAI 发布了 GPT-4，在 GPT-3 的基础上进一步扩展了参数量，并带来了多个创新特性，包括多模态能力（即能够处理图像和文本输入）、改进的对齐能力（使 AI 的行为更符合人类意图）和增强的多语言支持（提高了对多种语言的理解和生成能力）。

自 ChatGPT 等大语言模型（Large Language Model，LLM）问世以来，凭借其强大的自然语言处理能力，掀起了新一轮的研究与应用浪潮。尤其是在 ChatGLM、LLaMA 等较小规模的开源 LLM 面向公众发布后，业界涌现出了大量基于 LLM 的二次微调和创新应用，全球范围内掀起了"百模大战"。

- OpenAI 公司推出了 GPT-4 和 ChatGPT-4，并围绕 ChatGPT 发布了多个新功能，包括 ChatGPT Plugins（扩展功能插件）、Code Interpreter（代码解释器）、GPT Store（一个用于发现和购买定制模型的市场）以及 GPT Team（团队协作工具）等。
- 微软公司基于 OpenAI 的 GPT-4 推出了 Bing Chat（后来更名为 Bing Copilot，用于增强搜索体验）以及 Office Copilot（为 Office 应用提供智能助手功能）等产品。
- Google 公司推出了 Bard 和 Gemini（后者是继承 Bard 的更新版本，旨在增强对话和多模态处理能力）。
- Meta 公司发布了 LLaMA（Large Language Model Meta AI）及其后续版本 LLaMA 2。
- Twitter（现为 X）公司推出了 X.ai（专注于生成式 AI 的应用）和 Grok（结合 X 平台的社交特点的 AI 产品）。

国内生成式大模型的发布同样风起云涌，截至 2024 年 12 月 31 日，已在国家网信办完成备案并上线、能为公众提供服务的生成式人工智能服务大模型已达到 302 款，并呈现出井喷式增长的趋势。以下是一些典型的大模型及其特点：

- 百度公司的文心一言：面向多模态对话与生成技术，支持文本、语音、图像等数据形式的交互，广泛应用于对话系统、创作工具、智能助手等领域。
- 阿里巴巴公司的通义千问：在大规模数据分析和对话生成方面表现出色，广泛应用于电商、金融等行业，利用 AI 技术优化商业服务流程，提升用户体验和业务效率。
- 腾讯公司的混元：集成自然语言处理、图像识别等多领域能力，支持智能对话、内容生成及企业级应用，助力企业提升生产效率，推动智能化转型。
- 华为公司的盘古：专注于大规模计算与智能决策，服务于大数据处理、云计算等领域，通过高性能计算支持企业数字化转型，推动决策优化与效率提升。
- 字节跳动公司的豆包：专注于短视频生成与相关对话系统的智能化应用，广泛应用于内容创作、个性化推荐及媒体行业，推动智能化转型和创新。
- 智谱华章公司的智谱清言（ChatGLM）：专注于中文自然语言理解与生成，优化对话系统的智能化水平，提升用户交互体验，在中文语境下展现出强大的语言处理能力。
- 科大讯飞公司的星火认知：结合先进的语音识别与生成技术，广泛应用于语音交互、智能助手等领域，推动智能语音服务普及，提升识别准确性和流畅度。
- 商汤科技公司的日日新：专注于计算机视觉与智能分析，广泛应用于安防、自动驾驶、智能硬件等领域，提供智能感知与分析解决方案，推动视觉技术在各行业的深度应用。
- 达观数据公司的曹植：优化中文自然语言处理技术，专注于中文语言模型的研发，提升对话系统与语义理解能力，推动中文 AI 技术的进步。
- 深度求索公司的 DeepSeek Coder：专为编程语言提供智能代码生成与编程助手功能，帮助开发人员提升编码效率，快速解决技术难题。
- 上海人工智能实验室的书生：专注于教育行业，特别在智能问答和学习辅导方面表现突出，提升教育效率与个性化学习体验，推动教育领域的智能化转型。
- 智源人工智能研究院的悟道：推动基于知识图谱的智能问答技术，提升多模态数据融合能力，促进更智能的知识查询和理解，成为知识图谱应用领域的标杆。

2024 年 2 月，OpenAI 正式发布首个人工智能文生视频大模型 Sora。2024 年 12 月 18 日 Sora 入选中国工程院院刊 *Engineering* 评选的"2024 全球十大工程成就"。

2024 年 9 月，OpenAI 官方宣布研发出了一个强大的推理大模型，即 OpenAI o1，标志着 AI 大模型开启推理新时代。作为第一个具备真正通用推理能力的大模型，o1 模型在处理复杂问题和推理任务时所展现出来的能力，或预示着人工智能技术的一个历史性转折点。

2024 年 12 月 12 日，谷歌发布了新一代人工智能大模型——Gemini 2.0，号称"为智能体时代设计"。该模型不仅性能卓越，还在多模态输入输出方面取得重大进展。Gemini 2.0 的核心亮点在于其强大的多模态能力，能够处理文本、图像、视频、音频等多种输入并生成精准输出。此外，它还完美整合了谷歌搜索、代码执行和第三方用户定义函数等强大工具，极大拓展了其在各行业的应用潜力。

2024 年 12 月 20 日，OpenAI 正式推出了其最新的 AI 推理模型——o3 及其轻量版 o3-mini。根据 OpenAI 介绍，这一新模型具备比前代 o1 更为先进的推理能力，能够在代码编写、解决数学问题和掌握博士级科学知识方面超越前者，如图 8-15 所示。

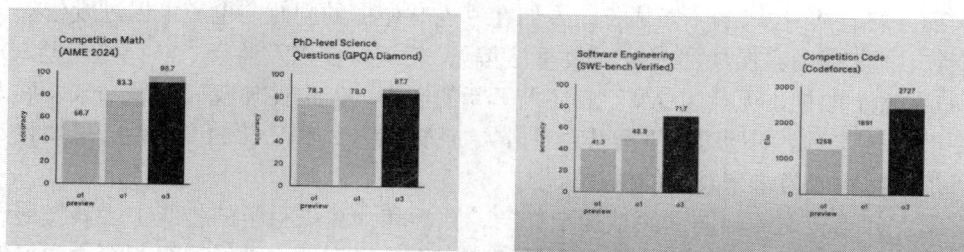

图 8-15　OpenAI o3 的性能评估

- 在美国数学邀请赛（AIME 2024）中，o3 的准确率达到 96.7%。
- 在 GPQADiamond 测试中，o3 针对博士级科学问题的准确率达到了 87.7%，远超人类博士的 70%水平。
- 在软件编码能力的测试中，o3 表现也令人惊叹，SWE-benchVerified 测试中其准确率约为 71.7%（比 o1 高 20%以上）。
- 在 Codeforces 平台的世界级编码竞赛中，o3 的得分高达 2727，相当于排名 175 的人类选手，而 o1 仅得 1891 分，显示出 o3 在编码上的巨大进步。

尽管 o3 在特定任务中取得了骄人的成绩，但它与人类智能之间仍存在本质差异。现代 AI 系统，包括 o3，虽然在一些领域具备了超越人类的能力，但尚未能够真正模拟人类的思维和推理方式。尤其在通用人工智能（AGI）的研究中，尽管 o3 在 ARC-AGI 比赛中以 75.7% 的得分创下新高，但它依然无法在许多看似简单的问题上取得成功，这充分显示了它与人类智能在认知灵活性、跨领域学习等方面的显著差距。

2025 年 1 月 14 日，OpenAI 发布的 Tasks 功能开启了 AI 智能体的新篇章，人机互动从传统的触发式响应转变为更加灵活的半主动式交互，预示着 AI 将迈入自主人工智能的代理式 AI（Agentic AI）时代。这一转变潜力巨大，未来必将在更多领域得到广泛应用，推动人机协同发展。

2025 年 1 月 23 日，OpenAI 正式发布了首个自主智能体——Operator 的研究预览版，标志着 AI 自动化应用的新突破，也是迈向通用人工智能（AGI）的重要一步。根据官方介绍，Operator 能够像人类一样使用网页浏览器，进行单击、输入等操作，自动完成诸如预订旅行住宿、餐厅预约、在线购物等复杂任务。其技术原理主要由 Computer-Using Agent（CUA）模型驱动，并结合了 GPT-4 的视觉能力和基于强化学习的高级推理能力。经过专门训练，Operator 能够与图形用户界面无缝交互，像人类一样"看见"网页，并使用鼠标和键盘与其互动。

2025 年 2 月 18 日，埃隆·马斯克旗下的 X 公司正式发布了新一代大模型 Grok 3。官方宣称，Grok 3 是"地球上最聪明的 AI"，具备极强的推理能力，并在数学、科学和编程基准测试中，击败了谷歌的 Gemini、DeepSeek 的 V3 模型、Anthropic 的 Claude 和 OpenAI 的 GPT-4o。

随着像 ChatGPT、DeepSeek 这样的工具在自媒体和创作领域的广泛应用，AI 不仅大幅提高了创作效率，也深刻改变了内容生产的格局。这表明，AI 模型正在从幕后走向前台，逐渐成为人类智力的重要补充。

　　然而，随着 AI 技术的不断成熟，人们在享受其便捷的同时，也应警惕过度依赖可能带来的潜在风险，如隐私保护、知识产权、算法偏见、伦理责任以及监管与法律等问题。OpenAI o3 和 Operator 的推出无疑为 AI 行业注入了新的活力，但也促使我们反思未来发展方向。如何在推动科技创新的同时，平衡社会伦理，加强监管，确保 AI 的安全性、透明性、可靠性与可控性，将成为未来发展的核心议题。

　　综上，人工智能的起源深深植根于哲学、数学和计算机科学的传统中。其发展经历了从初期的逻辑推理和符号计算，到专家系统的应用，再到现代神经网络和深度学习的飞速发展。随着技术的不断进步和应用的日益广泛，人工智能将继续深刻改变社会的各个层面，为人类带来前所未有的机遇与挑战。

8.1.2　人工智能的三大流派

　　人工智能作为一门跨越多个学科的研究领域，融合了多种理论和方法。在其漫长的发展历程中，逐渐形成了三大主要流派：符号主义 AI、连接主义 AI 和行为主义 AI。这三大流派各具独特的理论背景、技术方法和应用领域，它们相互补充、共同推动，促进了人工智能技术的持续进步。

1. 符号主义 AI：基于规则与符号的推理

　　符号主义 AI（Symbolic AI），也被称为"经典 AI"或"规则基础 AI"，其起源可以追溯到 20 世纪 50 年代。该流派的核心理念是借助符号，如词汇、句子等来表征知识，并通过逻辑推理规则对这些知识进行智能化处理。符号主义 AI 侧重于使用形式化语言进行推理和决策。

　　符号主义的主要特点、代表性技术与应用如表 8-1 所示。

表 8-1　符号主义的主要特点、代表性技术与应用

主要特点	代表性技术与应用
符号主义 AI 核心在于知识表示与符号推理。其研究重点包括如何用符号表示世界中的各种事物和事件，以及如何通过规则和推理机制对符号进行操作。符号主义认为，知识能够通过规则和逻辑推理进行形式化处理	• 专家系统：通过存储海量的领域知识，专家系统能够模拟人类专家的推理过程，为用户提供决策支持。典型应用包括医学诊断系统（如 MYCIN）和化学分子结构分析系统（如 DENDRAL） • 自动定理证明：符号主义 AI 通过逻辑推理自动证明数学定理，这是人工智能最早的应用之一 • 自然语言处理（NLP）：符号主义的 NLP 方法尝试通过分析语言的语法规则和句法结构来理解和生成自然语言

　　符号主义 AI 在 20 世纪 50 年代至 80 年代占据着主导地位，有力地推动了专家系统和逻辑推理系统的广泛应用。然而，随着计算能力的不断提升，研究者发现符号主义 AI 在处理复杂多变、充满不确定性的现实世界问题时，逐渐暴露出诸多局限性，特别是在处理模糊信息、动态环境以及机器学习等方面表现欠佳。此外，它还存在对人类认知过度简化的问题，并且无法处理非结构化数据，如图像、语音等。因此，自 20 世纪 90 年代起，它就逐渐被连接主义 AI 和行为主义 AI 等其他方法所补充和替代。

　　符号主义 AI 的主要贡献在于奠定了人工智能的理论基础，并推动了早期的技术创新。

2. 连接主义 AI：基于神经网络的学习与模式识别

尽管符号主义 AI 在早期阶段占据着主导地位，但随着对计算资源需求的增加以及复杂知识处理所带来的挑战，新的研究方向应运而生，连接主义 AI（Connectionism AI）便是其中的典型代表。连接主义 AI 起源于 20 世纪 80 年代，其核心思想是通过神经网络模型模拟人脑神经元的结构和功能。连接主义强调通过大量相互连接的处理单元（即神经元）来进行学习和推理。

连接主义的主要特点、代表性技术与应用如表 8-2 所示。

表 8-2　连接主义的主要特点、代表性技术与应用

主要特点	代表性技术与应用
连接主义 AI 的基础是神经网络，尤其是多层感知器（MLP）和深度神经网络（DNN）。连接主义 AI 侧重于通过模拟生物神经网络的方式进行学习，利用海量数据和强大的计算资源训练模型，使其能够用于模式识别、预测和分类	• 深度学习：深度神经网络（DNN）是连接主义 AI 的核心技术，凭借多层的神经元结构，深度学习模型能够有效识别复杂的模式，广泛应用于图像识别、语音识别、自动驾驶等领域（如 ImageNet、语音助手等） • 卷积神经网络（CNN）：主要用于图像和视频分析，通过模拟视觉系统处理图像的方式，CNN 取得了突破性的进展，广泛应用于医疗影像分析和自动驾驶领域 • 递归神经网络（RNN）：擅长处理序列数据，广泛应用于自然语言处理、机器翻译、语音识别等领域

连接主义 AI 自 20 世纪 80 年代起逐渐成为研究的主流方向，特别是反向传播算法的提出，极大地提高了神经网络的训练效率。然而，深度学习的广泛应用并非一蹴而就。早期的神经网络受限于计算能力和数据量的不足，未能实现大规模应用。但随着大数据时代的到来、计算能力的大幅提升以及深度学习算法的不断进步，连接主义 AI 迅速发展壮大，成为当前人工智能研究的主流方向。

目前，连接主义 AI 仍然面临一些挑战，比如对大规模数据的高度依赖、模型的可解释性较差，以及训练过程中容易出现的过拟合问题。随着技术的不断发展，研究者们正在积极探索有效的解决方案来克服这些问题。

3. 行为主义 AI：通过环境交互实现智能

行为主义 AI（Behaviorist AI）的核心在于通过与环境的交互来调整智能体的行为。与符号主义 AI 和连接主义 AI 强调内部推理和模式识别不同，行为主义 AI 关注的是如何在复杂的环境中，通过行动和反应来实现智能行为。

行为主义的主要特点、代表性技术与应用如表 8-3 所示。

表 8-3　行为主义的主要特点、代表性技术与应用

主要特点	代表性技术与应用
行为主义 AI 认为，智能的核心在于个体与环境的交互过程，强调通过反馈机制不断调整行为。该流派的智能系统通常基于强化学习方法，系统通过奖励和惩罚来优化其行为策略	• 强化学习（Reinforcement Learning，RL）：通过奖励机制优化决策过程，强化学习已被广泛应用于游戏（如 AlphaGo、Dota 2）、自动驾驶以及机器人控制等领域 • Q-learning：一种基于值函数的强化学习方法，广泛用于路径规划、资源管理等实际问题 • 博弈论：通过与其他智能体的竞争或合作，行为主义 AI 能够在多智能体环境中做出合理决策

　　行为主义 AI 起源于 20 世纪初的心理学研究,并在 20 世纪 80 年代与人工智能相结合,提出了强化学习和多智能体系统的概念。然而,行为主义 AI 在实际应用中仍面临许多挑战,包括训练过程中的高计算成本、如何应对复杂环境中的不确定性以及在多任务学习中的应用效果有待提高等问题。

　　随着计算能力的提升和算法的不断优化,行为主义 AI 在多个领域取得了显著的成果,特别是在机器人控制和自动决策领域表现突出。

4．三大流派的融合：推动人工智能的跨越式发展

　　随着人工智能研究的不断深入,符号主义、连接主义和行为主义这三大流派逐渐呈现出融合的趋势。如今,越来越多的研究将这三者的优势结合起来,发展出新的跨流派的技术和方法。例如,神经符号学方法,尝试将符号表示和深度学习相结合,旨在解决深度学习模型的可解释性问题,并提升其推理能力;深度强化学习则融合了深度学习的自动特征学习能力和强化学习的决策能力,在自动驾驶、游戏等领域取得了重要进展。未来,人工智能将可能通过集成符号推理、神经网络学习和环境交互反馈等多种方式,解决更为复杂的问题。

　　符号主义 AI、连接主义 AI 和行为主义 AI 代表了人工智能的不同发展方向。每个流派都有其独特的贡献和局限性,但随着技术的不断进步,它们之间的界限日益模糊,融合的趋势愈发明显。通过整合三大流派的优势,人工智能在未来将迎来更加智能、灵活和高效的发展前景。

8.1.3　人工智能的研究方向

　　随着人工智能研究的日益深入,人工智能领域逐渐细分为多个不同的分支领域,每个分支都聚焦于特定的技术方向和应用场景。

1．计算智能

　　计算智能（Computational Intelligence）借鉴了自然界和生物系统中的智能机制,如生物进化、自然选择和神经机制,旨在解决传统计算方法难以应对的复杂问题。它特别擅长处理噪声、不确定性和模糊信息,能够在复杂且动态变化的环境中做出有效的决策。例如,神经网络在图像识别、语音识别、自动驾驶、医疗诊断和金融预测等领域都取得了显著成果;粒子群优化（PSO）则被广泛应用于资源调度、路径规划及求解大规模复杂优化问题。

　　典型方法：神经网络（Neural Networks）、模糊逻辑（Fuzzy Logic）、遗传算法（Genetic Algorithms）、进化策略（Evolutionary Strategies）、粒子群优化（Particle Swarm Optimization,PSO）、人工免疫系统（Artificial Immune Systems,AIS）等。

2．群体智能

　　群体智能（Swarm Intelligence）指多个简单个体通过局部交互所产生的集体行为,通常表现为个体之间的协作、分工与自组织现象。尽管这些个体本身能力较为有限,但它们通过相互合作,能够在没有中央控制的情况下展现出复杂的全局行为。群体智能的研究灵感

来源于自然界中各种生物的群体行为，尤其是昆虫和动物的集体活动。例如，蚂蚁通过释放信息素进行交流，协同觅食；蜜蜂通过独特的舞蹈动作传递信息，组织群体寻找蜜源；鸟群通过调整局部的飞行模式，实现流畅飞行；鱼群通过个体间的互动，有效躲避捕食者并优化群体的行动。

群体智能的自组织、自适应和分布式计算特性，使其在优化问题、自动化决策和智能调度等领域得到了广泛应用。例如，蚁群算法可用于优化物流线路，而蜂群算法常用于无人机编队的控制。

典型方法：蚁群算法（Ant Colony Optimization，ACO）、粒子群优化（PSO）、人工蜂群算法（Artificial Bee Colony，ABC）、蜂群算法（Bee Algorithm）、蝙蝠算法（Bat Algorithm）等。

3．认知智能

认知智能（Cognitive Intelligence）通过模仿人类的思维过程，使机器能够在复杂的环境中理解、推理、学习并做出合理的决策，尤其是在面对信息不完整和存在不确定性的情况下。与传统的人工智能方法不同，认知智能不仅仅依赖于规则驱动或机器学习，更注重模拟人类大脑的工作方式，如推理、记忆和情感理解等方面。因此，认知智能不仅能够进行逻辑推理，还能对情感和语境变化做出更为精准的反应。它广泛应用于知识表示与推理、智能客服、翻译系统及情感分析等领域。例如，智能客服机器人可以通过分析客户的情绪波动和历史数据，提供更具个性化的服务，并在处理不同情绪的客户时，能够采取相应的应对策略；语音助手（如 Siri 或 Alexa）能够根据用户的语境理解和情感状态，持续优化服务，提升用户体验。

典型方法：知识表示与推理（Knowledge Representation and Reasoning）、规划与决策（Planning and Decision Making）、自然语言处理（Natural Language Processing，NLP）、学习与适应（Learning and Adaptation）等。

4．行为智能

行为智能（Behavioral Intelligence）关注的是智能体如何根据环境变化、目标需求以及外部条件做出有效决策并采取适当的行动。这里的智能体是指能够感知环境、做出决策并执行行动的系统或机器人。该分支尤其强调机器的行动能力与适应性，特别是在动态和不确定的环境中。行为智能广泛应用于机器人技术、自动驾驶和游戏 AI 等多个领域，旨在实现高效的环境交互与决策优化。例如，在自动驾驶场景中，智能系统不仅需要实时感知周围的环境，还必须根据路况及时调整决策，如改变行驶速度、转向或避让障碍物，以确保行驶的安全。

典型方法：强化学习（Reinforcement Learning，RL）、博弈论（Game Theory）、多智能体系统（Multi-Agent Systems，MAS）等。

5．情感智能

情感智能（Emotional Intelligence）的目标是让机器能够理解、模拟并回应人类的情感，从而提升人机交互的质量，特别是在那些对情感需求较高的领域，如客户服务、健康护理等。情感计算和识别技术通过分析语音、文本、面部表情等多种数据源，识别并模拟情感，是实现情感智能的关键所在。这些技术广泛应用于智能客服、医疗助手、社交机器人等领域。例如，在客户服务中，情感智能不仅能识别顾客的情绪状态，还能实时调整客服机器人应对策略，如转接人工服务或者改变沟通的语气，以提高顾客的满意度；在健康护理领域，情感智能可以改善患者与医生之间的互动，帮助医生识别患者的情感需求，从而提供更具个性化的护理服务。

典型方法：情感计算（Affective Computing）、情感识别（如通过面部表情、语音、动作等识别情感状态）、情感响应系统等。

6．自适应智能

自适应智能（Adaptive Intelligence）着重强调系统在变化的环境中能够灵活地调整自身的行为和策略。通过持续不断地学习、优化以及调整算法，确保系统在动态环境下始终保持最佳的性能表现。自适应智能已广泛应用于自适应控制、智能制造和智能家居等多个领域。

自适应系统主要依赖机器学习和反馈机制，根据外部环境的变化进行实时调整。机器学习用于处理复杂的模式和预测未来的趋势，而反馈机制则通过实时数据来调整控制参数，从而提升系统性能。例如，在智能家居中，系统可以通过学习用户的生活习惯和环境变化（如温度、湿度等），自动调节空调、照明和安防设备的工作状态，从而提高居住的舒适度并节约能源。同时，在智能制造领域，自适应控制能够实时优化生产过程，提高生产效率和产品质量，通过不断调整控制策略，确保制造流程的最优执行。

典型方法：自适应控制（Adaptive Control）、自组织系统（Self-Organizing Systems）等。

这些人工智能的分支充分展示了 AI 技术在各个领域的广泛应用前景，每个分支在解决不同类型的问题时都展现出独特的优势与潜力。计算智能侧重于应对不确定性和复杂性，群体智能促进了集体合作与全局优化，认知智能模仿人类的思维过程，行为智能关注决策和行动的执行，情感智能使机器更能理解和回应人类的情感，而自适应智能则强调系统在动态环境中的灵活性和自我优化能力。随着技术的不断发展和进步，这些分支之间逐渐呈现出融合的趋势，推动着智能系统向更加复杂、更加智能的方向不断发展。

8.1.4　人工智能的研究内容

人工智能致力于理解和模拟人类智能的行为与思维过程，作为一个跨学科的研究领域，它融合了计算机科学、数学、神经科学、认知心理学、伦理学等多个学科的知识。随着科技的飞速发展，人工智能在众多领域取得了显著成就，并且不断拓展着应用边界。以下将从技术层次和应用领域的角度，对人工智能领域的主要研究内容进行分类阐述。

1．机器学习

机器学习（Machine Learning，ML）作为人工智能的核心技术之一，秉持数据驱动的理念，通过从数据中学习规律以完成预测、分类、回归等任务。其研究内容包括算法设计、理论分析和模型优化等方面。

机器学习的主要研究方向及应用领域如表 8-4 所示。

表 8-4 机器学习的主要研究方向及应用领域

主要研究方向	应用领域
• **监督学习**：通过标注数据集训练模型，使其能够对新数据进行预测或分类。常见算法包括支持向量机（SVM）、决策树、k 近邻算法（k-NN）、朴素贝叶斯等 • **无监督学习**：在没有标签数据的情况下，算法通过分析数据的内在结构进行数据聚类、降维、异常检测等。常用技术有 k-means 聚类、主成分分析（PCA）、自编码器等 • **强化学习**：智能体通过与环境的交互，根据奖励反馈逐步优化自身的决策策略。强化学习广泛应用于游戏、机器人控制等领域，经典算法包括 Q-learning、深度 Q 网络（DQN）、策略梯度方法等 • **半监督学习与迁移学习**：结合监督学习与无监督学习的优点，减少对标签数据的依赖，提升模型的泛化能力。迁移学习则关注如何将在一个任务中学到的知识迁移到新任务中	• **自然语言处理**（NLP）：机器翻译、情感分析、语音识别、自动摘要等 • **计算机视觉**：图像分类、目标检测、面部识别、图像生成、图像分割等 • **推荐系统**：基于用户行为和偏好的推荐算法，如协同过滤和深度推荐技术

2．深度学习

深度学习（Deep Learning，DL）是机器学习的一个重要子领域，专注于利用多层神经网络进行特征学习和模型训练。其研究主要集中在神经网络结构、训练方法和优化算法等方面，并在图像识别、语音处理和自然语言处理等领域取得了突破性进展。

深度学习的主要研究方向及应用领域如表 8-5 所示。

表 8-5 深度学习的主要研究方向及应用领域

主要研究方向	应用领域
• **卷积神经网络**（**CNN**）：主要用于图像处理任务，通过卷积层提取图像的空间特征，广泛应用于图像分类、目标检测和图像生成等计算机视觉任务 • **递归神经网络**（**RNN**）：适用于处理序列数据，能够借助循环结构捕捉时间序列的上下文信息。常见变种包括长短期记忆网络（LSTM）和门控循环单元（GRU），在语音识别和自然语言处理任务中表现突出 • **生成对抗网络**（**GANs**）：通过生成器与判别器的对抗训练生成高质量的图像、音频和视频，广泛应用于图像生成、风格迁移和增强现实（AR）等任务 • **自注意力机制与 Transformer**：特别适用于自然语言处理任务，凭借其高效的并行计算能力和长距离依赖建模能力，已成为 NLP 领域的主流模型（如 BERT 和 GPT 系列），广泛应用于机器翻译、文本生成等任务	• **计算机视觉**：图像分类、目标检测、图像分割、视觉问答等，广泛应用于医疗影像、自动驾驶和安防监控等领域 • **自然语言处理**：机器翻译、文本生成、情感分析、语音识别等，应用于智能助手、聊天机器人等领域 • **语音与音频处理**：语音识别、语音合成、音频生成等，应用于语音助手、语音翻译和智能客服等领域

3．自然语言处理

自然语言处理（Natural Language Processing，NLP）是使计算机能够理解、生成并与人类语言进行交互的技术。其核心目标是运用算法处理和分析人类语言，研究内容涵盖语言学、语法分析、情感分析、语音识别和自动翻译等多个方面。

自然语言处理的主要研究方向及应用领域如表 8-6 所示。

表 8-6　自然语言处理的主要研究方向及应用领域

主要研究方向	应用领域
• **语言模型**：通过统计和概率方法建立语言模型，使计算机能够理解并生成自然语言。近年来，基于深度学习的预训练模型（如 BERT、GPT 等）在 NLP 任务中成效显著 • **语法与句法分析**：研究语言的结构，包括词法分析、句法分析和依存分析等，帮助计算机识别句子结构和语言规则 • **语义理解与推理**：深入理解文本的深层含义，涉及命名实体识别（NER）、文本分类和情感分析等任务 • **机器翻译与跨语言处理**：自动将一种语言翻译成另一种语言，涉及语言模型的对齐和优化 • **对话系统与问答系统**：包括基于规则或机器学习的对话生成与理解，广泛应用于智能客服和自动问答系统	• **自动翻译**：如 Google Translate、DeepL 等机器翻译系统，依托大规模语料库和语言模型提供高质量的翻译服务 • **智能助手**：如 Siri、Alexa 等语音交互系统 • **情感分析与社会网络分析**：分析社交媒体数据、产品评价等信息中的情感倾向 • **大语言模型**：如 GPT、Claude、Bard、Gemini、LLaMA、Grok、ChatGPT、DeepSeek、文心一言、通义千问、智谱千言、抖音豆包、讯飞星火等

4．计算机视觉

计算机视觉（Computer Vision，CV）主要研究如何让计算机"看"和"理解"图像或视频。它通过模仿人类视觉系统的工作原理，结合图像处理、模式识别、深度学习等技术，提取并分析图像或视频中的信息，从而实现对视觉内容的理解。

计算机视觉的主要研究方向及应用领域如表 8-7 所示。

表 8-7　计算机视觉的主要研究方向及应用领域

主要研究方向	应用领域
• **图像分类与识别**：根据图像内容将其分类到预定义的类别中。深度学习，尤其是卷积神经网络，已成为图像分类的主流方法 • **目标检测与定位**：在图像中识别特定目标并确定其位置，广泛应用于自动驾驶、监控、安防等领域 • **图像分割**：将图像划分为具有特定意义的区域。常见的图像分割技术包括语义分割（为每个像素分配类别标签）和实例分割（识别并区分同类对象的不同实例），常用于医学图像处理和自动驾驶等领域 • **三维视觉与重建**：从二维图像中恢复三维信息，重建场景的立体结构，应用于机器人导航、虚拟现实（VR）、增强现实（AR）等领域	• **自动驾驶**：利用图像分割、目标检测和环境理解等核心技术，帮助车辆在复杂交通环境中安全行驶 • **医疗影像分析**：通过病变检测、肿瘤识别、内窥镜图像分析等技术，辅助医生进行精确诊断 • **安防监控**：采用人脸识别和行为识别技术，用于身份验证、实时监控及自动检测异常行为

5．机器人学

机器人学（Robotics）专注于研究智能机器人的设计、建造和控制，旨在使机器人能够感知环境、理解任务并执行操作，解决各种复杂的实际问题。

机器人学的主要研究方向及应用领域如表 8-8 所示。

6．人工智能伦理与社会影响

人工智能技术的飞速发展带来了巨大的社会变革，同时也引发了一系列伦理问题和挑战。AI 伦理不仅关乎技术本身的进步，更关系到在技术创新与社会公平、隐私保护、法律

表 8-8　机器人学的主要研究方向及应用领域

主要研究方向	应用领域
• **机器人感知**：通过多种传感器（如摄像头、激光雷达、超声波、触觉传感器等）感知周围环境，并进行环境建模，以支持后续的决策和任务执行 • **运动规划与控制**：设计高效的算法，确保机器人能够在复杂环境中执行精确的动作和操作，包括路径规划、避障及动力学控制等 • **多机器人协作**：研究如何协调多个机器人协同完成任务，涉及分布式控制、任务分配算法及信息共享等，以提升整体工作效率 • **人机交互**（HRI）：研究如何增强人类与机器人之间的交互，确保机器人能够理解和执行人类指令，并通过语音识别、情感分析、手势识别等技术实现更自然的互动	• **工业机器人**：广泛应用于自动化生产线，执行制造、装配、焊接、喷漆等任务，显著提高生产效率和精度 • **医疗机器人**：手术机器人、康复机器人等，帮助医生实施更精确的手术或辅助病人进行康复训练，降低手术风险并提高病人安全性 • **服务机器人**：家庭助理机器人、清洁机器人、陪伴机器人等，广泛应用于家庭、酒店、餐厅等场景，提供清洁、照护、陪伴等服务，在老龄化社会中具有巨大的发展潜力

合规等核心价值之间寻求平衡。

　　人工智能伦理与社会影响（AI Ethics and Social Impact）的主要研究方向及应用领域如表 8-9 所示。

表 8-9　人工智能伦理与社会影响的主要研究方向及应用领域

主要研究方向	应用领域
• **AI 公平性**：确保 AI 在处理不同群体（如性别、种族、年龄等）的数据时保持公正与无偏，避免对某些群体产生歧视或不利影响 • **隐私保护与数据安全**：在数据采集、处理和存储过程中，保障用户隐私与数据安全，特别是满足合规性要求（如 GDPR），并提升用户对数据使用的信任度 • **AI 透明性与可解释性**：使 AI 的决策过程与结果更加透明，确保用户和相关方能够理解 AI 系统的决策逻辑。在医疗、金融等高风险领域，AI 的决策透明度和可解释性尤为重要，以确保决策可追溯且合理 • **自动化与就业**：AI 和自动化技术的广泛应用可能对传统劳动市场产生重大影响。如何平衡技术创新与就业保障，避免过多岗位被取代，并为劳动力提供再培训和转型的机会	• **法律与政策**：针对 AI 带来的伦理问题，制定相应的法律框架和政策，确保 AI 应用符合法律与社会伦理规范 • **教育与培训**：提升公众对 AI 技术的理解和适应能力，让人们深入了解 AI 对其生活和工作的影响

　　AI 技术的伦理问题需要跨学科的协同合作，科技进步与社会责任必须并重。通过全社会的共同努力，才能确保 AI 技术在推动社会发展的同时，最大程度地降低其可能带来的负面影响。

　　总而言之，人工智能是一个不断演化、层次丰富的领域，涵盖了从基础理论到实际应用的广泛内容。它涉及机器学习、深度学习、自然语言处理、计算机视觉、机器人学以及 AI 伦理等多个领域。在理论研究方面，研究者不断探索改进现有方法，并开发新的算法和模型，以推动该领域的进步；而在实际应用中，人工智能也面临着数据质量与隐私保护、自动化与道德责任平衡等诸多挑战。总的来说，人工智能将持续影响各行各业，并对社会产生深远的变革。

🔑 8.2　人工智能应用开发中常用的 Python 扩展库

　　Python 是目前人工智能领域应用最广泛的编程语言之一。凭借其简洁的语法、强大的生态系统以及丰富的开源库，Python 已成为开发和实现 AI 模型、算法和应用的首选编程语言。在人工智能及相关领域，Python 拥有众多强大且常用的扩展库，涵盖了机器学习、深度学习、自然语言处理、计算机视觉等多个领域。以下是一些常用的 Python 扩展库。

8.2.1　机器学习库

1. Scikit-learn

　　作为最受欢迎且广泛使用的开源机器学习库之一，Scikit-learn 提供了简单高效的工具，采用简洁统一的 API 设计，易于学习和使用。它可以帮助开发者快速构建和优化机器学习模型，支持回归、分类、聚类、降维等常见的机器学习任务。此外，它还与 Pandas、NumPy、Matplotlib 等数据处理和科学计算库高度兼容，便于数据的处理与分析。

　　应用场景：数据预处理、特征选择与降维、模型评估与验证、常见机器学习任务等。

　　安装命令：

```
pip install scikit-learn -i https://pypi.tuna.tsinghua.edu.cn/simple
```

2. XGBoost

　　XGBoost 是一个能高效实现梯度提升算法（GBDT）的库，广泛应用于分类、回归和排序任务。它采用了多项优化技术，如正则化、稀疏数据支持、剪枝技术、并行计算和分布式计算等，以提高计算效率和模型性能。凭借其高效性和出色的性能，XGBoost 在数据科学领域广受青睐，尤其在 Kaggle 等数据科学竞赛中表现突出。

　　应用场景：垃圾邮件识别、用户行为预测、销售预测、金融风险预测等。

　　安装命令：

```
pip install xgboost -i https://pypi.tuna.tsinghua.edu.cn/simple
```

3. LightGBM

　　LightGBM 是微软公司开发的一个高效的梯度提升框架，专门为处理大规模数据集而设计。相较于 XGBoost，它在数据处理上更加高效，尤其在内存消耗和计算速度方面优势明显。

　　应用场景：推荐系统、广告单击率预测、金融风险预测、大数据场景下的机器学习任务等。

　　安装命令：

```
pip install lightgbm -i https://pypi.tuna.tsinghua.edu.cn/simple
```

8.2.2　深度学习库

1. TensorFlow

TensorFlow 是 Google 公司开发并维护的开源深度学习框架，广泛应用于深度神经网络的构建、训练和部署。它提供了灵活的工具和高度优化的操作，支持大规模数据处理。TensorFlow 的高效性不仅体现在训练阶段，在推理过程中同样表现出色，尤其适用于图像处理、自然语言处理和强化学习等复杂的深度学习任务。因此，TensorFlow 已成为众多大型 AI 项目和研究的首选框架。

应用场景：图像处理、自然语言处理、语音识别、自动驾驶、金融预测等几乎所有涉及深度学习和人工智能的领域。

安装命令：

pip install tensorflow -i https://pypi.tuna.tsinghua.edu.cn/simple

2. Keras

Keras 是一个高级深度学习 API，旨在简化深度学习框架（如 TensorFlow）的使用。通过直观且易用的接口，Keras 极大地降低了构建神经网络模型的复杂度，使开发者能够更加高效地设计和训练深度学习模型。它支持模块化设计，有助于快速进行原型开发，并且具备跨平台兼容性。因此，Keras 在许多深度学习应用中成为开发者的首选工具。

安装命令：

pip install keras -i https://pypi.tuna.tsinghua.edu.cn/simple

3. PyTorch

PyTorch 是 Facebook 公司开发的开源深度学习框架，也是当前最受欢迎的深度学习框架之一，广泛应用于学术界和工业界，尤其是在计算机视觉、自然语言处理和生成对抗网络等领域。其最大亮点是支持动态计算图，适合灵活的研究需求，同时它还提供了高效的梯度计算，使得模型训练和调试过程更加直观、简便。

安装命令：

pip install torch -i https://pypi.tuna.tsinghua.edu.cn/simple

4. Fast.ai

Fast.ai 是一个非常受欢迎的开源深度学习框架，同时它也是一门 MOOC 课程，旨在简化机器学习和深度学习模型的开发过程。它基于 PyTorch，提供了高层次的 API，使用户能够快速构建、训练和部署深度学习模型。其设计目的是帮助没有深厚背景的开发者和研究人员轻松入门深度学习。

安装命令：

pip install fastai -i https://pypi.tuna.tsinghua.edu.cn/simple

8.2.3　自然语言处理库

1. NLTK

NLTK（Natural Language Toolkit）是一个用于处理和分析自然语言文本的开源 Python 库。它提供了丰富的工具和资源，支持从基础的文本处理任务（如分词、词性标注、词干提取）到复杂的自然语言处理任务（如语法分析、命名实体识别、情感分析、文本分类、机器翻译等）。此外，NLTK 还包含多个语料库和数据集，为学术研究和教育提供了大量实例和资源。作为学习和实践自然语言处理的基础工具，NLTK 在学术研究、教育以及工业界都有着广泛的应用。凭借其模块化设计和易用性，NLTK 成为众多自然语言处理项目的理想选择之一。

安装命令：

```
pip install nltk -i https://pypi.tuna.tsinghua.edu.cn/simple
```

2. Transformers

Transformers 是 Hugging Face 公司开发的库，主要用于自然语言处理和深度学习任务。它提供了许多流行的预训练模型，如 BERT、GPT、T5、BART 等，以及相关工具，支持 PyTorch、TensorFlow 等多个深度学习框架，提供了简洁而强大的 API，用户可以方便地加载、使用、微调预训练模型，广泛应用于文本分类、翻译、问答、文本生成等各种 NLP 场景。

安装命令：

```
pip install transformers -i https://pypi.tuna.tsinghua.edu.cn/simple
```

3. spaCy

spaCy 是一个开源的自然语言处理库，专注于工业级应用，旨在提供高效、准确且易用的文本处理功能。它提供多种语言的预训练模型，支持词性标注、实体识别、句法分析、词向量与相似度计算、文本分割及语法树可视化等任务。通过优化的算法和数据结构，spaCy 实现了高效的处理速度，尤其适合大规模文本数据的处理。

应用场景：情感分析、机器翻译前处理、知识图谱构建等。

安装命令：

```
pip install spacy -i https://pypi.tuna.tsinghua.edu.cn/simple
```

4. Gensim

Gensim 是专门为自然语言处理和文本分析设计的 Python 库，特别擅长处理大规模文本数据。它提供了基于无监督学习的主题建模工具，如 Latent Dirichlet Allocation（LDA）和 Latent Semantic Analysis（LSA），并支持 Word2Vec 和 FastText 等词向量模型。此外，Gensim 还提供了计算文本相似度、信息检索等常见 NLP 任务的 API，广泛应用于文本分析、推荐系统、搜索引擎优化等领域。

安装命令：

```
pip install gensim -i https://pypi.tuna.tsinghua.edu.cn/simple
```

5. TextBlob

TextBlob 是一个基于 NLTK 和 Pattern 库的 Python 库，提供简单易用的 API，适合进行各种基础的文本处理任务，如情感分析、词性标注、词形还原、翻译和语言检测、分词、名词短语提取以及拼写纠正等。

安装命令：

```
pip install textblob -i https://pypi.tuna.tsinghua.edu.cn/simple
```

8.2.4　计算机视觉库

1. OpenCV

OpenCV 是一个开源的计算机视觉库，提供了大量的图像和视频处理功能。它支持图像处理、视频分析、特征提取、对象检测、图像转换、图像增强、相机标定、运动追踪等多个功能，广泛应用于图像识别、目标追踪、人脸检测、视频分析等领域，是计算机视觉和人工智能领域的重要工具之一。

安装命令：

```
pip install opencv-python -i https://pypi.tuna.tsinghua.edu.cn/simple
```

2. Pillow

Pillow 是一个 Python 图像处理库，是 PIL（Python Imaging Library）的一个分支，广泛用于打开、操作和保存图像。它支持基础的图像处理任务，如旋转、裁剪、过滤、变换、增强等。Pillow 特别适用于处理单张图片的小型任务，是处理图像文件时的轻量级选择，且支持多种常见图像格式。

安装命令：

```
pip install pillow -i https://pypi.tuna.tsinghua.edu.cn/simple
```

3. Torchvision

Torchvision 是基于 PyTorch 的计算机视觉工具包，专为图像处理任务设计，提供丰富的功能，支持图像预处理、模型构建和数据加载。它包括图像预处理和增强工具，如裁剪、缩放、旋转、归一化等，可用于数据清洗和增强；内置经典计算机视觉数据集，如 CIFAR-10、ImageNet、COCO、MNIST 等，简化了数据加载与训练流程；提供多个常见的预训练模型，如 ResNet、VGG、AlexNet 等，便于进行迁移学习或模型微调，节省训练时间；支持高级视觉任务，如目标检测（Faster R-CNN）和实例分割（Mask R-CNN）。

安装命令：

```
pip install torchvision -i https://pypi.tuna.tsinghua.edu.cn/simple
```

4. Dlib

Dlib 是一个开源的 C++库，并提供了 Python 接口，专注于高效的机器学习和计算机视觉任务。它支持多种功能，如面部识别与标定、目标跟踪、图像分类与回归、面部表情识别和年龄预测等，特别在面部识别领域表现出色。其优化速度使其尤为适合实时应用。

应用场景：面部识别、身份验证、监控系统、自动驾驶等。

安装命令：

pip install dlib -i https://pypi.tuna.tsinghua.edu.cn/simple

为了简化安装过程，推荐安装 dlib-bin，它是 dlib 库预编译好的二进制文件版本：

pip install dlib-bin -i https://pypi.tuna.tsinghua.edu.cn/simple

5. Scikit-image

Scikit-image 是一个开源的计算机视觉库，借鉴了 Scikit-learn 的设计理念，专注于图像处理。它提供了丰富的工具和算法，可用于图像的各种处理任务，如图像滤波、边缘检测、图像分割、形态学操作、特征提取、图像变换、几何变换与坐标变换、图像颜色空间转换等，适用于科研、学术研究以及工程应用。

安装命令：

pip install scikit-image -i https://pypi.tuna.tsinghua.edu.cn/simple

6. Detectron2

Detectron2 是一个高效的目标检测库，由 Facebook AI Research（FAIR）团队基于 PyTorch 深度学习框架开发，支持包括目标检测、实例分割、关键点检测和全景分割在内的多种视觉任务，广泛应用于自动驾驶、图像分析、视频监控等领域。

安装命令：

pip install detectron2 -i https://pypi.tuna.tsinghua.edu.cn/simple

7. YOLO

YOLO（You Only Look Once）是一种深度学习目标检测算法，具有显著的实时性和高效性，特别适合实时处理任务，广泛应用于自动驾驶、安防监控、无人机飞行、机器人视觉等多个领域。

8.2.5　强化学习库

1. Gym

Gym 是 OpenAI 公司开发的强化学习环境库，它提供了多种标准化的测试环境，可供强化学习算法进行训练和评估。其设计目的是为研究人员和开发者提供一个统一的接口，便于他们测试和比较强化学习算法。

安装命令：

pip install gym -i https://pypi.tuna.tsinghua.edu.cn/simple

2. Stable-Baselines3

Stable-Baselines3 是一个基于 PyTorch 的强化学习库，该库提供了 DQN、PPO、A2C、DDPG 等常见强化学习算法的高度优化实现，旨在为用户提供一种简单易用、模块化且高效的方式，来实现和训练强化学习模型。

安装命令：

pip install stable-baselines3 -i https://pypi.tuna.tsinghua.edu.cn/simple

3. TensorFlow Agents

TensorFlow Agents 是专门为 TensorFlow 用户设计的强化学习库，它提供了一系列模块化工具，方便用户构建强化学习算法。它支持多种常见的强化学习算法，包括 DQN、PPO 和 REINFORCE 等。

安装命令：

pip install tf-agents -i https://pypi.tuna.tsinghua.edu.cn/simple

4. RLLib

RLLib 是一个基于 Ray 构建的分布式强化学习库，专门用于支持大规模强化学习训练。它实现了多种强化学习算法，并优化了大规模并行训练的性能，能够高效地处理复杂的多任务学习和高维度问题，广泛应用于机器人控制、自动驾驶等领域。

安装命令：

pip install rllib -i https://pypi.tuna.tsinghua.edu.cn/simple

5. Acme

Acme 是 Google 公司开发的强化学习框架，旨在为研究人员提供一个统一的接口，使他们能够方便地实现和实验各种强化学习算法。其设计简洁、易于扩展，并且支持多种环境和算法。Acme 的核心目标是为强化学习研究提供一个灵活的平台，帮助研究人员快速开展实验并开发不同的算法。

安装命令：

pip install acme -i https://pypi.tuna.tsinghua.edu.cn/simple

8.2.6　数据处理与分析

1. NumPy

NumPy 是一个用于数值计算的基础库，提供了高效的多维数组对象 ndarray 和一系列数学函数。它广泛应用于科学计算、数据分析、机器学习、信号处理、图像处理等领域。

同时，它还是许多高级库（如 Pandas、TensorFlow 等）的基础，为这些库提供了高效的数值计算能力。

安装命令：

pip install numpy -i https://pypi.tuna.tsinghua.edu.cn/simple

2. Pandas

Pandas 是一个功能强大的数据分析和处理库，专门设计用于处理结构化数据。它提供了两种核心数据结构：DataFrame 和 Series，分别用于高效地处理表格数据和一维数据。Pandas 在数据清洗、筛选、聚合、重塑和操作方面非常高效，是数据科学、人工智能以及大数据分析等领域的基础工具之一。

安装命令：

pip install pandas -i https://pypi.tuna.tsinghua.edu.cn/simple

3. Matplotlib

Matplotlib 是 Python 中最常用的基础绘图库之一，广泛用于数据可视化。它提供了多种图形类型的绘制方法，如折线图、散点图、柱状图、饼图和直方图等，能够帮助用户直观地展示数据。Matplotlib 主要用于 2D 图形绘制，同时也支持一些 3D 绘图功能。并且，它还可以与 NumPy、Pandas 等库配合使用，创建出更复杂且美观的数据图形展示。

安装命令：

pip install matplotlib -i https://pypi.tuna.tsinghua.edu.cn/simple

4. Seaborn

Seaborn 是一个基于 Matplotlib 的 Python 数据可视化库，专注于生成统计图形。它通过提供高级接口，简化了联合分布图、分类散点图、回归图和时间序列图等常见统计图表的绘制过程，同时优化了图形的美观性和可读性。

安装命令：

pip install seaborn -i https://pypi.tuna.tsinghua.edu.cn/simple

5. SciPy

SciPy 是一个功能强大的科学计算工具库，主要用于科学计算和数值处理。它基于 NumPy，并在其基础上提供了大量的算法和函数库，能够处理各种数值运算任务，如优化、积分、插值、统计分析和线性代数等，广泛应用于数据科学、工程分析、机器学习和物理模拟等领域。

安装命令：

pip install scipy -i https://pypi.tuna.tsinghua.edu.cn/simple

8.2.7　自动化与机器人学

1. Selenium

Selenium 是一个开源的自动化测试工具，主要用于 Web 应用程序的自动化测试。它能够模拟用户与网页的交互行为，如单击按钮、填写表单、导航页面等，从而帮助开发人员和测试人员确保 Web 应用程序的各项功能正常运行。

安装命令：

pip install selenium -i https://pypi.tuna.tsinghua.edu.cn/simple

2. PyAutoGUI

PyAutoGUI 是一个用于自动化控制鼠标和键盘操作的 Python 库。它能够模拟用户与计算机的交互过程，如单击鼠标、键盘输入、屏幕截图等操作，广泛应用于自动化测试、任务自动化和 GUI 自动化等场景。

安装命令：

pip install pyautogui -i https://pypi.tuna.tsinghua.edu.cn/simple

3. Appium

Appium 是一个开源的自动化测试框架，专门用于移动应用程序（iOS 和 Android）的自动化测试。它支持原生应用、混合应用和移动 Web 应用的测试，能够在真实设备和模拟器/仿真器上执行测试，广泛应用于自动化回归测试、功能测试等场景。

安装命令：

pip install Appium-Python-Client -i https://pypi.tuna.tsinghua.edu.cn/simple

4. rospy

rospy 是 ROS（Robot Operating System）中的 Python 接口库，用于在 Python 中编写 ROS 节点。它提供了与 ROS 系统进行通信和控制的功能，使得开发者能够利用 Python 语言轻松地开发机器人应用。rospy 支持多种功能，如节点创建、消息发送和接收、服务调用、参数管理等。开发者可以通过 rospy 与 ROS 系统进行交互，从而实现复杂的机器人任务。

ROS 是一个开源的机器人操作系统，它提供了一组软件库和工具，用于开发和控制机器人应用。ROS 并非传统意义上的操作系统，而是一个中间件平台，旨在简化机器人软件的开发与管理。它为开发人员提供了许多功能模块，使机器人能够执行感知、控制、规划、通信等复杂的任务。

5. PyRobot

PyRobot 是 Facebook AI Research（FAIR）开发的开源 Python 库，旨在简化机器人控制和编程工作。它为开发人员提供了一个与硬件交互的简便接口，允许开发人员通过 Python 脚本控制机器人的各项功能，如运动控制、视觉处理和感知等。PyRobot 支持多种常见的机器人平台（如 LoCoBot、Pioneer、Fetch 等），并能够执行导航、抓取、避障等基本任务。此外，它还集成了计算机视觉模块，可以通过摄像头进行物体检测、面部识别和环境感知等操作。

安装命令：

pip install pyrobot -i https://pypi.tuna.tsinghua.edu.cn/simple

6. PyBullet

PyBullet 是一个开源的物理引擎库，主要用于模拟机器人、物体和环境中的物理交互。它基于 Bullet Physics 引擎开发，支持碰撞检测、刚体动力学、关节模拟等物理现象，并能够进行高效的仿真。PyBullet 提供了 Python 接口，方便开发者在机器人学、计算机图形学、虚拟现实和强化学习等领域进行仿真实验和研究。

安装命令：

pip install pybullet -i https://pypi.tuna.tsinghua.edu.cn/simple

Python 在人工智能领域的广泛应用，很大程度上得益于其丰富的扩展库。这些库为开发者提供了强大且实用的工具，使他们能够高效地实现从数据处理、模型训练到应用部署的完整 AI 解决方案。

🔑 8.3　人工智能应用案例

8.3.1　人脸检测与表情识别

人脸检测和面部表情识别通常基于卷积神经网络（CNN）等深度学习方法，利用大量经过标注的面部图像进行训练，以捕捉面部的细微变化。这些变化包括面部特征点（如眉毛、眼睛、嘴巴等）的形状、位置和运动变化。通过分析这些特征，系统能够识别和分类不同的情感状态，如快乐、悲伤、愤怒、惊讶、恐惧、厌恶和中立等，这些情感状态与面部表情的变化密切相关。这项技术已广泛应用于情绪分析、心理健康监测、消费者行为研究以及人机交互等多个领域。

案例 8-1：开发一个基于深度学习框架 PyTorch 的面部表情与情感分类系统。

任务一：根据公开的 Emotion-Domestic 表情识别数据集，训练表情识别分类模型。

首先安装依赖：

pip install torch==2.7.0 torchvision==0.22.0 tqdm==4.6.7.1 -i https://pypi.tuna.tsinghua.edu.cn/simple

在 PyCharm 中新建 8-1-Trainer.py 文件，按照以下步骤编写代码并运行。

步骤 1：导入必须的 Python 扩展库。

```
1  import torch  # 导入 PyTorch 库的核心模块，用于构建和训练深度学习模型
2  import torch.nn as nn  # 导入 PyTorch 的神经网络模块，用于定义模型架构和损失函数
3  from torch.utils.data import DataLoader  # 导入 DataLoader 模块，用于批量加载数据
```

4	from torchvision import datasets, models, transforms　# 导入用于图像处理和预训练模型的模块
5	from torch.optim import Adam　# 导入 Adam 优化器，用于优化模型参数
6	from tqdm import tqdm　# 导入 tqdm，用于显示模型训练进度条

步骤 2：加载和预处理数据。

7	# 设备选择，检查是否有 GPU（即 CUDA）可用，若有则使用 GPU，否则使用 CPU
8	device = torch.device('cuda' if torch.cuda.is_available() else 'cpu')
9	# 超参数设置
10	batch_size = 32　# 每个训练批次使用 32 张图像
11	epochs = 10　# 总共训练 10 轮
12	learning_rate = 1e-4　# 设置学习率为 0.0001
13	# 图像预处理和增强
14	transform = transforms.Compose([
15	transforms.Resize(256),　# 将图像的较短边调整为 256 像素，保持纵横比
16	transforms.CenterCrop(224),　# 从图像中心裁剪出 224×224 的区域
17	transforms.ToTensor(),　# 将图像转换为 PyTorch 张量格式，便于模型处理
18	# 对图像进行标准化，基于 ImageNet 数据集的统计值
19	transforms.Normalize(mean=[0.485, 0.456, 0.406], std=[0.229, 0.224, 0.225])
20	])
21	# 加载训练数据集，数据集应按类别组织，每个子文件夹代表一个类别
22	train_dir = r'D:\PyEg\PyAI\emotion-domestic\train'　# 训练数据集的绝对路径
23	# 加载数据集并应用预处理
24	train_dataset = datasets.ImageFolder(root=train_dir, transform=transform)
25	train_loader = DataLoader(train_dataset, batch_size=batch_size, shuffle=True, num_workers=0)　# 创建数据加载器

步骤 3：训练表情识别分类模型。

26	# 加载预训练的 MobileNetV2 模型，并修改最后一层全连接层以适应 7 类表情分类
27	model = models.mobilenet_v2(weights='IMAGENET1K_V1')　# 加载预训练模型
28	num_facial_expression_classes = 7　# 设置分类数目为 7（7 种面部表情）
29	model.classifier[1] = nn.Linear(model.classifier[1].in_features, num_facial_expression_classes)　# 修改输出层
30	model = model.to(device)　# 将模型迁移到指定设备（GPU 或 CPU）
31	# 定义损失函数和优化器
32	criterion = nn.CrossEntropyLoss()　# 交叉熵损失函数，适用于多分类任务
33	optimizer = Adam(model.parameters(), lr=learning_rate)　# Adam 优化器，用于优化模型参数
34	# 训练模型
35	best_accuracy = 0.0　# 用于记录最佳准确率
36	for epoch in range(epochs):　# 遍历每个轮次
37	model.train()　# 将模型设置为训练模式
38	running_loss = 0.0　# 累积每个批次的损失
39	correct_preds = 0　# 记录正确预测的数量
40	total_preds = 0　# 记录总的预测数量

```
41        # 使用 tqdm 显示训练进度条
42        with tqdm(train_loader, desc=f'Epoch [{epoch+1}/{epochs}]', unit='batch') as pbar:
43            for i, (inputs, labels) in enumerate(pbar):
44                inputs, labels = inputs.to(device), labels.to(device)    # 将数据迁移到指定设备
45                # 前向传播与损失计算
46                optimizer.zero_grad()    # 清除之前迭代计算的梯度
47                outputs = model(inputs)    # 模型前向传播，得到预测结果
48                loss = criterion(outputs, labels)    # 根据模型输出与真实标签计算损失
49                # 反向传播和优化
50                loss.backward()    # 根据损失值对模型的参数进行反向传播，计算每个参数的梯度
51                optimizer.step()    # 根据计算出的梯度更新模型参数
52                # 更新损失和准确率
53                running_loss += loss.item()    # 累加当前批次的损失
54                pbar.set_postfix(loss=running_loss / (i + 1), accuracy=correct_preds / total_preds if to-
   tal_preds > 0 else 0)    # 更新进度条，显示当前的平均损失和准确率
55                # 计算预测结果和准确率
56                _, preds = torch.max(outputs, 1)    # 获取预测的类别标签
57                correct_preds += (preds == labels).sum().item()    # 累加正确预测的样本数量
58                total_preds += labels.size(0)    # 累加总预测样本数量
59        # 计算并显示当前轮次的训练准确率和平均损失
60        accuracy = correct_preds / total_preds    # 计算当前轮次的训练准确率
61        avg_loss = running_loss / len(train_loader)    # 计算当前轮次的平均损失
62        print(f'Epoch [{epoch+1}/{epochs}], Loss: {avg_loss:.4f}, Accuracy: {accuracy:.4f}')
63        # 如果当前准确率更高，则保存模型
64        if accuracy > best_accuracy:
65            best_accuracy = accuracy    # 更新最佳准确率
66            torch.save(model.state_dict(), 'mobilenet_facial_expression_model.pth')    # 保存模型
67    print('Training complete!')    # 训练完成后输出提示
```

```
Out  Epoch [1/10]: 100%|██████████| 1551/1551 [40:47<00:00,    1.58s/batch, accuracy=0.834, loss=0.474]
     Epoch [1/10], Loss: 0.4737, Accuracy: 0.8341
     Epoch [2/10]: 100%|██████████| 1551/1551 [34:23<00:00,    1.33s/batch, accuracy=0.914, loss=0.246]
     Epoch [2/10], Loss: 0.2458, Accuracy: 0.9144
     Epoch [3/10]: 100%|██████████| 1551/1551 [31:06<00:00,    1.20s/batch, accuracy=0.94, loss=0.174]
     Epoch [3/10], Loss: 0.1739, Accuracy: 0.9395
     Epoch [4/10]: 100%|██████████| 1551/1551 [41:33<00:00,    1.61s/batch, accuracy=0.955, loss=0.129]
     Epoch [4/10], Loss: 0.1291, Accuracy: 0.9549
     Epoch [5/10]: 100%|██████████| 1551/1551 [34:37<00:00,    1.34s/batch, accuracy=0.966, loss=0.0938]
     Epoch [5/10], Loss: 0.0938, Accuracy: 0.9661
     Epoch [6/10]: 100%|██████████| 1551/1551 [32:24<00:00,    1.25s/batch, accuracy=0.974, loss=0.0753]
     Epoch [6/10], Loss: 0.0753, Accuracy: 0.9741
     Epoch [7/10]: 100%|██████████| 1551/1551 [36:13<00:00,    1.40s/batch, accuracy=0.978, loss=0.0627]
     Epoch [7/10], Loss: 0.0627, Accuracy: 0.9775
     Epoch [8/10]: 100%|██████████| 1551/1551 [37:48<00:00,    1.46s/batch, accuracy=0.982, loss=0.0523]
     Epoch [8/10], Loss: 0.0523, Accuracy: 0.9818
```

```
Epoch [9/10]: 100%|███████████| 1551/1551 [31:30<00:00,  1.22s/batch, accuracy=0.984, loss=0.0507]
Epoch [9/10], Loss: 0.0507, Accuracy: 0.9837
Epoch [10/10]: 100%|██████████| 1551/1551 [31:04<00:00,  1.20s/batch, accuracy=0.986, loss=0.0468]
Epoch [10/10], Loss: 0.0468, Accuracy: 0.9856
Training complete!
```

经过步骤 1～3 的操作，预训练好的模型文件 "mobilenet_facial_expression_model.pth" 会保存在当前的工作目录中。例 8-1 采用了轻量级的深层神经网络 MobileNetV2 模型，在 Emotion-Domestic 表情识别数据集上对 49601 张图像进行了训练，历时约 6 小时，共训练了 10 轮。为方便读者后续操作，本书已提供训练完成后的预训练模型文件，读者可以直接下载并使用。

　　注意：首次运行程序时，控制台会显示 "Downloading:"https://download.pytorch.org/ models/mobilenet_D2_b10353104.pth" to C:\Users\chenz\.cache\torch\hub\checkpoints\mobilenet_D2_b0353104.pth" 的提示，若因网络或其他问题导致下载失败，则可以手动复制该 URL 至浏览器完成下载，并将文件保存至指定路径（如 C:\Users\chenzx\.cache\torch\hub\checkpoints\）。预训练模型成功写入本地缓存后，后续运行将自动跳过下载环节。

　　对于有兴趣进一步提升模型性能的读者，可以考虑采用增加训练样本量、使用更深层次的分类模型（如 ResNet18、ResNet34、ResNet50）、引入更多的数据增强策略、进行样本均衡处理、调整超参数或优化损失函数等方法加以改进。

　　任务二：导入照片，使用 Dlib 库进行精准的人脸检测，识别并裁剪出人脸区域。接着，加载任务一中生成的预训练模型文件，并利用训练好的模型进行面部表情识别。最后，借助 OpenCV 绘制检测到的人脸框，并在框的上方标注识别到的表情。

　　首先安装依赖：

```
pip install torch==2.7.0 torchvision==0.22.0 opencv-python==4.11.0.86 dlib-bin==19.24.6 pillow==11.2.1
-i https://pypi.tuna.tsinghua.edu.cn/ simple
```

　　在 PyCharm 中新建 8-1-PhotoClassifier.py 文件，按照以下步骤编写代码并运行。

　　步骤 1：导入必须的 Python 扩展库。

```
1  import cv2  # 导入 OpenCV 库，用于图像和视频处理
2  import dlib  # 导入 Dlib 库，用于人脸检测
3  import torch  # 导入 PyTorch 库，用于构建和训练深度学习模型
4  import torch.nn as nn  # 导入 PyTorch 的神经网络模块
5  from torchvision import transforms, models  # 导入预训练模型和数据变换工具
6  from PIL import Image  # 导入 PIL 库，用于图像的转换和处理
```

　　步骤 2：设备选择，检查是否有 GPU（即 CUDA）可用，若有则使用 GPU，否则使用 CPU。

```
7  device = torch.device('cuda' if torch.cuda.is_available() else 'cpu')
```

　　步骤 3：加载预训练的 MobileNetV2 模型，并修改最后一层（即输出层）以适应 7 类表情分类。

```
8  model = models.mobilenet_v2(weights='IMAGENET1K_V1')  # 加载预训练模型
```

9	num_facial_expression_classes = 7　　# 设置分类数目为 7（7 种面部表情）
10	model.classifier[1] = nn.Linear(model.classifier[1].in_features, num_facial_ expression_classes)　　# 修改模型分类器的输出层
11	model.load_state_dict(torch.load('mobilenet_facial_expression_model.pth', weights_only=True))　　# 加载自定义训练的模型权重
12	model = model.to(device)　　# 将模型迁移到指定设备（GPU 或 CPU）
13	model.eval()　　# 将模型设置为评估模式

步骤 4： 加载输入图片并进行灰度转换。

14	# 图像预处理和增强
15	transform = transforms.Compose([
16	transforms.Resize(256),　　# 将图像的较短边调整为 256 像素，保持纵横比
17	transforms.CenterCrop(224),　　# 从图像中心裁剪出 224×224 的区域
18	transforms.ToTensor(),　　# 将图像转换为 PyTorch 张量格式，便于模型处理
19	# 对图像进行标准化，基于 ImageNet 数据集的统计值
20	transforms.Normalize(mean=[0.485, 0.456, 0.406], std=[0.229, 0.224, 0.225])
21	])
22	image_path = r'D:\PyEg\PyAI\8-1-01.jpg'　　# 定义输入图片的路径和文件名
23	image = cv2.imread(image_path)　　# 使用 OpenCV 的 imread()函数读取图片
24	gray_image = cv2.cvtColor(image, cv2.COLOR_BGR2GRAY)　　# 转换为灰度图像，便于人脸检测

步骤 5： 使用 Dlib 库在灰度图像中检测人脸。

25	detector = dlib.get_frontal_face_detector()　　# 获取 dlib 提供的正面人脸检测器
26	faces = detector(gray_image)　　# 在灰度图像中检测人脸，返回检测到的所有人脸区域
27	if len(faces) == 0:
28	print('未检测到人脸！')　　# 如果没有检测到任何人脸，输出提示信息
29	else:
30	for face in faces:　　# 遍历每一张检测到的人脸
31	# 获取每张人脸的左上角坐标、宽度和高度
32	x, y, w, h = (face.left(), face.top(), face.width(), face.height())
33	# 根据坐标裁剪出检测到的人脸区域
34	face_image = image[y:y+h, x:x+w]

步骤 6： 对人脸区域进行预处理，准备输入模型。

35	# 将 OpenCV 格式的图像转换为 PIL 格式，以便后续进行预处理
36	face_pil = Image.fromarray(cv2.cvtColor(face_image, cv2.COLOR_BGR2RGB))
37	# 将处理后的图像转为 Tensor 并添加一个 batch 维度，迁移到 GPU（或 CPU）
38	input_tensor = transform(face_pil).unsqueeze(0).to(device)

步骤 7： 使用训练好的模型进行面部表情识别。

39	with torch.no_grad():　　# 禁用梯度计算，以节省内存和计算资源
40	# 将预处理后的图像输入到模型中，得到预测的表情类别的输出
41	outputs = model(input_tensor)

| 42 | # 获取输出中最大值的索引，作为预测的类别标签 |
| 43 | _, predicted_class = torch.max(outputs, 1) |

步骤 8：输出预测结果。

44	label_map = ['angry', 'disgust', 'fear', 'happy', 'neutral', 'sad', 'surprise']　# 表情映射列表
45	predicted_label = label_map[predicted_class.item()]　# 获取预测类别的标签
46	print(f'检测到的面部表情是: {predicted_label}')　# 输出识别的表情

步骤 9：在原始图像上绘制人脸框和表情标签，并显示处理后的图像。

47	# 在原始图像上绘制人脸框和表情标签
48	cv2.rectangle(image, (x, y), (x + w, y + h), (0, 255, 0), 2)　# 绘制人脸框
49	cv2.putText(image, predicted_label, (x, y - 10), cv2.FONT_HERSHEY_SIMPLEX, 1, (0, 0, 0), 2, cv2.LINE_AA)　# 绘制表情标签
50	# 使用 OpenCV 显示带有人脸框和表情标签的图像
51	cv2.imshow('Detected Face with Expression', image)
52	cv2.waitKey(0)　# 等待用户按任意键
53	cv2.destroyAllWindows()　# 关闭所有 OpenCV 创建的窗口
Out	检测到的面部表情是: happy

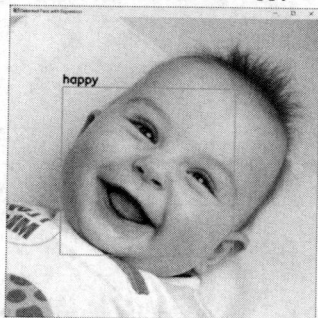

任务三：打开摄像头，使用 Dlib 库进行精准的人脸检测，识别并裁剪出人脸区域。接着，加载任务一中生成的预训练模型文件，并利用训练好的模型进行面部表情识别。最后，借助 OpenCV 绘制检测到的人脸框，并在框的上方标注识别到的表情。

在 PyCharm 中新建 8-1-VideoClassifier.py 文件，按照以下步骤编写代码并运行。

步骤 1：导入必须的 Python 扩展库。

```
1  import cv2  # 导入 OpenCV 库，用于图像和视频处理
2  import dlib  # 导入 Dlib 库，用于人脸检测
3  import torch   # 导入 PyTorch 库，用于构建和训练深度学习模型
4  import torch.nn as nn   # 导入 PyTorch 的神经网络模块
5  from torchvision import transforms, models  # 导入预训练模型和数据变换工具
6  from PIL import Image  # 导入 PIL 库，用于图像的转换和处理
```

步骤 2：设备选择，检查是否有 GPU（即 CUDA）可用，若有则使用 GPU，否则使用 CPU。

```
7  device = torch.device('cuda' if torch.cuda.is_available() else 'cpu')
```

步骤 **3**：加载预训练的 MobileNetV2 模型，并修改最后一层（即输出层）以适应 7 类表情分类。

8	model = models.mobilenet_v2(weights='IMAGENET1K_V1') # 加载预训练模型
9	num_facial_expression_classes = 7 # 设置分类数目为 7（7 种面部表情）
10	model.classifier[1] = nn.Linear(model.classifier[1].in_features, num_facial_expression_classes) # 修改模型分类器的输出层
11	model.load_state_dict(torch.load('mobilenet_facial_expression_model.pth', weights_only=True)) # 加载自定义训练的模型权重
12	model = model.to(device) # 将模型迁移到指定设备（GPU 或 CPU）
13	model.eval() # 将模型设置为评估模式

步骤 **4**：打开默认摄像头。

14	# 图像预处理和增强
15	transform = transforms.Compose([
16	transforms.Resize(256), # 将图像的较短边调整为 256 像素，保持纵横比
17	transforms.CenterCrop(224), # 从图像中心裁剪出 224×224 的区域
18	transforms.ToTensor(), # 将图像转换为 PyTorch 张量格式，便于模型处理
19	# 对图像进行标准化，基于 ImageNet 数据集的统计值
20	transforms.Normalize(mean=[0.485, 0.456, 0.406], std=[0.229, 0.224, 0.225])
21	])
22	cap = cv2.VideoCapture(0) # 打开默认摄像头

步骤 **5**：抓取一帧图像，进行灰度转换，并使用 Dlib 库在灰度图像中检测人脸。

23	detector = dlib.get_frontal_face_detector() # 获取 dlib 提供的正面人脸检测器
24	while True:
25	ret, frame = cap.read() # 从摄像头读取一帧视频
26	if not ret:
27	print('无法读取视频流') # 如果读取失败，则打印错误信息并退出循环
28	break
29	gray = cv2.cvtColor(frame, cv2.COLOR_BGR2GRAY) # 转换为灰度图像，便于人脸检测
30	faces = detector(gray) # 使用 dlib 人脸检测器检测图像中的人脸
31	for face in faces: # 遍历每一张检测到的人脸
32	# 获取每张人脸的左上角坐标、宽度和高度
33	x, y, w, h = (face.left(), face.top(), face.width(), face.height())
34	# 根据坐标裁剪出检测到的人脸区域
35	face_image = frame[y:y+h, x:x+w]

步骤 **6**：对人脸区域进行预处理，准备输入模型。

36	# 将 OpenCV 格式的图像转换为 PIL 格式，以便后续进行预处理
37	face_pil = Image.fromarray(cv2.cvtColor(face_image, cv2.COLOR_BGR2RGB))
38	# 将处理后的图像转为 Tensor 并添加一个 batch 维度，迁移到 GPU（或 CPU）
39	input_tensor = transform(face_pil).unsqueeze(0).to(device)

步骤 7：使用训练好的模型进行面部表情识别。

40	with torch.no_grad():　# 禁用梯度计算，以节省内存和计算资源
41	# 将预处理后的图像输入到模型中，得到预测的表情类别的输出
42	outputs = model(input_tensor)
43	# 获取输出中最大值的索引，作为预测的类别标签
44	_, predicted_class = torch.max(outputs, 1)

步骤 8：获得预测结果。

45	label_map = ['angry', 'disgust', 'fear', 'happy', 'neutral', 'sad', 'surprise']　# 表情映射列表
46	predicted_label = label_map[predicted_class.item()]　# 获取预测类别的标签

步骤 9：在原始视频上绘制人脸框和表情标签，并显示处理后的视频。

47	# 在原始视频上绘制人脸框和表情标签
48	cv2.rectangle(frame, (x, y), (x + w, y + h), (0, 255, 0), 2)　# 绘制人脸框
49	cv2.putText(frame, predicted_label, (x, y - 10), cv2.FONT_HERSHEY_SIMPLEX, 1, (0, 0, 0), 2, cv2.LINE_AA)　# 绘制表情标签
50	# 使用 OpenCV 显示带有人脸框和表情标签的实时视频
51	cv2.imshow('Detected Face with Expression', frame)
52	if cv2.waitKey(1) & 0xFF != 255:　# 等待用户按任意键
53	break
54	cap.release()　# 释放摄像头资源
55	cv2.destroyAllWindows()　# 关闭所有 OpenCV 创建的窗口

案例小结：

（1）增强异常处理：考虑到深度学习模型的复杂性，在模型加载和推理过程中很容易出现各种问题，尤其是数据不一致、内存不足等情况。因此，可以增加更多的异常处理机制，以确保程序的稳定性和鲁棒性，避免程序崩溃或错误输出。

（2）微表情检测：本案例对于微表情的检测，较为困难，因为微表情通常持续时间短，表现细腻且不易被察觉。为了提高识别精度，可以采用更复杂的深度学习模型（如卷积神经网络、长短时记忆网络等）。还可以使用专门针对微表情检测的模型，例如 EmoReact，来提高微表情的识别精度。

（3）面部表情识别技术目前仍然面临一些挑战，包括环境光线变化、个体差异（如年龄、性别、面部特征差异）、文化差异（不同文化背景下的表情表达方式不同）等，这些因素都会影响模型的泛化能力和准确性。不过，随着数据集的多样化和算法的不断优化，表情识别技术有望实现更高的精度。

8.3.2　文本情感分析

在公共管理、新闻传播和市场营销等领域，利用自然语言处理（NLP）技术进行舆情分析（Sentiment Analysis）是 Python 与人工智能结合的经典应用之一。舆情分析可以帮助政府、企业和组织了解公众对特定事件、产品、政策等的情感态度，从而为决策提供数据支持，优化沟通策略，并有效地应对社会动态和市场变化。

案例 8-2：利用 Transformers 库中的 BERT 模型进行产品评论的情感分类。

首先安装依赖：

pip install pandas==2.2.3 transformers==4.51.3 torch==2.7.0 -i https://pypi.tuna.tsinghua.edu.cn/simple

在 PyCharm 中新建 8-2.py 文件，按照以下步骤编写代码并运行。

步骤 1：导入必须的 Python 扩展库。

```
1  import os
2  #为了提升网络访问速度和稳定性，建议使用国内镜像站点 https://hf-mirror.com
3  os.environ['HF_ENDPOINT'] = 'https://huggingface.co'
4  os.environ['USE_TORCH'] = '1'   # 指定使用 PyTorch 作为深度学习框架
5  import pandas as pd
6  from transformers import pipeline
```

步骤 2：加载和预处理数据。

```
7   # 示例数据集，包含 5 条产品评价，数据集可以替换为 CSV 文件或其他数据来源
8   data = {
9       'text': [
10          'I love this product! It is amazing and works like a charm.',
12          'This is the worst service I have ever experienced.',
13          'I am so happy with the results!',
13          'I am very disappointed with the quality.',
14          'It is okay, not great but not terrible either.'
15      ]
16  }
17  df = pd.DataFrame(data)   # 转换为 Pandas DataFrame，方便后续操作
```

步骤 3：加载预训练模型。

本例将使用 Hugging Face 的 Transformers 库中的 BERT 模型来进行情感分析。

```
18  # 加载预训练的情感分析模型，该模型会对输入的文本进行情感分类（如积极或消极）
19  classifier = pipeline('sentiment-analysis')
```

步骤 4：进行情感分析。

使用预训练的情感分析模型对数据进行分析，并将结果添加到 DataFrame 中。

```
20  # 对每条文本进行情感分析，将情感标签（如'POSITIVE'或'NEGATIVE'）存入新的 sentiment 列
21  df['sentiment'] = df['text'].apply(lambda x: classifier(x)[0]['label'])
22  print(df)   # 输出带有情感分析结果的数据
```

```
Out                                        text sentiment
    0    I love this product! It is amazing and works l...   POSITIVE
    1    This is the worst service I have ever experien...   NEGATIVE
    2               I am so happy with the results!   POSITIVE
    3         I am very disappointed with the quality.   NEGATIVE
    4      It is okay, not great but not terrible either.   POSITIVE
```

案例小结：

（1）Hugging Face 提供了许多预训练模型，如 BERT、GPT 等，这些模型可以高效地处理情感分析任务。通过加载这些模型，可以简化情感分析流程并提高效率。本案例使用了轻量级的 DistilBERT 模型，它在减少计算资源消耗的同时，尽可能地保持了 BERT 的高性能。

（2）数据预处理在情感分析任务中至关重要。常见的预处理步骤包括去除不相关文本、停用词、特殊字符（如表情符号、HTML 标签）以及分词等，这些步骤能够有效地提升模型的效果。

8.3.3　波士顿房价预测

在统计领域，利用机器学习进行房价预测是 Python 与人工智能结合的经典应用之一。波士顿房价数据集是机器学习和数据分析领域中的经典数据集，被广泛地用于回归模型的训练和评估。该数据集包含了波士顿郊区房屋的 13 个特征变量，如城镇人均犯罪率、一氧化氮浓度、住宅平均房间数、到波士顿五个就业中心的加权距离、城镇师生比等。每个样本还对应着一个房价中位数，数据集共计包含 506 个房屋样本。通过这些特征，机器学习模型可以用于预测房价中位数，评估不同因素对房价的影响。

案例 8-3：波士顿房价预测。加载波士顿房价数据集，并进行数据预处理、特征工程、回归分析及模型评估，以预测房价并分析各特征对房价的影响。

首先安装依赖：

```
pip install pandas==2.2.3 matplotlib==3.10.1 scikit-learn==1.6.1 -i https://pypi.tuna.tsinghua.edu.cn/simple
```

在 PyCharm 中新建 8-3.py 文件，按照以下步骤编写代码并运行。

步骤 1：导入必须的 Python 扩展库。

```
1  import pandas as pd
2  import matplotlib.pyplot as plt
3  from sklearn.datasets import fetch_openml
4  from sklearn.model_selection import train_test_split
5  from sklearn.preprocessing import StandardScaler
6  from sklearn.linear_model import LinearRegression
7  from sklearn.metrics import mean_squared_error, r2_score
```

步骤 2：加载和预处理数据。

```
8   # 波士顿房价数据集是一个经典的数据集，包含房屋特征和对应的房价
9   data = pd.read_csv(r'D:\PyEg\PyAI\boston.csv')   # 为便于教学，建议直接加载本地房价数据集文件
10  # boston = fetch_openml(name='boston', version=1)
11  # data = pd.DataFrame(boston.data, columns=boston.feature_names)
12  # data['MEDV'] = boston.target
13  print(data.head())   # 显示数据的前几行，以便查看数据格式和特征
14  features = data.drop(columns=['MEDV'])   # 划分特征和目标变量
15  target = data['MEDV']   # 目标变量为 MEDV
16  # 将数据集拆分为训练集和测试集，其中 80%用于训练，20%用于测试
```

```
17  x_train, x_test, y_train, y_test = train_test_split(features, target, test_size=0.2, random_state=42)
18  # 数据标准化：使用 StandardScaler 对数据进行标准化处理，让每个特征的均值为 0，方差为 1
19  scaler = StandardScaler()
20  x_train = scaler.fit_transform(x_train)
21  x_test = scaler.transform(x_test)
```

步骤 3： 构建和训练线性回归模型。

```
22  model = LinearRegression()    # 初始化线性回归模型
23  model.fit(x_train, y_train)   # 训练线性回归模型
```

步骤 4： 进行预测。

```
24  y_pred = model.predict(x_test)    # 使用训练好的模型对测试集进行预测
25  # 计算模型的性能指标：均方误差（MSE）和决定系数（R2）
26  mse = mean_squared_error(y_test, y_pred)
27  r2 = r2_score(y_test, y_pred)
28  # 输出模型评估结果
29  print(f'Mean Squared Error (MSE): {mse:.2f}')
30  print(f'R2 Score: {r2:.2f}')
```

步骤 5： 可视化结果。

通过绘制实际值和预测值的对比图来评估模型的效果。

```
31  # 绘制实际房价与预测房价的对比图
32  plt.figure(figsize=(10, 6))
33  plt.scatter(y_test, y_pred, color='blue', label='Predicted vs Actual', alpha=0.7)
34  plt.plot([y_test.min(), y_test.max()], [y_test.min(), y_test.max()], 'k--', lw=3, label='Perfect Prediction')
    # 绘制预测的对角线
35  plt.xlabel('Actual House Prices')
36  plt.ylabel('Predicted House Prices')
37  plt.title('Actual vs Predicted House Prices')
38  plt.legend()
39  plt.grid(True)    # 添加网格，以便于观察
40  plt.show()
```

Out		CRIM	ZN	INDUS	CHAS	NOX	...	TAX	PIRATIO	B	LSTAT	MEDV
	0	0.00632	18.0	2.31	0	0.538	...	296	15.3	396.90	4.98	24.0
	1	0.02731	0.0	7.07	0	0.469	...	242	17.8	396.90	9.14	21.6
	2	0.02729	0.0	7.07	0	0.469	...	242	17.8	392.83	4.03	34.7
	3	0.03237	0.0	2.18	0	0.458	...	222	18.7	394.63	2.94	33.4
	4	0.06905	0.0	2.18	0	0.458	...	222	18.7	396.90	5.33	36.2

```
[5 rows x 14 columns]
Mean Squared Error (MSE): 24.29
R2 Score: 0.67
```

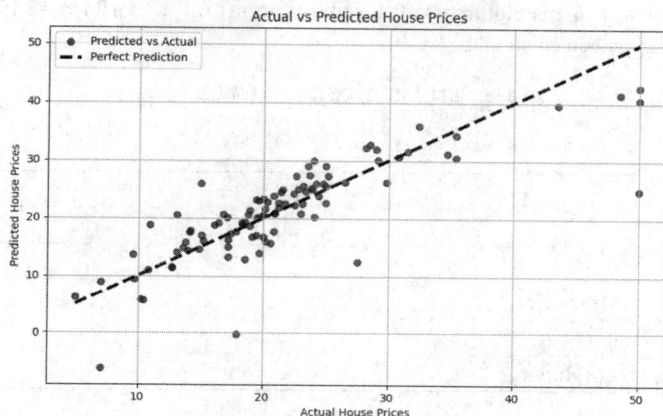

案例小结：

（1）线性回归是回归分析中的一种经典方法，通常用于预测目标变量与一个或多个特征之间的线性关系。在特征与目标变量存在线性关系时，线性回归具有较好的表现，其简单性和可解释性使其在实际应用中得到了广泛使用。

（2）对于复杂或非线性关系，线性回归可能表现不佳。此时，像随机森林回归、梯度提升回归（如 XGBoost、LightGBM）以及神经网络等更复杂的模型能够更好地捕捉数据中的非线性模式，从而提升预测精度。

（3）数据预处理对模型的性能至关重要。标准化（特征缩放）有助于模型更快地收敛，尤其是在使用梯度下降法等优化算法时；缺失值处理则可以解决模型训练中出现数据不完整的问题，从而提升预测准确性。此外，其他预处理方法，如异常值处理和特征选择，也是确保模型性能的关键步骤。

（4）模型评估指标是衡量模型效果的重要标准。例如，均方误差（MSE）反映了预测值与真实值之间的差距，较低的 MSE 表明模型预测更为精准；R^2 衡量模型对目标变量变异的解释能力，通常 R^2 越接近 1，模型的拟合度就越好。根据不同的应用场景，选择合适的评估指标可以帮助判断模型是否有效。

8.3.4　股票价格预测

在金融和经济领域，利用机器学习预测股票价格是 Python 与人工智能结合的经典应用之一。股票价格预测是一个高度复杂且具有挑战性的任务，因为金融市场受到多种因素的影响，如宏观经济数据、公司财务状况、市场情绪等。尽管无法做到完全准确地预测，但通过机器学习技术，尤其是利用历史数据，能够识别出某些潜在的模式和趋势，从而为投资决策提供参考。机器学习方法，如回归分析、时间序列分析、神经网络等，已经在金融预测中得到了广泛应用，帮助投资者分析市场走势并做出决策。

案例 8-4：利用深度学习中的 LSTM（Long Short-Term Memory，长短期记忆网络）模型，基于历史股票价格数据预测未来的收盘价。

首先安装依赖：

pip install pandas==2.2.3 numpy==2.1.3 matplotlib==3.10.1 scikit-learn==1.6.1 tensorflow==2.19.0 ke-ras==3.9.2 -i https://pypi.tuna.tsinghua.edu.cn/simple

在 PyCharm 中，新建 8-4.py 文件，然后按照以下步骤编写代码并运行。

步骤 1：导入必须的 Python 扩展库。

```
1  import numpy as np
2  import pandas as pd
3  import matplotlib.pyplot as plt
4  from sklearn.preprocessing import MinMaxScaler
5  from keras.api.models import Sequential
6  from keras.api.layers import Dense, LSTM, Input
```

（1）numpy：用于数值计算，特别擅长处理大规模数据和矩阵运算。

（2）pandas：强大的数据处理与分析工具，尤其适用于结构化数据（如表格数据），并对时间序列数据有很好的支持。

（3）matplotlib.pyplot：用于绘制静态图表，如折线图、柱状图、散点图等，便于进行数据可视化。

（4）MinMaxScaler：用于数据归一化，将数据值压缩到指定范围（通常是[0, 1]），适用于处理不同量纲的数据。

（5）keras.api.models.Sequential：一种逐层堆叠的神经网络模型，常用于设计线性结构的神经网络（如全连接层、卷积层、LSTM 层等）。

（6）keras.api.layers.Dense, LSTM 包含：

- Dense 层：全连接层，每个神经元与前一层的所有神经元连接，常用于构建全连接神经网络。
- LSTM 层：长短期记忆层，专门处理序列数据，尤其适用于捕捉时间序列中的长期依赖信息。

步骤 2：加载和预处理数据。

```
7   # 从本地 CSV 文件读取股票数据并加载到 DataFrame 中，可替换为 yfinance 或 akshare 等方式获取数据
8   df = pd.read_csv(r'D:\PyEg\PyAI\stocks.csv')
9   data = df[['close']]   # 选择 df 数据中的 close 列（即股票的收盘价列）作为模型的预测目标
10  # 神经网络对数据的范围敏感，归一化有助于提升模型训练效果
11  scaler = MinMaxScaler(feature_range=(0, 1))   # 初始化归一化器，将数据缩放到[0, 1]范围内
12  scaled_data = scaler.fit_transform(data)   # 对收盘价数据进行归一化
13  train_data_len = int(len(scaled_data) * 0.8)   # 将数据集划分为训练集和测试集
14  train_data = scaled_data[:train_data_len]   # 通常使用 80%的数据作为训练集
15  test_data = scaled_data[train_data_len:]   # 剩下的 20%作为测试集
16  # 定义函数，将数据集转换为 LSTM 模型所需的格式。LSTM 模型需要一个时间窗口作为输入
17  def create_dataset(data, look_back=60):   # 默认使用过去 60 天的数据来预测当天的收盘价
18      x, y = [], []
19      for i in range(look_back, len(data)):
20          x.append(data[i-look_back:i, 0])   # 提取过去 look_back 天的数据作为输入特征 x
```

21	y.append(data[i, 0])　　# 提取当天的收盘价作为目标值 y
22	return np.array(x), np.array(y)
23	
24	look_back = 60　　# 使用过去 60 天的数据来进行预测
25	x_train, y_train = create_dataset(train_data, look_back)　# 创建训练集的特征和目标
26	x_test, y_test = create_dataset(test_data, look_back)　# 创建测试集的特征和目标
27	# 调整数据形状以适应 LSTM 模型的输入要求
28	x_train = np.reshape(x_train, (x_train.shape[0], x_train.shape[1], 1))
29	x_test = np.reshape(x_test, (x_test.shape[0], x_test.shape[1], 1))

np.reshape：LSTM 模型需要输入三维数据，形状为(samples, timesteps, features)：

（1）samples（样本数量）：表示数据集中独立的数据样本（或实例）的数量。在训练集或测试集中，每个样本都是一个独立的时间序列。在本例中，samples 的值为训练集（或测试集）中的样本数量。

（2）timesteps（时间步数）：表示每个样本中的时间步数，即每个样本的时间序列长度。在本例中，设置了 look_back = 60，表示每个样本有过去 60 天的收盘价作为输入数据。因此，timesteps 的值为 60，模型会基于过去 60 天的数据来进行预测。

（3）features（特征数）：每个时间步的特征数量。在本例中，每个时间步只有一个特征——即当天的股票收盘价。因此，features 的值为 1。可以根据需求增加更多特征，例如开盘价、最高价、最低价等。

步骤 3：构建和训练 LSTM 模型。

LSTM 是一种适合处理时间序列数据（如股票、气温等）的循环神经网络模型，能够有效捕捉序列中的长期依赖关系，而全连接层则用于进一步精细化预测。

30	model = Sequential()　# 构建 LSTM 模型。初始化一个顺序模型，即逐层堆叠
31	# 输入层，输入的数据形状为(look_back, 1)，即过去 look_back 天的收盘价
32	model.add(Input(shape=(look_back, 1)))
33	# 添加第一个 LSTM 层，使用 50 个单元，返回每个时间步的输出，将整个序列的输出传递到下一层
34	model.add(LSTM(units=50, return_sequences=True))
35	# 添加第二个 LSTM 层，使用 50 个单元，只返回最后一个时间步的输出
36	model.add(LSTM(units=50, return_sequences=False))
37	model.add(Dense(units=25))　# 添加全连接层，有 25 个神经元，进一步处理 LSTM 层提取的特征
38	model.add(Dense(units=1))　# 添加输出层，只有一个神经元，输出预测收盘价
39	# 编译模型，使用 Adam 优化器，损失函数为均方误差（MSE）
40	model.compile(optimizer='adam', loss='mean_squared_error')
41	# 训练模型，使用 1 个样本批次，训练 1 轮。通常需训练更多轮次，这里仅训练 1 轮用作演示
42	model.fit(x_train, y_train, batch_size=1, epochs=1)

LSTM 模型分为四个层次：输入层、LSTM 层、全连接层和输出层。

（1）输入层：输入的数据形状为(look_back, 1)，即过去 60 天（look_back=60）的收盘价。look_back 通常指的是历史数据的天数或时间步数，这里的 1 表示每个时间步只有一个特征即收盘价。

（2）LSTM 层包含如下两层。

- 第一层：该层有 50 个 LSTM 单元，所有时间步的输出都被传递到下一层。
- 第二层：该层有 50 个 LSTM 单元，仅返回最后一个时间步的输出。

（3）全连接层：该层有 25 个神经元，用于从 LSTM 层得到的特征中提取更复杂的模式，将其转化为最终预测的输出。

（4）输出层：该层只有 1 个神经元，输出预测的收盘价。该层会将前面所有层的输出映射到一个单一的预测值上。

这个模型的主要优势在于 LSTM 层能记住长期和短期的时间依赖关系，这对于预测时间序列数据（如股票、气温等）尤其有效。

步骤 4：进行预测。

使用训练好的模型进行预测，并将预测结果通过反归一化转换为实际的股票价格。

```
43  predictions = model.predict(x_test)   # 使用训练好的模型对测试集数据进行预测
44  # 反归一化预测结果，将预测值从[0, 1]范围恢复到原始数据范围
45  predictions = scaler.inverse_transform(predictions)
46  # 计算预测结果与实际值之间的均方误差（MSE）来评估模型的性能
47  mse = np.mean((predictions - scaler.inverse_transform([y_test]))**2)
48  print(f'Mean Squared Error: {mse}')
```

步骤 5：可视化结果。

通过绘制实际值与预测值的对比图来评估模型的性能。

```
49  train = data[:train_data_len]   # 获取训练集的实际收盘价
50  # 获取测试集的实际收盘价，并确保与预测值长度一致
51  valid = data[train_data_len:].iloc[look_back:].copy()
52  valid['Predictions'] = predictions   # 将预测结果添加到测试集
53  valid.index = df.index[train_data_len + look_back:]   # 确保测试集的索引与原始数据对齐
54  # 绘制股价变化图，显示训练集、实际值和预测值
55  plt.figure(figsize=(16, 8))
56  plt.title('Stock price prediction based on LSTM')
57  plt.xlabel('Date')
58  plt.ylabel('Close Price USD ($)')
59  plt.plot(train['close'])
60  plt.plot(valid[['close', 'Predictions']])
61  plt.legend(['Train', 'Val', 'Predictions'], loc='lower right')   # 图例标注
62  plt.show()   # 显示绘制的图表
```

```
Out  524/524 ━━━━━━━━━━━━━━━━━━━━━━━ 6s 9ms/step - loss: 0.0167
     3/3 ━━━━━━━━━━━━━━━━━━━━━━━ 0s 84ms/step
     Mean Squared Error: 10.14931567862357
```

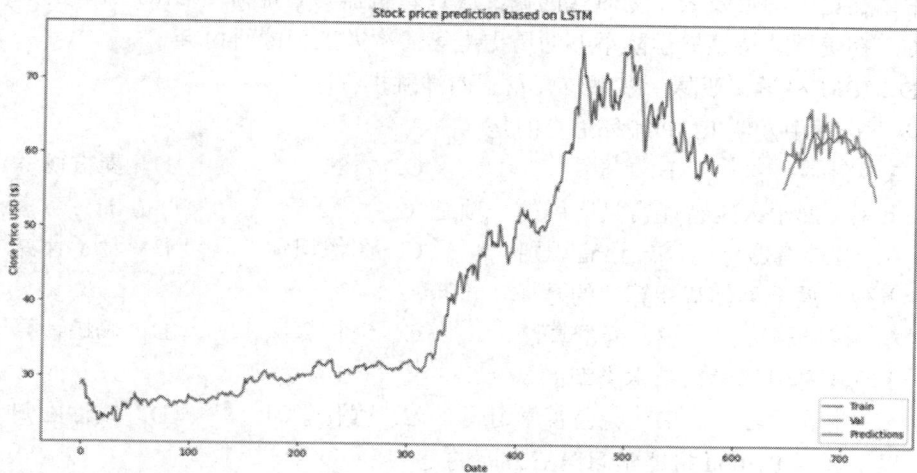

Stock price prediction based on LSTM

案例小结：

（1）股票价格预测是一个复杂的问题，受多种因素的影响，因此，模型的预测结果可能存在较大误差。

（2）为了提高预测精度，实际应用中通常需要引入更多特征（如交易量、技术指标等）和更复杂的模型（如深度神经网络、强化学习等）。

（3）本案例中的 LSTM 模型仅使用了单一特征（收盘价），但在实际应用中，可以利用更多的时间序列数据进行模型训练，以提升预测效果。

（4）在金融领域，风险控制和多样化投资策略同样至关重要，决策不应单纯依赖模型的预测结果。

🔑 本章习题

8.1　人工智能的目标是（　　　）。

　　A．使机器能够像人类一样思考和决策

　　B．使机器能够执行重复性任务

　　C．使机器能够感知外部环境

　　D．使机器能够解决数学问题

8.2　以下选项中被称为"计算机科学之父""人工智能之父"的是（　　　）。

　　A．爱迪生　　　　　B．图灵　　　　　　C．塞缪尔　　　　　　D．AlphaGo

8.3　以下选项中被称为"鼠标之父"的是（　　　）。

　　A．恩格尔巴特　　　B．爱迪生　　　　　C．AlphaZero　　　　D．卡斯帕罗夫

8.4　人工智能学科正式诞生的标志性事件是（　　　）。

　　A．麦卡洛克和皮茨合作提出了历史上首个用于模拟生物神经元行为的 M-P 神经元模型

B. 艾伦·图灵发表了划时代的论文《计算机器与智能》，提出了著名的"图灵测试"

C. 在美国达特茅斯学院举办的历史上第一次人工智能研讨会

D. IBM 科学家亚瑟·塞缪尔开发了西洋跳棋程序

8.5　以下选项中发明 LISP 编程语言的是（　　　）。

　　A. 图灵　　　　　B. 辛顿　　　　　　C. 香农　　　　　　D. 麦肯锡

8.6　下列不属于人工智能常见应用的一项是（　　　）。

　　A. 智能客服　　　B. 语音识别　　　　C. 图像识别　　　　D. 量子计算

8.7　下列不属于群体智能算法的是（　　　）。

　　A. 蚁群算法　　　B. 蜂群算法　　　　C. 遗传算法　　　　D. 蝙蝠计算

8.8　下列不是机器学习基本类型的是（　　　）。

　　A. 监督学习　　　B. 无监督学习　　　C. 强化学习　　　　D. 线性回归

8.9　以下属于 Python 机器学习第三方库的是（　　　）。

　　A. jieba　　　　　B. SnowNLP　　　　C. loso　　　　　　D. sklearn

8.10　以下不属于 Python 深度学习第三方库的是（　　　）。

　　A. TensorFlow　　B. PyTorch　　　　C. spaCy　　　　　　D. Fast.ai

8.11　下列不属于自然语言处理（NLP）常见任务的是（　　　）。

　　A. 情感分析　　　B. 图像识别　　　　C. 语义分析　　　　D. 机器翻译

8.12　以下选项中不属于 Python 计算机视觉的第三方库的是（　　　）。

　　A. OpenCV　　　B. SciPy　　　　　C. Torchvision　　　D.　　Dlib

8.13　以下选项中不属于 Python 数据分析的第三方库的是（　　　）。

　　A. NumPy　　　　B. SciPy　　　　　C. Pandas　　　　　D. requests

8.14　以下属于自动化与机器人学第三方库的是（　　　）。

　　A. spaCy　　　　B. PyRobot　　　　C. Pandas　　　　　D. OpenCV

8.15　以下属于 Python Web 开发框架第三方库的是（　　　）。

　　A. Panda3D　　　B. cocos2d　　　　C. Pygame　　　　　D. Flask

8.16　长短期记忆网络 LSTM 最适合用于处理的数据是（　　　）。

　　A. 时序数据　　　B. 文本数据　　　　C. 图像数据　　　　D. 语音数据

8.17　根据智能水平的不同，人工智能通常可以分为_____、_____和_____。

8.18　人工智能的三大流派是_____、_____和_____。

8.19　人工智能的三大核心要素是_____、_____和_____。

8.20　人工智能主要研究方向有哪些？

8.21　人工智能主要研究内容有哪些？

附　　录

🔑 附录 A　标准 ASCII 字符集

十进制	十六进制	符号	解释	十进制	十六进制	符号	十进制	十六进制	符号	十进制	十六进制	符号
0	0	NUL	空字符/终止符	32	20		64	40	@	96	60	`
1	1	SOH	标题开始	33	21	!	65	41	A	97	61	a
2	2	STX	正文开始	34	22	"	66	42	B	98	62	b
3	3	ETX	正文结束	35	23	#	67	43	C	99	63	c
4	4	EOT	传输结束	36	24	$	68	44	D	100	64	d
5	5	ENQ	查询	37	25	%	69	45	E	101	65	e
6	6	ACK	确认	38	26	&	70	46	F	102	66	f
7	7	BEL	响铃	39	27	'	71	47	G	103	67	g
8	8	BS	退格符	40	28	(	72	48	H	104	68	h
9	9	HT	水平制表符	41	29	)	73	49	I	105	69	i
10	0A	LF	换行符	42	2A	*	74	4A	J	106	6A	j
11	0B	VT	垂直制表符	43	2B	+	75	4B	K	107	6B	k
12	0C	FF	换页符	44	2C	,	76	4C	L	108	6C	l
13	0D	CR	回车符	45	2D	-	77	4D	M	109	6D	m
14	0E	SO	移出	46	2E	.	78	4E	N	110	6E	n
15	0F	SI	移入	47	2F	/	79	4F	O	111	6F	o
16	10	DLE	数据链路转义	48	30	0	80	50	P	112	70	p
17	11	DC1	设备控制 1	49	31	1	81	51	Q	113	71	q
18	12	DC2	设备控制 2	50	32	2	82	52	R	114	72	r
19	13	DC3	设备控制 3	51	33	3	83	53	S	115	73	s
20	14	DC4	设备控制 4	52	34	4	84	54	T	116	74	t
21	15	NAK	否定应答	53	35	5	85	55	U	117	75	u
22	16	SYN	同步空闲	54	36	6	86	56	V	118	76	v
23	17	ETB	传输块结束	55	37	7	87	57	W	119	77	w
24	18	CAN	取消	56	38	8	88	58	X	120	78	x
25	19	EM	介质结束	57	39	9	89	59	Y	121	79	y
26	1A	SUB	替换	58	3A	:	90	5A	Z	122	7A	z
27	1B	ESC	换码符	59	3B	;	91	5B	[	123	7B	{
28	1C	FS	文件分隔符	60	3C	<	92	5C	\	124	7C	|
29	1D	GS	组分隔符	61	3D	=	93	5D	]	125	7D	}
30	1E	RS	记录分离符	62	3E	>	94	5E	^	126	7E	~
31	1F	US	单元分隔符	63	3F	?	95	5F	_	127	7F	

🔑 附录 B　常用内置函数速查表

	函数	功能描述
输入输出	eval(source)	计算字符串形式的表达式并返回计算结果
	input(prompt='')	获取键盘输入的内容，以字符串形式返回。prompt 为提示信息，默认为空字符串
	open(file, mode='r')	以指定的模式打开文件并返回文件对象
	print(*args, sep='', end='\n')	输出多个对象到控制台，其中 sep 参数表示分隔符，end 参数用于指定全部对象输出后的结束符
数学相关	abs(x)	如果 x 是整数或浮点数，返回其绝对值；如果 x 是复数（如 a+bj），则返回其模，即 $\sqrt{a^2 + b^2}$
	divmod(x, y)	返回一个元组(x // y, x % y)，其中包含 x 除以 y 的整商和余数
	max(iterable, *[, key=func]) max(arg1, arg2, …, *[, key=func])	返回可迭代对象 iterable 中的最大元素或若干个位置参数中的最大值。可以使用 key 参数指定比较规则
	min(iterable, *[, key=func]) min(arg1, arg2, …, *[, key=func])	返回可迭代对象 iterable 中的最小元素或若干个位置参数中的最小值。可以使用 key 参数指定比较规则
	pow(x, y)	返回 x 的 y 次幂，即 x^y
	round(x, ndigits=None)	返回浮点数 x 的四舍五入值。如果未指定 ndigits，则默认值为 None，此时返回 x 四舍五入后的整数；如果 ndigits 不为 None，则返回 x 四舍五入保留 ndigits 位小数后的浮点数，并省略无意义的零，但至少保留一个零，以确保返回值为浮点型；如果 x 本身是整数，则直接返回 x
	sum(iterable, start=0)	返回初始值 start 与可迭代对象 iterable 中所有元素的和。如果未指定 start，则默认值为 0
类型转换	bin(x)	返回整数 x 转换后的二进制字符串，以'0b'或'-0b'开头
	bool(x)	如果 x 等价于 True，则返回 True，否则返回 False
	chr(i)	返回指定 Unicode 码点对应的字符。chr()函数和 ord()函数互为逆操作
	complex(x[, y])	返回一个实部为 x，虚部为 y 的复数。如果 y 未指定，则虚部默认值为 0。该函数还可以将复数字符串转换为对应的复数
	dict(iterable=())	创建空字典或将可迭代对象转换为字典
	float(x)	返回字符串或整数 x 对应的浮点数
	frozenset(iterable=())	创建冻结集合或将可迭代对象转换为冻结集合
	hex(x)	返回整数 x 转换后的十六进制字符串，以'0x'或'-0x'开头
	int([x])	将数字或布尔值转换为十进制整数。如果 x 是整数，返回其对应的十进制值；如果 x 是浮点数，返回去掉小数部分后的整数（截断操作）；如果 x 是布尔值，当 x 为 True 时返回 1，x 为 False 时返回 0
	int(x, base=10)	将字符串 x 转换为指定进制的整数，并返回对应的十进制整数。base 参数用于指定 x 的进制，默认值为 10，表示将 x 视为十进制数；当 base 为 0 时，表示根据字符串 x 的前缀自动识别进制

续表

	函数	功能描述
类型转换	list(iterable=())	创建空列表或将可迭代对象转换为列表
	oct(x)	返回整数 x 转换后的八进制字符串，以'0o'或'-0o'开头
	ord(c)	返回指定字符的 Unicode 码点
	set(iterable=())	创建空集合或将可迭代对象转换为集合
	str(obj=")	返回对象 obj 转换后的字符串
	tuple(iterable=())	创建空元组或将可迭代对象转换为元组
序列相关	all(iterable)	判断可迭代对象（如列表或元组）中的所有元素是否都等价于 True。如果可迭代对象为空或所有元素都等价于 True，则返回 True；否则返回 False
	any(iterable)	判断可迭代对象（如列表或元组）中是否至少有一个元素等价于 True。如果有任何一个元素等价于 True，则返回 True；否则返回 False
	len(obj)	返回对象（如字符串、列表、元组、字典、集合等）的长度或元素数量
	range([start=0,] stop[, step=1])	返回 range 对象，包含左闭右开区间[start, stop)内步长为 step 的整数序列
	reversed(seq)	返回 seq 中所有元素逆序后的迭代器
	sorted(iterable, key=None, reverse=False)	返回排序后的新列表，其中 iterable 表示要排序的可迭代对象，key 用于指定排序规则，reverse 用于指定升序或降序，默认为升序
迭代相关	enumerate(iterable, start=0)	将可迭代对象（如列表、元组、字符串等）中的元素与递增的编号配对，并返回一个包含编号和值元组的 enumerate 对象。start 参数用于指定编号的起始值，默认值为 0
	filter(function, iterable)	使用 function 函数过滤可迭代对象 iterable（如列表、元组、字符串等）中的元素，并返回 filter 对象，其中包含所有使得 function 函数返回值等价于 True 的元素
	map(function, *iterable)	返回一个包含若干个函数值的 map 对象，function 函数的参数来自于一个或多个可迭代对象 iterable（如列表、元组、字符串等）。map 对象可以通过 list()函数转换为列表
	zip(*iterables)	将一个或多个可迭代对象（如列表、元组、字符串等）中的元素按位置配对成元组，并返回包含这些元组的 zip 对象。生成的元组数量取决于所有可迭代对象中最短的对象长度
其他	hash(obj)	返回对象（数字、字符串、布尔值、元组、冻结集合等不可变对象）的哈希值。哈希值只跟对象的值相关，如果两个对象的值相等，则它们的哈希值必定相同。但由于 Python 3.x 引入随机化哈希种子，因此相同字符串的哈希值可能不同
	help(obj)	返回对象的帮助信息
	id(obj)	返回对象的唯一标识符
	type(obj)	返回对象的类型，在调试和代码审查过程中非常有用

附录 C　常用方法速查表

	方法	功能描述
列表	append(object)	将一个元素添加到列表末尾。该方法会直接修改原列表，无返回值
	clear()	清空列表中的所有元素，列表将变为空列表
	copy()	返回列表的浅拷贝，新列表中的元素仍然引用原列表中的元素
	count(value)	返回指定元素在列表中出现的次数
	extend(iterable)	将一个可迭代对象中的所有元素逐个添加到列表末尾。与之不同的是，append()方法则是将传入的整个对象作为一个独立的元素添加到列表末尾
	index(value, start=0, stop=9223372036854775807)	返回列表中指定范围内第一次匹配到的指定元素的索引位置。如果指定元素不存在，则抛出 ValueError 异常
	insert(index, object)	在指定索引位置插入元素，该位置及之后的元素将自动后移。如果索引超出列表的有效范围，元素将被添加到列表末尾
	pop(index=-1)	移除并返回列表中指定索引位置的元素（默认是最后一个）。如果索引越界或列表为空，则抛出 IndexError 异常
	remove(value)	移除列表中第一个匹配到的指定元素。如果指定元素不存在，则抛出 ValueError 异常
	reverse()	反转（即逆序）列表中元素的顺序。该方法会直接修改原列表
	sort(key=None, reverse=False)	对列表进行原地排序。key 用于指定一个单参数函数作为排序规则；reverse 用于指定排序顺序，默认值为 False（升序排列），True 表示降序排列
字典	clear()	清空字典中的所有元素，字典将变为空字典
	fromkeys(iterable, value=None)	返回一个新字典，字典的键来自可迭代对象 iterable，value 用于指定所有键对应的值，默认值为 None
	get(key, default=None)	返回字典中指定键对应的值。如果该键不存在，则返回 default 值
	items()	返回一个包含所有键值对的视图对象，支持迭代但不支持索引、切片
	keys()	返回一个包含所有键的视图对象，支持迭代但不支持索引、切片
	pop(key[, default])	移除字典中指定键对应的项，并返回该项的值。如果指定的键不存在但提供了 default，则返回 default 值，否则抛出 KeyError 异常
	popitem()	移除字典中的最后一项，并返回被移除的键值对元组。如果字典为空，则抛出 KeyError 异常
	setdefault(key, default=None)	返回字典中指定键对应的值。如果该键不存在，则将 key: default 键值对插入字典并返回 default 值
	update([E,]**F)	将映射类型对象（如字典）或者包含键值对的可迭代对象（如列表、元组等）整合到当前字典中，或传入关键字参数更新字典
	values()	返回一个包含所有值的视图对象，支持迭代但不支持索引、切片

续表

	方法	功能描述
集合	add(object)	向集合中添加一个元素。如果元素已存在，则不做任何操作
	clear()	清空集合中的所有元素，集合将变为空集合
	discard(object)	从集合中移除指定元素。即使元素不存在，也不会抛出异常
	pop()	移除并返回集合中的任意一个元素。如果集合为空，则抛出 KeyError 异常
	remove(object)	从集合中移除指定元素。如果元素不存在，则抛出 KeyError 异常
	update(*others)	将可迭代对象（如字符串、列表、元组、字典、集合等）中的所有元素添加到集合中
字符串	capitalize()	将字符串的首字符转换为大写，其余字母转换为小写。如果首字符是数字或符号，则首字符保持不变
	count(sub[, start[, end]])	返回子串 sub 在主串指定范围内出现的次数
	encode(encoding='utf-8')	返回字符串转换成的字节串
	endswith(suffix[, start[, end]])	判断字符串指定范围的子串是否以指定的后缀结尾，如果是则返回 True，否则返回 False
	find(sub[, start[, end]])	在主串指定范围内查找子串 sub 首次出现的索引位置并返回该索引。如果查找失败，则返回-1
	format(*args, **kwargs)	通过占位符{}和传递的参数格式化字符串并返回该字符串
	index(sub[, start[, end]])	在主串指定范围内查找子串 sub 首次出现的索引位置并返回该索引。如果查找失败，则会抛出 ValueError 异常
	isalnum()	判断字符串是否非空且仅由字母（包括英文、汉字、日文等）和数字（包括罗马数字、汉字数字、Unicode 数字及全角数字）组成，若是则返回 True，否则返回 False
	isalpha()	判断字符串是否非空且仅由字母（包括英文、汉字、日文等）组成，若是则返回 True，否则返回 False
	isdigit()	判断字符串是否非空且仅由 0 到 9 的数字组成，若是则返回 True，否则返回 False
	islower()	判断字符串是否至少包含一个区分大小写的字符且此类字符均为小写，若是则返回 True，否则返回 False
	isnumeric()	判断字符串是否非空且仅由数字组成（包括罗马数字、汉字数字、Unicode 数字及全角数字），若是则返回 True，否则返回 False
	isspace()	判断字符串是否非空且仅由空白符（如空格、换行符\n、回车符\r、水平制表符\t、垂直制表符\v、换页符\f）组成，若是则返回 True，否则返回 False
	isupper()	判断字符串是否至少包含一个区分大小写的字符且此类字符均为大写，若是则返回 True，否则返回 False
	join(iterable)	将可迭代对象中的所有元素（须为字符串）连接成一个新字符串并返回该字符串，当前字符串作为元素之间的连接符
	lower()	将字符串中的所有大写字母转换为小写字母
	lstrip(chars=None)	移除字符串开头（左侧）指定的字符（默认移除空白符）
	replace(old, new, count=-1)	替换字符串中的子串 old 为新子串 new，count 用于指定最多替换的次数，默认替换所有匹配项

续表

	方法	功能描述
字符串	rstrip(chars=None)	移除字符串结尾（右侧）指定的字符（默认移除空白符）
	split(sep=None, maxsplit=-1)	根据指定的分隔符 sep 将字符串分割（即拆分）成多个子串，返回包含分割后的子串构成的列表。sep 默认为空白符，maxsplit 用于指定分割次数，默认没有限制
	startswith(prefix[, start[, end]])	判断字符串指定范围的子串是否以指定的前缀开头，如果是则返回 True，否则返回 False
	strip(chars=None)	移除字符串首位（两端）指定的字符（默认移除空白符）
	swapcase()	将字符串中的大写字母转换为小写字母，小写字母转换为大写字母
	title()	将字符串中每个单词的首字母转换为大写，其他字母转换为小写
	upper()	将字符串中的所有小写字母转换为大写字母

🔑 附录 D　常用标准库模块速查表

模块	常量或函数	功能描述
math	pi	圆周率 π，近似值为 3.141592653589793
	e	自然对数的底数 e，近似值为 2.718281828459045
	inf	正无穷大。负无穷大为-math.inf
	asin(x)、acos(x)、atan(x)	反正弦函数、反余弦函数、反正切函数，单位为弧度
	ceil(x)	返回向上取整值，即⌈x⌉
	degree(x)	把弧度转换为角度
	fabs(x)	返回 x 的绝对值，即|x|
	factorial(n)	返回非负整数 n的阶乘，即n!
	floor(x)	返回向下取整值，即⌊x⌋
	pow(x, y)	返回 x 的 y 次幂，即x^y
	radians(x)	把角度转换为弧度
	sin(x)、cos(x)、tan(x)	正弦函数、余弦函数、正切函数，单位为弧度
	sqrt(x)	返回 x 的平方根，即$\sqrt{x}$
random	choice(seq)	从非空序列 seq（如列表、元组、字符串等）中随机选择并返回一个元素
	getrandbits(k)	返回一个 k 比特长度的随机整数
	randint(a, b)	返回区间[a, b]内的随机整数，包含 a 和 b
	random()	返回区间[0.0, 1.0)内的随机浮点数
	randrange([start,] stop=None[, step=1])	返回区间[start, stop)内、步长为 step 的随机整数。start 默认值为 0，step 默认值为 1
	sample(population, k)	从序列 population 中随机选取 k 个不重复的元素，并以列表形式返回

续表

模块	常量或函数	功能描述
random	seed(a=None)	设置随机数生成器的种子。设定相同的种子，可以确保每次运行程序时生成相同的随机数序列，从而保证结果可重复
	shuffle(x)	原地打乱列表 x 中元素的顺序
	uniform(a, b)	返回区间[a, b](b≥a)或区间[b, a](a≥b)内的随机浮点数
turtle	backward(distance)或 bk(distance)	向后移动指定距离（单位为像素）
	begin_fill()	开始填充封闭的形状
	circle(radius, extent=None, steps=None)	绘制圆形，radius 为圆的半径，extent 控制绘制角度范围，steps 用于绘制多边形
	color(pencolor, fillcolor)	设置画笔颜色和填充颜色，可以传入颜色名称或 RGB 元组
	dot(size, color)	绘制圆点，可指定大小和颜色
	end_fill()	结束填充
	fillcolor(color)	设置填充颜色，通常与 begin_fill()和 end_fill()配合使用，绘制填充区域
	forward(distance)或 fd(distance)	向前移动指定距离（单位为像素）
	goto(x, y)或 setposition(x, y)或 setpos(x, y)	移动到指定坐标(x, y)
	hideturtle()或 ht()	隐藏海龟形象
	left(angle)或 lt(angle)	向左转动指定角度（单位为度）
	pencolor(color)	设置画笔颜色，可以传入颜色名称或 RGB 元组
	pendown()或 pd()或 down()	放下画笔，海龟移动时绘制轨迹
	pensize(size)或 width(size)	设置画笔粗细（单位为像素）
	penup()或 pu()或 up()	提起画笔，海龟移动时不绘制轨迹
	right(angle)或 rt(angle)	向右转动指定角度（单位为度）
	setheading(angle)或 seth(angle)	设置前进方向（单位为度）
	showturtle()或 st()	显示海龟形象
	speed(speed)	设置海龟速度，speed 取值范围从 0 到 10，0 为最快
time	ctime(seconds)	返回指定时间戳对应的格式化时间字符串
	gmtime([secs])	返回指定时间戳（默认为当前时间）对应的 UTC 时间，格式为结构化时间元组
	localtime([seconds])	返回指定时间戳（默认为当前时间）对应的本地时间，格式为结构化时间元组
	mktime(t)	返回结构化时间元组 t 对应的时间戳
	perf_counter()	返回高精度计时器的值，单位为秒。通常用于性能测试或测量代码的执行时间
	process_time()	返回当前进程实际占用的 CPU 时间，不包含睡眠时间，单位为秒

续表

模块	常量或函数		功能描述
time	strftime(format[, t])		根据指定的时间格式，返回结构化时间元组 t 所对应的格式化时间字符串。 %Y：四位数年份（例如 2024） %m：两位数月份（01～12） %d：日期（01～31） %H：小时（00～23） %M：分钟（00～59） %S：秒（00～59） %a：星期几的缩写（例如 Sun） %A：星期几的全称（例如 Sunday） %b：月份的缩写（例如 Jan） %B：月份的全称（例如 January）
	strptime(string, format)		根据指定的时间格式，解析格式化时间字符串 string 并返回对应的结构化时间元组
	time()		返回当前的时间戳，即自 1970 年 1 月 1 日 0 时 0 分 0 秒（UTC）起至当前时刻所经过的秒数（浮点型）
	thread_time()		返回当前线程实际占用的 CPU 时间，不包含睡眠时间，单位为秒
datatime	datatime 类	now(tz=None)	返回当前日期时间对象，包含年、月、日、时、分、秒、微秒等
	date 类	today()	返回当前日期对象，包含年、月、日等